火山爆発に迫る

噴火メカニズムの解明と火山災害の軽減

井田喜明
谷口宏充 ［編］

東京大学出版会

An Approach to Volcanic Explosions
Toward a Better Understanding of Eruption Mechanisms
with Applications to Volcanic Hazard Mitigation

Yoshiaki IDA and Hiromitsu TANIGUCHI, editors

University of Tokyo Press, 2009
ISBN 978-4-13-060753-7

まえがき

　日本人にとって火山は身近な存在である．国立公園の多くは火山が生み出した山や湖からなり，火山を熱源とする温泉と合わせて行楽の場となってきた．火山が噴火したというニュースに接することもまれではない．たとえば，1986年11月には伊豆大島が噴火した．三原山の山頂火口から花火のように上がる溶岩のしぶきは，カルデラ壁の上端で眺める人々を魅了した．ところが，その数日後に噴火地点はカルデラ床から北西山腹に広がり，噴煙は成層圏まで達して，全島民が島外に避難する事態となった．1991-95年には雲仙岳で噴火が起き，普賢岳山頂に新しい溶岩ドーム平成新山が形成されたが，その過程で火砕流が繰り返し発生し，91年6月3日には報道関係者や外国人火山学者など43名が火砕流の犠牲になった．

　火山の噴火は，静穏な状態で突然始まり，しばらく継続してから停止する．神の怒りにもたとえられ，太古の昔からさまざまな災害を引き起こして，人々に恐れられてきた．伊豆大島の噴火にも見られるように，噴火の様相は多様である．穏やかに溶岩を流し出すかと思えば，大小のマグマの破片を爆発的に噴出する．溶岩も家屋や道路を破壊するが，もっと深刻な災害の原因となるのは，火山爆発，すなわち爆発的な噴火である．

　火山は地球の内部から物質を運び出すユニークな場所である．地球内部の数十kmの深さで，岩石の部分融解によってマグマが生まれる．マグマは岩石の間を上昇し，地表まで達したものは噴火を起こす．地表に噴出し，また地下に貫入したマグマは，固化して地殻を形成し，地球表面をおおう．われわれの生存する大地は，その元が火山によって作られた．ほかの惑星や衛星も，表面の特徴は主に火山の活動を反映する．

　火山や噴火は災害の原因となるばかりでなく，人類が生存する環境の形成にも大きく関わっている．ところが，噴火が発生し火山が形成される仕組み

i

については，必ずしもよく理解されていない．たとえば，噴火はどんなタイミングで発生し，どんな条件が満たされると爆発的になるのか，満足な答は得られていない．それに答える役割を持つ火山学は，個別の火山や個別の噴火の研究に重点がおかれ，従来から博物学的な色彩が濃かった．事実を基礎にする自然科学にとって，これはもちろん重要なことであるが，その段階に留まる限り，火山や噴火の本質に迫ることはできない．噴火現象を支配する物理原理を解明するには，そこに重点をおいた新たな研究が必要である．

このような背景のもとで，特定領域研究「火山爆発のダイナミックス」(2002-2006年度，領域代表者：井田喜明) が文部科学省科学研究費補助金の支給を受けて実施された．噴火現象の理解を深め，その定量的な予測に道筋をつけることを目標に，そこでは火口近傍の精密観測，現象の素過程を理解するための室内実験や野外実験，現象を総合的に解明する理論や数値シミュレーションなどの研究が進められた．研究のために，北海道大学，東北大学，東京大学，京都大学など，全国の大学に所属するおよそ80名の研究者が結集した．

本書は，この特定領域研究の成果を踏まえて，火山の噴火について最先端の理解を一般の人々に知ってもらう目的で編まれた．専門家向けの論文集ではなく，この問題に特別な知識を持たない人々にも理解できる解説書として企画された．

本書の構成は4章からなる．第1章は火山の観測に関わる部分である．噴火現象の詳細を把握するためには火口近傍での観測が重要であるが，そのためにどんな技術が開発され，そこからどんな知識が得られたかを読み取って欲しい．第2章は噴火現象の物理的なメカニズムについて記述する．噴火現象はさまざまな要素，「素過程」で構成されるので，この章で扱うように，要素の各々に物理学的なメスを入れる必要がある．要素をつなぎ合わせて，噴火現象の全体像を描くためには，第3章で扱う数値シミュレーションが必要である．数値シミュレーションは，噴火現象を予測する重要な手段でもある．第4章は火山災害について記述される．予測をどう生かすかを含めて，防災のためにはこの章で述べられるようなさまざまな工夫が必要である．

特定領域研究の目標が噴火現象の仕組みを体系的に理解することであったので，本書もその流れに沿って，噴火現象の全体像が浮かび上がるようにまとめたつもりである．この意図がどれだけ満たされたかは，読者の批判を仰ぎたい．

　2008 年 12 月

井田喜明・谷口宏充

目次

まえがき　　　　　　　　　　　　　　　　　　　　　井田喜明・谷口宏充

第1章　観測から火山を知る

1.1　火山の構造と噴火……………………………田中良和・井田喜明　1

　（1）火山の分布　2
　（2）マグマの生成機構　4
　（3）噴火の原因　6
　（4）噴火のタイプ　7
　（5）火山の観測と調査　10
　（6）噴火の予測　12

1.2　火山観測によるマグマの動態の把握………………西村太志　13

　（1）地震観測　14
　（2）地殻変動観測　17

1.3　遠隔火山ガス観測……………………………………平林順一　21

　（1）火山ガスとは　21
　（2）火山ガスの放出量　23
　（3）火山ガス放出量と火山爆発　25

1.4　新しい観測機器の開発…谷口宏充・後藤章夫・市原美恵・山田功夫　29

　（1）火山探査移動観測ステーション MOVE　30
　　　開発の動機と歴史　　MOVE 本体のコンセプトと構成

　　　　　計測システムのコンセプトと構成
　　　　　完成したMOVEの性能と実際の噴火における使用可能性
　　　　　現状と今後の課題
　　　(2) ヘリコプター投下型GPS観測システム　38
　　　　　システムの構成　　システムの性能　　まとめ

1.5　噴火過程のモデル………………………………………井口正人　41

　　　(1) 火山爆発の巨視的モデル　42
　　　(2) 詳細な爆発過程　47
　　　(3) 爆発過程のモデル　49

第1章文献　51

第2章　実験から噴火のメカニズムを探る

2.1　噴火の素過程………………………………谷口宏充・中村美千彦　53

　　　(1) 室内実験からマグマ噴火のメカニズムを探る　54
　　　　　高温高圧実験とアナログ実験
　　　　　マグマ噴火の研究に用いられる高温高圧実験装置の基本的特徴
　　　　　脱ガス実験
　　　(2) 実験から火山性蒸気爆発のメカニズムを探る　58
　　　(3) 野外実験から噴火を探る　62

2.2　揮発性成分の発泡………………………………………寅丸敦志　63

　　　(1) 発泡が起こる条件　63
　　　　　減圧発泡　　過熱発泡　　冷却結晶化による発泡
　　　　　減圧発泡による結晶化
　　　(2) 気泡に関係する諸過程　66
　　　　　理論的考察　　実験によってわかったこと
　　　(3) 噴出物からわかること　74

　　　　　　気泡の解析から　　マイクロライトの解析から
　　（4）噴出物から推定される火道内部のイメージ　76

2.3　マグマからの脱ガス………………………………中村美千彦　77

　　（1）浸透流脱ガスと浸透性フォームモデル　77
　　（2）マグマと火山岩の浸透率　81
　　（3）マグマの破壊の役割　83
　　（4）合体の素過程と変形の効果　83
　　（5）これからの課題　86

2.4　マグマの破砕………………………………亀田正治・市原美恵　87

　　（1）破砕とは？　87
　　（2）マグマのレオロジー　89
　　　　　粘性率　　粘弾性と緩和時間　　剛性率
　　　　　気泡まわりの接線応力と特性時間
　　（3）破砕の室内模擬実験　92
　　　　　実験装置　　試料　　実験から見えてきたもの
　　（4）おわりに　96

2.5　火山爆発のスケール則…………谷口宏充・市原美恵・後藤章夫　97

　　（1）乾陸上爆発実験　97
　　（2）水中爆発実験　104
　　（3）室内実験　107

第2章文献　111

第3章 噴火現象のシミュレーション

3.1 噴火現象の数値シミュレーション……………………井田喜明　114

(1) 噴火現象の性質と解析方法　115

(2) 地表の現象と地下の現象　117

(3) 今後の展望　119

3.2 マグマの上昇過程……………………………………井田喜明　121

(1) マグマの上昇と噴火　121

(2) 気泡流と噴霧流　122

(3) シミュレーションの基礎方程式　124

(4) 定常流モデル　126

(5) 非定常なマグマの上昇　128

3.3 溶岩流……………………………………………………宮本英昭　131

(1) 溶岩流の流動形態　132

(2) シンプル流れと複合流れ　133

(3) 流動モデル　135

(4) 熱モデル　138

(5) 単純化モデル　140

(6) 今後の課題　141

3.4 噴煙と火砕流………………………………小屋口剛博・鈴木雄治郎　142

(1) 基礎となる物理　142

(2) 一次元定常噴煙柱モデル　143

(3) 傘型噴煙と火砕流の水平方向の拡大　146

(4) 多次元非定常噴煙モデル　148

(5) 今後の課題　150

3.5 火山性爆風 ···齋藤　務　151

　　(1) 爆風の発生と伝播　151
　　(2) 数値シミュレーションの方法　152
　　　　基礎方程式　　数値計算法　　地形と数値格子　　噴火モデル
　　(3) 数値計算の例　158
　　(4) 数値シミュレーションによる火山防災　158

3.6 火山性津波 ·····································今村文彦・前野　深　161

　　(1) カルデラ陥没に伴う津波　162
　　　　カルデラ陥没と津波発生の条件　　津波の発生・伝播モデル
　　　　津波の発生と伝播過程の再現結果
　　(2) 火砕流による津波の発生　168
　　　　二層流モデル　　津波の発生と伝播過程の再現結果
　　(3) 今後の課題　173

第3章文献　174

第4章　火山災害の予測と軽減

4.1 噴火予知と火山防災 ···井田喜明　177

　　(1) 火山災害の種類と対応策　177
　　(2) 噴火予測　179
　　(3) 防災対応　181

4.2 火山ハザードマップと火山防災 ······························中村洋一　183

　　(1) 火山ハザードマップ　184
　　(2) わが国での火山防災計画と火山ハザードマップ　185
　　(3) わが国での火山ハザードマップの作成状況　186

(4) 諸外国の火山ハザードマップと火山防災体制　190
(5) これからの火山ハザードマップと火山防災体制　193
　　火山危険度評価　　リアルタイムハザードマップ
　　火山ハザードマップを活用した火山防災体制

4.3　予知と防災の情報戦略
………… 小山真人・吉川肇子・中橋徹也・伊藤英之・林信太郎・前嶋美紀　197

(1) 火山危機評価・意思決定支援システム　197
　　メンバー認証　　科学的資料データベース　　外部資料データベース
　　思考エリア　　会議室　　噴火シミュレータ　　票決システム
　　広報用資料室　　アーカイブおよびシナリオシミュレーション機能
　　ファイル共有システム　　スケジュール調整システム
(2) 火山危機対応シナリオシミュレーション　204
　　富士山噴火シナリオシミュレーション

4.4　火山防災の方策 ………………………………… 林信太郎・伊藤英之　208

(1) 火山防災の体制　208
　　火山活動静穏期における火山防災体制　　活動期における火山防災体制
　　火山防災体制の問題点
(2) 火山の教育　212
　　火山教育の意義　　多種多様な火山教育　　日本における火山教育
　　火山教育の課題　　火山教育素材の具体例

第 4 章文献　216

索引　221
編者・執筆者一覧　226

第1章 観測から火山を知る

1.1 火山の構造と噴火

田中良和・井田喜明

　誕生直後の地球は，星間物質の集積に伴う重力エネルギーの解放によって高温になり，地表はマグマオーシャンと呼ばれる赤熱の溶融状態になった．その後地表は固結し，地球は長時間の冷却を経てきたが，地球の内部は未だに高温に保たれ，マントル全体が関与する物質循環が継続している．その活動の一環として，マントル上部や地殻下部の物質は一部が溶融し，生成されたマグマは浮力で浅部まで浮上する．この過程で，マグマが地表に出現して起こすさまざまな現象が噴火である．マグマが長期間にわたり繰り返し供給されると，地上には噴出物などが累積して火山が形成される．火山は地球深部の物質を地表にもたらすので，地球の内部を垣間見る窓となる．

　火山の噴火は，人類に災害をもたらす一方で，肥沃な大地を生み出す．また，熱水鉱床や温泉を発達させ，風光明媚な景観を作り出す．過去の噴火には，近年身近に経験した噴火に比べてはるかに多量の溶岩や火砕物が噴出し，噴火に伴う被害もきわめて甚大で広域に及ぶ場合が見られる．火山地域では，噴出物や火山ガスの被害が恒常的に生じる場所には人が居住しないものの，裾野に広がる平野では通常土地利用が進んでいる．また，火山特有の変化に富む美しい自然を活かした観光地として発展してきた町村も少なくない．

　火山について知ることは，地球の営みや発達過程の理解に役立つばかりでなく，火山と共存して人類がどう生きるべきかを探る上での基礎になる．こ

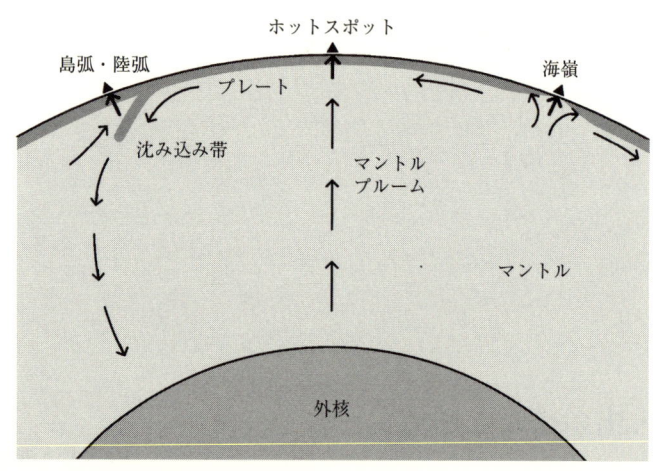

図 1.1.1　地球内部の運動と火山の形成
　新しいプレートが生まれる海嶺，プレートが地下に入る沈み込み帯，深部からマントル物質が湧き上がるホットスポットで，マグマが供給され，火山が形成される．細い矢印はプレートやマントルの移動方向を，太い矢印はマグマの上昇を表す．

の章は，火山の構造や噴火の特徴を中心に，火山や噴火の基本的な事項を整理する．

(1) 火山の分布

　世界地図を広げて見ると，火山は大陸の周辺などの特定の場所に偏って分布する．このような火山の分布は，地球内部の物質や熱の輸送過程を反映する．地球科学では20世紀の半ばにプレートテクトニクスと呼ばれる基本概念が確立された．火山についても，プレート運動との関係で分類され，理解されるようになった（図 1.1.1）．

　プレートテクトニクスによれば，地球の表層は十数枚のプレートに分かれており，それぞれが1年に数 cm ～十数 cm の速度でゆっくりと運動する．太平洋，大西洋，インド洋などの海底には，海嶺（中央海嶺）と呼ばれる海底山脈が長い嶺を連ねるが，そこは新しいプレートが生まれる場所である．引張り力で嶺に沿って裂け目ができ，プレートが2つに分離して，その隙間

に生まれたての新しいプレートが付け加わる．裂け目に沿って海底にはマグマも噴出する．この活動が起こるのは深さ3000mもの深海なので，人類は長い間それに気付かなかったが，海嶺は地球上で最も多量のマグマを放出する場所である．ここでは深海底の高い圧力のために爆発が抑えられ，マグマは穏やかに流れ出て，溶岩の平原を作り出す．近傍にはマグマで加熱された熱水が噴出し，それをエネルギー源とする特異な生物群が生息する．それは，太陽光をエネルギー源とする陸上や浅海の生物群から孤立した特異な世界である．

　冷却されて重くなった海洋プレートが，軽い大陸プレートとぶつかる場所では，前者が後者の下に入り込み，地球の深部に沈んでいく．2つのプレートが接する境界には，海底に深い溝ができる．それが海溝である．海溝の陸側は沈み込み帯と呼ばれ，火山が弧状に並んで火山島列や島弧・陸弧を形成する．日本列島も島弧の例である．噴出するマグマは火山フロント（火山前線）と呼ばれる火山列に集中するが，その陸側にも火山が並列する地域もある．火山は沈み込むプレートの上面が110-170 kmの深度に達する位置の真上に形成される．冷却されたプレートが沈み込む場所になぜマグマができるのか，明快な答えは得られていないが，プレートに持ち込まれた含水鉱物が脱水反応を起こすことが，マグマの形成に何らかの寄与をするものと考えられている．プレートには沈み込むものと沈み込まないものがあり，沈み込み帯の大部分は，太平洋の周辺部に集中する．カリブ海，南大西洋の南サンドイッチ諸島，地中海にも沈み込み帯があるが，そこはむしろ例外的な場所である．

　活動的な火山の多くは，プレートの境界にあたる海嶺や沈み込み帯に列をなして分布するが，プレートの内部にもホットスポットと呼ばれる孤立した火山が存在する．そこではマントルプルームと呼ばれる高温の上昇流がマントルの深部から湧き上がってきて，表層のプレート運動とは無関係にマグマを供給する．ホットスポットの真上で形成された火山は，プレートの運動によって次々と運び去られ，プレートの運動方向に火山列を形成する．ただし，現在マグマを噴出するのはホットスポットの近傍にある火山だけで，それ以外は過去の活動の痕跡を残す古い火山である．ホットスポットは，ハワイ，

ポリネシア，レユニオン，アイスランドなどで海洋島を，またイエローストーンなどで陸上の火山を生み出した．世界には40ヵ所ほどのホットスポットが知られている．

　数千万年前の過去にさかのぼると，さらに大量の溶岩を噴出した大規模な噴火の痕跡が見付かる．デカン高原，コロンビア川溶岩台地，ナウル海盆，オントンジャワ海台などの広大な溶岩台地は，洪水玄武岩と呼ばれる活動によるものである．この活動は多量のマグマを100万年程度の間に集中的に噴出した．洪水玄武岩のいくつかは，初期の激しい噴出を終えた後に，ホットスポットの活動に引き継がれた．洪水玄武岩に加えて，南東太平洋にはスーパープルームと呼ばれる多量のマグマ噴出の痕跡がある．これら大規模な火山の活動は，マントル深部から巨大な湧き上がりが起こるときに生じたらしい．その際には，マグマの噴出にあわせて，新しい海嶺が形成されたり，大陸の分裂が始まったりもした．

(2) マグマの生成機構

　マグマを生み出す機構としては，高温化，減圧，水などの揮発性物質の混入による融点の低下などの可能性がある．温度が融点より高くなれば，当然マグマが生じるが，熱は分散する性質があるので，地球内部で局所的に温度を上げる機構を見付けるのは簡単でない．むしろ融点が岩石の温度より低くなることが，融解の機構として重要視されている．マントル対流の上昇部などで岩石が浮上すると，圧力が下がるために融点が降下し，マントルの上部で岩石の一部が融解を始める．海嶺やホットスポットのマグマは，この減圧融解の機構で形成されると考えられる．沈み込み帯では，揮発性物質の混入による融点の降下によって，融解が開始するものと推測される．

　マグマの化学組成は，融解する元の岩石と同じにはならない．岩石は複数の鉱物からできており，その融解はどの構成鉱物の融点よりも低い温度で始まる．その際に，結晶中ではおさまりの悪い元素，たとえばイオン半径の大きな元素などから，順にマグマに取り込まれる．融液の化学組成が元の岩石と同じになるのは，鉱物のほとんどすべてが融解したときである．マントルで生ずるマグマは，たかだか30%程度の部分融解で生ずるので，その化学

表 1.1.1　マグマの種類と性質

マグマ	玄武岩質	安山岩質	デイサイト質	流紋岩質
化学組成	マフィック	←	→	フェルシック
SiO_2（重量%）	45-53.5	53.5-62	62-70	70 以上
密度（kg m^{-3}）	約 2700	約 2400	約 2300	約 2200
粘性率（Pa s）	10^2-10^4	10^4-10^7	$\sim 10^9$	$\sim 10^{11}$
噴出温度（℃）	1000-1200	950-1200	800-1100	700-900
噴出物	溶岩	火砕物, 溶岩	火砕物, 溶岩	火砕物, 溶岩
固形噴出物の色	黒〜灰	灰	灰〜茶	褐色〜白
主な噴出形態	溶岩流, 溶岩噴泉	噴煙, 噴石, 溶岩流	噴煙, 溶岩流, 溶岩ドーム	噴煙, 溶岩流, 溶岩ドーム

組成は元のマントルとかなり異なるものになる．地殻はマントルから分離したマグマから作られるので，マントルと異なる化学組成を持つ．

　地表に噴出するマグマの化学組成は多様であるが，大雑把に玄武岩質，安山岩質，デイサイト質，流紋岩質に分類される（表 1.1.1）．分類の基準となるのは，ケイ素 Si の含有率である．玄武岩質から流紋岩質に移行するにつれて，ケイ素の量が相対的に増え，代わりにマグネシウムや鉄の量が減る．この変化をマフィック（苦鉄質）からフェルシック（ケイ長質）な変化と呼ぶ．なお，マグマと比較すると，マントルは玄武岩質マグマよりさらにケイ素の含有量が少ない（SiO_2 の重量にして 44-45% 程度）．このような組成を超マフィックと呼ぶ．

　化学組成の変化に対応して，マグマの性質も変化する．密度や噴出温度も系統的に変化するが，とくに注目すべき点は，粘性率に桁で違いが見られることである．すなわち，流紋岩のマグマは，玄武岩質のマグマに比べて圧倒的に流動性が悪く，同じ距離を流れるのにはるかに長い時間がかかる．この粘性率の大きな変化は，マグマの分子構造と関係がある．ケイ素の量が増えるにつれて，構造の骨格となるケイ素と酸素のネットワークが一次元，二次元，三次元と次第に強固に張り巡らされて，構成単位の移動を強く規制するようになる．

　世界中でマントルから放出されるマグマの量を比較すると，玄武岩質マグマが圧倒的に多い．海嶺とホットスポットの火山が噴出するのは，ほとんどすべてが玄武岩質マグマである．沈み込み帯では，玄武岩質マグマのほかに

安山岩質〜流紋岩質のマグマも噴出する．このような分布から，マントルの部分融解で作られるのは玄武岩質マグマであろうと推定される．玄武岩質マグマが冷却されると，カンラン石などの鉱物が晶出して，残液はフェルシックな方向に化学組成を変える．このような結晶分化作用は，フェルシックなマグマを作る基本的な機構である．ただし，それだけでは十分な量のマグマが作れないので，地殻との化学反応や地殻の再溶融も，フェルシックなマグマを作る上で重要な寄与をするものと考えられる．

(3) 噴火の原因

岩石の部分融解によって生じるマグマは，マントル上部や地殻下部では岩石より密度が小さいので，生成後に浮力を受けて上昇する．上昇途上で冷却されて一部が固化するものの，残りは地殻浅部にまで達する．ところが，地表付近の低い圧力下では岩石内に空隙が生じるために，地殻は深さの減少とともに見かけの密度が急に小さくなる．マグマが数〜十数 km の深さに達すると，岩石との間で密度の関係が逆転して，マグマはそこで浮力を失う．マグマはそこにマグマ溜りを作って，停留することになる（図 1.1.2）.

マグマには，水蒸気，二酸化炭素，二酸化硫黄などの火山ガスが，総重量にして数％の割合で溶け込んでいる．マグマが上昇を再開して数 km の深さに達すると，圧力の低下により溶解度が下がり，溶存しきれないガス成分が気化して気泡となる．気泡を含むマグマは，全体として密度が下がり，周囲の岩石より軽くなって，再び浮力を獲得する．これが噴火を起こす原動力となる．ここで注目すべき点は，上昇とともに圧力が下がるので，ガス成分の気化と膨張がさらに進むことである．いいかえれば，マグマの膨張と上昇の間に正のフィードバックがかかる．この状況が起これば，マグマは加速的に上昇して，最後は地表から激しく噴出する．

マグマはマグマ溜りに安定に停留するので，火山ガスの働きで浮力を再度獲得する段階に移行させるには，何らかの作用が必要になる．その作用が噴火のきっかけとなる．噴火をもたらす作用としては次のような可能性が考えられる．①マグマの蓄積とともにマグマ溜りの内圧が増大して，浮力が働く位置までマグマを押し上げる．②岩石の変質や地震による亀裂の発生によっ

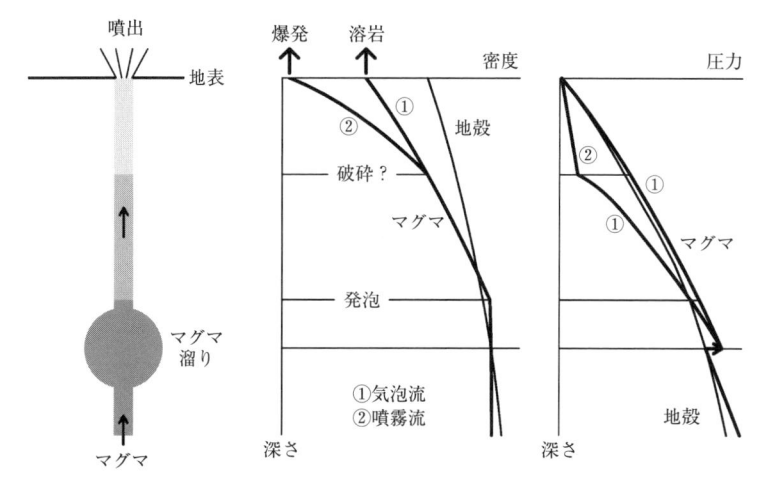

図 1.1.2　マグマの上昇に伴う密度と圧力の変化
　地殻上部では，空隙のために地殻の密度が下がり，マグマは浮力を失ってマグマ溜りを作る．圧力の増大などが原因となってマグマの再上昇が始まると，発泡と気相の膨張によってマグマの密度が下がり，再び浮力を獲得する．加速的に上昇したマグマは，非爆発的に溶岩として，または火砕物とともに爆発的に噴出する．

て地盤の強度が低下して，マグマを抑え込んでいた力が弱まる．③周囲の温度圧力条件が変化して，マグマの発泡が自発的に始まる．活動的な火山も通常は静穏な状態にあり，噴火がまれにしか起こらないのは，このような条件が満たされるのをマグマが待つためである．

(4) 噴火のタイプ

　マグマに溶存するガス成分は，1気圧に近い状態で気化すると1000倍程度に膨張するので，急激な減圧が生じると，気泡の体積が急速に増大して，まわりの液体部分を破壊する（第3章参照）．マグマの液体部分は破砕されて火山灰などの火山砕屑物（テフラ）になり，火山ガスを起源とする気相に運ばれて，噴霧流として爆発的に噴出する（図1.1.2）．このような爆発は，マグマの上昇が相対的に速い場合に起こる．マグマがゆっくりと上昇する場合には，火山ガスの大半がマグマから抜け出すために，破砕は起こらない．マ

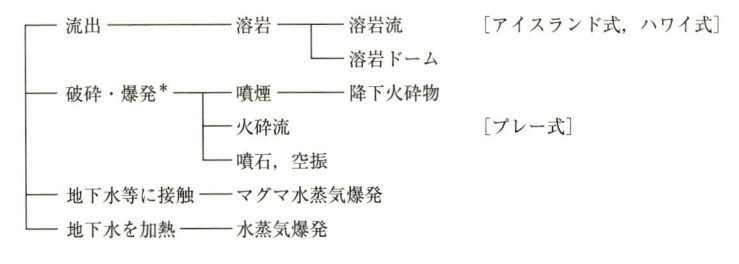

マグマの噴出や関与の仕方
- 流出 ── 溶岩 ─┬─ 溶岩流　　　［アイスランド式, ハワイ式］
　　　　　　　　└─ 溶岩ドーム
- 破砕・爆発* ─┬─ 噴煙 ── 降下火砕物
　　　　　　　├─ 火砕流　　　　　　　　［プレー式］
　　　　　　　└─ 噴石, 空振
- 地下水等に接触 ── マグマ水蒸気爆発
- 地下水を加熱 ── 水蒸気爆発

*破砕・爆発の継続性による細分
- 突発的な爆発 ── 噴煙, 噴石, 空振　　［ブルカノ式］
- 間欠的・周期的 ── 溶岩噴泉　　　　　［ストロンボリ式］
- 定常的・連続 ── 噴煙, 火砕流　　　　［プリニー式］

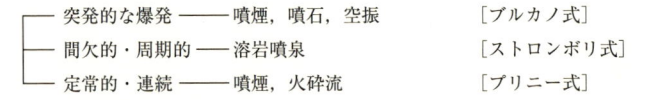

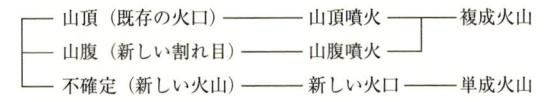

噴火の発生場所
- 山頂（既存の火口）── 山頂噴火 ─┐
- 山腹（新しい割れ目）── 山腹噴火 ┴─ 複成火山
- 不確定（新しい火山）── 新しい火口 ── 単成火山

図 1.1.3　噴火の分類
　　マグマの関与の仕方によって，噴火の基本的なタイプが分かれ，爆発が起こる場合は，爆発の性質によってさらに細分化される．発生場所によって噴火を分類することもできる．

グマは液体（気泡流）の状態を保って溶岩として流出する．

　1991年に噴火した雲仙普賢岳とピナツボ火山（フィリピン）は，両方とも類似なデイサイト質マグマを噴出した．しかし，ピナツボ噴火は爆発的で噴煙を成層圏まで上げたのに対し，雲仙噴火は数年間をかけて新しい溶岩ドーム（平成新山）を作り出した．このような違いは，火山ガスの抜ける時間とマグマの上昇にかかる時間の兼ね合いで生じるものと考えられる．

　このように，噴火には爆発的な噴出と非爆発的な溶岩の流出がある（図1.1.3）．爆発はガス成分の急激な膨張が原因となる．ガス成分の主体は水であり，マグマに溶存するもののほかに，外来の地下水や海水がある．関連して，爆発的な噴火には，マグマ自体が爆発するマグマ爆発のほかに，マグマが地下水や海水などと接触して起こすマグマ水蒸気爆発，マグマの熱によっ

図 1.1.4 キラウエア火山（ハワイ島）の溶岩流（上）と昭和新山（有珠山）の溶岩ドーム（下）（谷口宏充撮影）
　キラウエア火山は低粘性の玄武岩質マグマを，また有珠山は高粘性のデイサイト質マグマを噴出する．

て地下水が不安定になる水蒸気爆発がある（2.1節参照）．この3種類の噴火は，具体的には，固形噴出物にマグマと古い岩石がどの程度の割合で含まれるかによって区別される．

　火山の形態や流出の仕方はマグマの粘性（表1.1.1）に強く支配される．ハワイや伊豆大島で見られる粘性の低い玄武岩質マグマは，水を流すように速く薄く流れる（図1.1.4上）．粘性が高くなると，浅間山の鬼押し出しや桜

1.1　火山の構造と噴火── 9

島の昭和溶岩のように，厚くブロック状に破砕されつつ流下する．さらに粘性が高いデイサイトや流紋岩質の溶岩は，昭和新山（図1.1.4下）や雲仙平成新山のような溶岩ドームを形成する．

マグマ爆発でも，爆発の様式はマグマの種類により異なる．粘性の小さな玄武岩質マグマは，気泡として閉じ込められたガスの内圧があまり高くならないので，溶岩噴泉として飛沫状に吹き上げ，火山灰をほとんど噴出しない．しかし，玄武岩質マグマも，地下浅部で海水や地下水に接触すると，マールを形成するようなマグマ水蒸気爆発を起こすことがある．粘性が高くなると，高いガスの内圧を保持できるので，爆発力が強くなり，マグマの細粒化が進んで，多量の火山灰が形成される．このような噴出が定常的に続くのがプリニー式噴火である．安山岩質マグマでは，爆発はしばしば突発的で，遠方まで火山弾を飛ばすブルカノ式噴火となる．

(5) 火山の観測と調査

活動的な火山では，さまざまな観測や調査によって，火山の構造やマグマの状態，地下で進行する現象の推移，噴火の発生や準備過程などが調べられる．その対象には，進行中の噴火現象ばかりでなく，静穏時の火山の状態，過去の噴火記録などが含まれる．観測や調査の目的は，学術的には，個々の火山や噴火を調べることを通して，マグマの活動や各種の火山現象に関する一般的な理解を深めることにある．火山防災の立場からは，それぞれの火山について将来の噴火の可能性を探り，噴火の発生や推移を予測する基礎データを供することである．観測や調査については，本章の以下の節で問題ごとに詳しく議論されるので，ここではそれを概観するに留める．

観測や調査の方法はさまざまである（表1.1.2）．地震計を用いる地震観測は，地殻の破壊が原因となる火山性地震ばかりでなく，マグマや地下水の発泡，マグマ溜りの固有振動などが発する火山性微動を捉える．また，地下構造の解析のために，地震波の伝播速度や吸収に関する情報を供する．地殻変動観測は，各種の計器を駆使して，マグマの移動などに伴う地殻の微小な歪を検出する．熱的，電磁気的な観測は，地下浅部の温度や地下水などに関する情報をもたらす．低周波マイクロフォンによる空気振動（空振）の観測は，

表 1.1.2 火山の観測と調査

観測調査項目	使用する計器	観測調査対象	取得される主な情報
火山の観察	カメラ映像, 衛星画像	地形	火山の特徴, 噴火履歴
		噴火	噴火タイプ, 噴煙高度
地震観測	地震計	震源	マグマの移動, マグマ溜りの位置
		地震・微動頻度	火山活動の活発化
		波形	地震・微動の発生過程と発生機構
		走時, 振幅	火山の地下構造
空気振動観測	低周波マイクロフォン	音波, 衝撃波	爆発の発生, 位置, 強度
地殻変動観測	GPS, 測量儀, 歪計, 傾斜計, 合成開口レーダー	膨張・収縮	マグマ溜りの位置, 蓄積と放出
		変動の局在化	マグマの移動, 噴出地点
重力観測	重力計	質量の分布	火山の地下構造
		質量の移動	マグマの移動, 空洞の発生
電磁気観測	磁力計, 電位計, 誘導磁力計	磁化分布	地下の温度分布, 温度変化
		電気伝導度	火山の地下構造, 地下水の分布
熱観測	温度計, 赤外カメラ	火口・噴気温度	火口, 噴気活動の状態
		地中温度	地下の熱水活動
化学観測	分光分析計	火山ガス	火山ガスの組成, 火山活動の活発化
噴出物の採取		固形噴出物	噴出物の組成, 噴出量, 噴火タイプ
		火山ガス	火山ガスの組成, 火山活動の活発化
地質調査		火山堆積層	噴火履歴, 火山の形成過程

噴火時の突発的な爆発を検出する．地下から放出される固形噴出物や火山ガスの分布，分量，化学組成を調査し分析することは，噴火のタイプや規模の見積りの基礎となる．

　火山活動の一連の変化を把握するために，これらの方法は通常組み合わせて用いられる．噴火前にマグマの蓄積が進むと，火山体の膨張が地殻変動観測で検出される．同時に，マグマ溜りの周辺などで火山性地震が頻発する．マグマの上昇が始まると，火山性地震が浅部でも起こるようになる．とくに，マグマが割れ目状の通路を作りながら上昇するときには，顕著な地震活動や地殻変動が観測される．マグマが地表に接近すると，温度の上昇や地下水の状態変化が電磁気や熱の観測で検出され，地震観測で火山性微動が見出される．また，火口近傍から出る噴気の化学組成に変化が表れる．噴火が始まると，マグマ溜りの急速な収縮が地殻変動観測にかかる．噴火の性質は周囲から観察され，爆発の強さや頻度は空振観測によって定量化される．また，噴出物の調査によって，噴火のタイプや規模が決められる．ただし，これは典

型的な状況であり，現象の推移や得られる観測データは現実には多様である．

　マグマ供給システムなどの火山の地下構造も，さまざまな観測の組み合わせで推定される．マグマの活動や噴火の発生に対応して，火山性地震や地殻歪の変化が観測されることを上で述べたが，その際に得られる震源の分布や膨張・収縮源の位置は，マグマ溜りの位置や大きさを見積る重要なデータになる．地下構造に関するもっと直接的な情報は，自然地震や人工震源を用いた地震探査，また電離層電流による自然磁場変化や人工電流を用いた電磁探査によって得られる．マグマや熱水が存在する場所は，地震波の伝播速度が小さく吸収の大きい領域として，また電気伝導度が高い領域として認識されるはずだが，波長が1km程度より長い地震波は吸収をあまり受けずに深くまで伝わるのに対して，地下に浸み込む電磁波の波長は深さとともに長くなり，探査の分解能が下がる．そのために，深部にあるマグマ溜りの把握には地震探査が，また浅部の熱水系の把握には電磁探査が威力を発揮する．一方で，地下の質量分布に関する情報が重力観測で得られ，数kmより浅部の構造に制約を課す．これらの観測データを総合して，地下の状態が推測されている火山は少なくない．ただし，現段階ではその信頼性や精度は必ずしも高くない．

(6) 噴火の予測

　噴火はさまざまな災害を引き起こす可能性があるので，日本を含めて火山を有する国々は，その対策に国家事業として取り組んできた．火山の観測体制は，火山災害への対応策の一環として，噴火の予測を目的に強化された部分が大きい．噴火の予測は短期的なものと長期的なものに分けられる．短期的な予測とは，次の噴火がいつ，どこで，どんな形で起こるかを予測することで，火山への立ち入り規制や住民の避難などを通して，差し迫った噴火災害を避けるために用いられる．長期的な予測では，過去の噴火履歴などに基づいて，噴火の頻度や火山の活動度，想定すべき噴火の規模やタイプ，被災の可能性の高い場所などが予測され，ハザードマップや防災指針を作成するために用いられる．

　噴火の発生に先立って，前節で述べたようなさまざまな現象が観測にかか

るので，ある程度の観測体制を有する火山では，噴火の不意打ちに遭う可能性は低い．しかし，噴火の前兆的な現象の把握から指摘できるのは，噴火発生の恐れがあることだけで，噴火が確実に起こるかどうかは不明である．現実の観測事例でも，火山性地震の発生などの異常が噴火に結び付かない場合がしばしば見られる．そこで，短期的な噴火予測の精度を上げるためには，噴火現象の適切な理解のもとに，地下で進行する現象を的確に把握する必要がある．長期的な予測についても，噴火履歴などの調査結果を予測に活用するには，噴火現象の基本的な理解が欠かせない．

物理現象としての噴火現象の適切な理解を重視することは本書全体を貫く思想であり，関連した記述が第2章や第3章に盛り込まれている．ここで重要な点は，噴火現象の理解の進展が定量的な数値シミュレーションを可能にし，予測を定量的なものにすることである（第3章）．予測と関連する防災上の諸問題については第4章で議論される．

1.2 火山観測によるマグマの動態の把握

西村太志

火山爆発現象を理解するには，実際の火山で何が起きているかを知ることが不可欠である．では，火山爆発現象はどのように調べられているのであろうか？　地下数 km といえども深部へのアクセスは難しく，また，火山爆発を引き起こすマグマは 1000℃ を超えることもあるため，その中に計測器を設置することは不可能である．そこで，火山爆発現象およびその前駆現象であるマグマ上昇過程は，間接的に調べられている．つまり，マグマの運動によって地殻や火山体の内部に生じる擾乱を測定し，そのデータを元にマグマ自体の運動を理解する．たとえば，マグマ上昇時には火山体が変形し，爆発的噴火の際に火山灰や溶岩が高速で運動するときには地面が震動する．マグマを囲む火山体や地殻はほぼ弾性体として振舞うと考えて差し支えないので，地表付近で計測した変形や震動データを弾性体力学に基づき解析すると，マグマが接する火道やマグマ溜りの壁の運動や変形を測定することができる．

この測定値から，これらの変形や震動をもたらしたマグマの運動を理解する．

火山爆発に伴って発現する1秒よりも短い周期の震動を励起する地震から，数日から数十日，あるいは数カ月以上の時定数で上昇するマグマ運動などの時間スケール幅の広い火山現象を理解するために，火山地域では地震，地殻変動，重力，空気振動を始めとする多項目の観測が行われている．また，変形や震動は秒速数 km 程度の弾性波速度で伝わるので，これらの観測に基づいてほぼリアルタイムでマグマの動態を把握し，火山防災にも役立てられている．本節では，地震・地殻変動観測を中心に説明しよう．

(1) 地震観測

わが国の火山における地震観測は，近代的な火山観測が始まった100年も前から行われ，そのデータは火山現象の理解に役立てられるだけでなく，火山活動の異常を捉え噴火予測をする上でも欠かすことができない．

地震計は，振り子の原理を利用して地面の動きを測定する．振り子の支点は地面とつながっていると考え，振り子の固有周期よりも短い周期で支点を振動させてみよう．支点（地面）が揺れても，おもりは中空のある1点（不動点）に固定されほとんど動かず，おもりの位置から見ると支点は地面と一緒に動く．したがって，地動（変位や速度，加速度）を測定することができる．固有周期の長い振り子を使えば，広い周期帯で地動を測定できる高性能な地震計ができる．しかし，約2-6秒の周期帯では海洋振動により高ノイズとなっているため，微少な震動を同時に記録するには，収録機器の分解能がこれまで十分ではなかった．また，振り子の大きさや強度に制約があったため，広い周期を同時に観測することができず，1秒程度の固有周期を持つ短周期地震計と10秒程度の長周期地震計が使われ，それぞれの信号は別々に記録されていた．

この制約は，広帯域地震計の開発と収録機器の精度向上により，1990年後半から急速に解消された．広帯域地震計は，振り子の変位や速度を電気信号として検知し，その信号を帰還して振り子の運動を制御する．これによって，（数）百秒から0.1秒以下の広い周期帯の震動を捉えられるようになった．同時期に24 bit A/D 変換機能を持つ収録機器も開発され，小さな震動から

大きな震動まで記録できるようになった．これらの開発に加え，計算機のディスク容量が飛躍的に増大したこと，GPS（Global Positioning System）により絶対時刻の管理が容易になったこと，インターネット環境や無線LAN技術の向上によりデータ伝送が安価に安定して行えるようになったことなどにより，周期数百秒から0.1秒以下の震動を，数十から数百チャンネルで同時に，かつ連続でデジタル記録できるようになった．火口付近の観測には電源供給やデータ伝送の方法，風雪に対する対策などに解決すべき問題があるものの，現在では十分な観測点を火山に設置できれば，この周期帯の火山現象を地震学的に詳細に調べることができる環境が整っている．

さて，地震波解析から，火山爆発についてどのような知見を得ることができるのだろうか？　その例として，ブルカノ式噴火と呼ばれる短時間に火山灰を噴出する爆発的噴火に伴い発生する爆発地震の解析について紹介しよう．通常の地震は断層運動によって起きることが知られているが，桜島や十勝岳，浅間山などで観測される爆発地震はまったく異なる．巨視的に見ると，爆発的噴火は，火道の蓋が取れることをきっかけに，火口直下に蓄えられていた圧力が解放され，火山性物質が地表に噴き出す現象である．このとき火山性物質が上方へ移動することによる反作用の力（鉛直下向きの力）が火山体浅部に働き，これが爆発地震の励起源となる．この鉛直下向きの力は，噴出口の面積と圧力の積からなる大きさ F と，噴出口の半径と噴出速度の比に比例する継続時間 τ で表現される．

図1.2.1の左に示すように，浅間山で2004年に観測された爆発地震の主要動は，鉛直下向きの力が火山体浅部に働いたときの理論波形でほぼ説明できることがわかる（西村・内田，2005）．図の右側には，このような解析から推定されている，いろいろな火山の爆発地震の F と τ を対数スケールで比較した．この図から，力の大きさ F は継続時間 τ の二乗にほぼ比例する，という特徴が認められる．このことは，火口直下に蓄えられる圧力はほぼ1 MPa程度であることを示している（西村・内田，2005）．爆発地震を伴うブルカノ式噴火は多様な火山噴火の中で最もパワーの大きい噴火であるので，この推定された圧力値1 MPaは火山爆発の圧力の上限値を与えているといえるだろう．

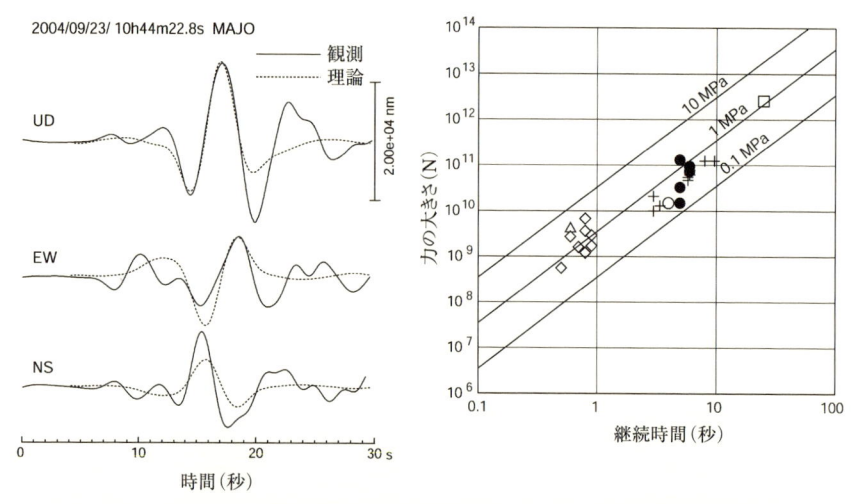

図 1.2.1 （左）2004 年浅間山の爆発地震の観測波形（実線）と理論波形（波線）（右）異なる火山で観測された爆発地震の鉛直下向きの力 F と継続時間 τ の関係（西村・内田，2005, 図 3 と 4）

　火山体周辺に稠密に展開した広帯域地震波データを用いると，さらに詳細な火山爆発過程を調べることができる．Ohminato *et al.* (2006) は，2004 年の浅間山火山活動期間中に山体近くに 8 つの広帯域地震計を設置し，爆発地震のデータに波形インバージョン法を適用した．鉛直下向きの力を事前に仮定することなく，火山体に働いた力源の時間関数を推定した結果（図 1.2.2），次のようなプロセスが明らかとなった．まず，爆発的噴火の発生に伴い，鉛直下向きの力が数秒間働く．これは前述した機構と同じように，火道の蓋が取れることによって火山浅部の圧力が解放されたことに相当する．その直後に，力の向きが反転し，数秒間火山体に作用する．この力は，火道浅部の圧力解放により火道内の下部にあったマグマが発泡し，マグマが急上昇したために火道壁に上向きの摩擦力が生じたためと推察されている．このような過程は一連の活動中に発生した 5 つの爆発地震に認められたものの，力の大きさの最大値は 10^{10}-10^{11} N に広く分布したが，同時に記録された空気振動は F には比例しなかったことや，航空機 SAR により測定された噴出口最上部の「蓋」(1.2 (2) 節) の厚さから，この蓋が地震動や空気振動の励起に影響

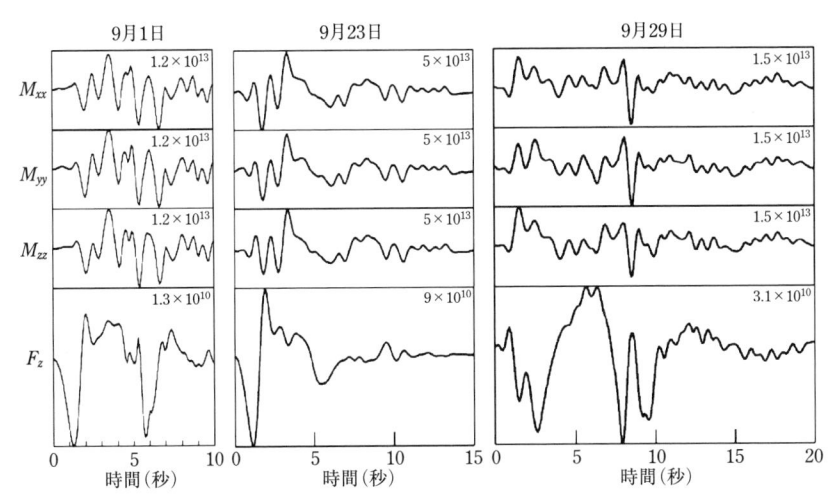

図 1.2.2 浅間山爆発地震の震源時間関数（Ohminato *et al.*, 2006，図4の一部）. M_{xx}, M_{yy}, M_{zz} は地震モーメントの対角成分, F_z は鉛直方向の力（シングルフォース）. 2004年9月1日, 9月23日, 9月29日の爆発地震の解析例.

を及ぼしたと推察されている（Ohminato *et al.*, 2006）.

以上のように, 稠密な地震観測網を展開し, そのデータを解析することと, 他項目のデータと比較することで, 火道浅部のダイナミックなマグマ運動の詳細を明らかにすることができる.

(2) 地殻変動観測

地殻変動観測は, 地震観測では捉えることのできない, 周期数百秒より長い火山現象であるマグマ上昇や噴火現象を主な観測対象とする. その方法は変化に富む. 山頂付近に設置した反射鏡と山麓の観測点の距離を照射したレーザーの位相を測定する光波測距 (EDM ; Electric Distance Measurement), 山麓の道路上に標尺をたて数百mごとに比高を求め山体付近の一次元的な高さを高精度で調べる水準測量, 密度の異なるマグマの上昇を捉えることを目的として実施される重力観測などがある. また, 深さ数百mの孔井や横穴に設置したセンサーによる傾斜・歪観測は, 数カ月を超えるような長期的な変動の観測には向いていないが, 地球潮汐も検知できるほど感度が高いの

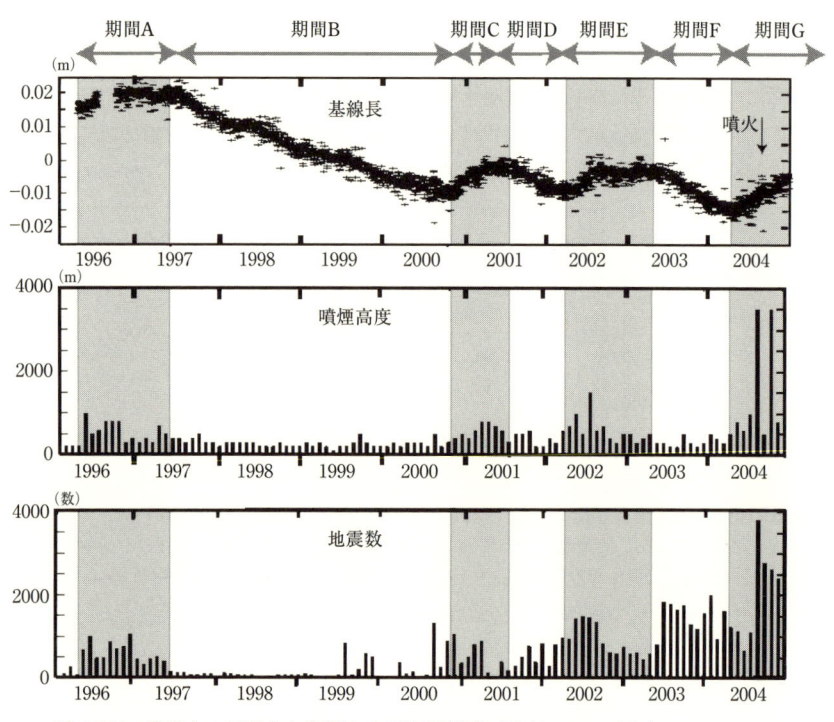

図 1.2.3 浅間山の長期的な膨張および収縮活動（村上，2005，図 2）
上段は嬬恋観測点と東部観測点の距離，中段は噴煙高度，下段は月別地震数．網をかけた期間が膨張期．

で，マグマの極微少な運動を捉えることができる．この観測および解析例は 1.5 節に示されているので，本節では近年火山地域でも頻繁に利用されるようになった衛星による測地方法，GPS と干渉 SAR（干渉合成開口レーダー）について説明しよう．これらの方法は，孔井式の傾斜・歪観測に比べて感度は一般的に低いものの，火山体の変形の長期的な変化を調べることに向いている．また，地面の変位量を直接観測するため比較的安定した結果が得られ，条件がよければ両者とも数 mm 程度の精度で火山地形の変化を測定できる．

　GPS は，地球を巡回する約 30 個の人工衛星を使って，観測点の位置を決定する測地方法である．原子時計が装備された衛星から時刻データを含む電

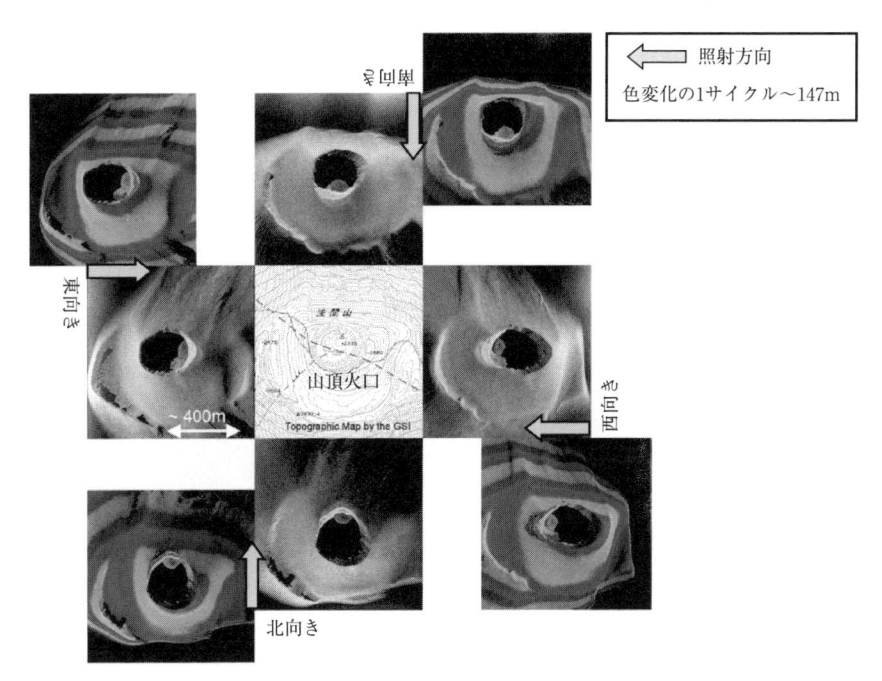

図 1.2.4 浅間山航空機干渉 SAR の干渉縞（大木ほか，2005，図 3）
火山を 4 方向から見た干渉縞画像と散乱強度画像．矢印は電波の照射方向を示す．各図のほぼ中央の円形の部分が火口に相当する．（カラー図はカバー袖を参照）

波を受信し，その時間差をもとに，観測点と衛星の相対距離差を求め，観測点位置を決定する．これは地震の震源決定と原理的に同じである．多数の衛星の利用やノイズ除去のアルゴリズムの工夫により，火山体の変形が精度よく推定されている．

再び浅間山を取り上げ，GPS を用いた山体変形の測定例を示そう．図 1.2.3 は，国土地理院の GPS 観測点である，浅間山北側の嬬恋 GPS 観測点と南西側の東部 GPS 観測点の距離（基線長）を，1996 年から 2005 年の約 10 年間にわたり示している（村上，2005）．また，噴煙高度および周辺で発生した地震数も合わせて示してある．2 つの GPS 観測点間の距離は伸び（膨張）と縮み（収縮）を繰り返し，膨張期には噴煙高度が高くなり，地震数が増加

1.2 火山観測によるマグマの動態の把握── 19

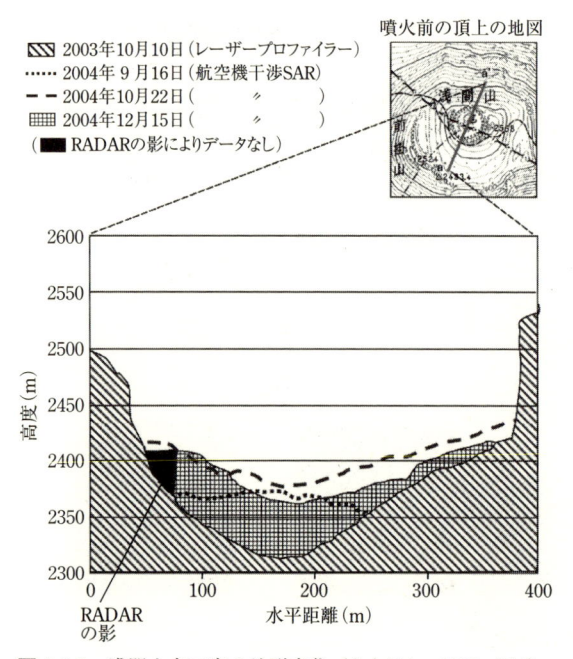

図 1.2.5 浅間山火口底の地形変化（大木ほか，2005，図4）

する特徴が見える．このゆるやかな連動性は，浅間山でマグマの間欠的な供給が起きていることを示している．また，GPSから求められる火口浅部のマグマの体積変化量から，収縮期には揮発性物質の散逸（脱ガス）だけでなく，浅部マグマが地下深部へ還流していたことが示唆されている（村上，2005）．

　干渉SARは，マイクロ波を用いることにより，対象領域の地形あるいはその変化を面的に推定する方法である．上空のプラットフォーム（人工衛星や航空機）から電波を地表に向けて照射し，その地表での散乱（反射）波をプラットフォームで記録する．やや離れた2つのアンテナで散乱波を記録し，その位相（プラットフォームからターゲットとする領域までの距離を電波の波長で割った値）の差をもとに，山体の変形量や高度を測定する．この位相差は干渉縞（変動縞）として地図上に表示される．干渉SARで用いるマイクロ波は噴煙や雲を透過するので，いつでも火口や火山体の地形を測定でき

るという利点がある．また，観測点を設置しないでも，火口付近から火山体周辺までの面的な変位データを得ることができるので，上昇したマグマの位置や形状を高精度で推定できる．

　図1.2.4（カバー袖のカラー図を参照）は，浅間山の2004年爆発的噴火活動期に捉えられた，航空機に搭載されたSARによる干渉縞である（大木ほか，2005）．干渉縞の1サイクルは約150 mで，同一の色をつなげた場所が地図でいう等高線にほぼ相当する．噴火活動前（2003年10月10日）に調べられていた地形と，この干渉縞から求められた2004年9月16日の地形を比較することにより，噴火前は火口内の窪地であったところが，9月1日の爆発的噴火活動が始まって2週間ほど経過した9月16日には，約65 m上方にふくらんだ地形になったことがわかった（図1.2.5）．SARの反射強度画像も参考にすると，この地形は新たに溶岩が流出したことによって生じたと考えられる．その後の爆発的噴火活動の継続中（10月22日，12月15日）にも観測が行われ，火口内部の地形変化が面的に推定された．このように，噴煙で覆われ可視光では見ることが難しい火口内部の地形変化を測定することが可能となった．

　本節では，GPSと干渉SARのみ説明したが，前述した観測項目を組み合わせ，それぞれの手法の利点を生かすことで，詳細なマグマの貫入の様子を明らかにすることができる．

1.3　遠隔火山ガス観測

平林順一

(1) 火山ガスとは

　マグマに溶けている水素（H），酸素（O），窒素（N），フッ素（F），塩素（Cl），イオウ（S），炭素（C）などの揮発性成分は，圧力低下や結晶化などによって発泡し，水蒸気（H_2O），フッ化水素（HF），塩化水素（HCl），二酸化イオウ（SO_2），硫化水素（H_2S），二酸化炭素（CO_2），ヘリウム（He），

表 1.3.1 火山ガスの化学組成の多様性

火山	℃	H_2O	HF	HCl	SO_2	H_2S	CO_2	He	H_2	O_2	N_2	CO
スルツェイ	1137	86.2		0.40	3.28		4.79		4.74	0	0.07	0.38
雲仙	810	97.2		0.196	0.498	0.196	1.29		0.586	0.179	0.148	0.126
薩摩硫黄	877	97.5	0.033	0.677	0.984		0.316	0.000003	0.474	0.00005	0.0082	0.0011
	740	97.8	0.048	0.00	0.975	0.075	0.561		0.396		0.0352	
九重	580	96.9		0.066	0.12	2.34	0.55					
	400	96.9	0.097	0.48	0.69	1.41	0.45		0.10		0.015	0.00024
	350	98.9	0.008	0.20	0.20	0.37	0.29	0.000005	0.0031		0.0044	
	185	99.2		0.0079	0.066	0.202	0.506		0.0149		0.0074	0.000023
那須	530	98.0	0.014	0.06	0.178	0.712	0.952					
木曽御嶽	110	98.4		0.0003	0.018	0.323	1.254	0.000004	0.00073	0.00018	0.0038	
草津	95	97.9		0.0	0.0002	0.285	1.779	0.000006	0.000021		0.36	
霧島	98	97.4			0.0034	0.660	1.92	0.000003	0.0014	0.00033	0.018	

成分濃度単位は Vol.%.

水素（H_2），窒素（N_2），アルゴン（Ar），メタン（CH_4），一酸化炭素（CO）などとして地表から放出される．これらを火山ガスと呼び，その化学組成は，噴出温度にかかわらず H_2O が主成分で 90% 以上を占めている．水蒸気を除いた成分濃度は，温度依存性が高く，温度の高いガスではハロゲン化水素（HF，HCl），SO_2，H_2，CO などが多く含まれ，温度の低いガスは H_2S，CO_2，N_2 が主成分である．マグマから上昇した火山ガスは，地表に到達する通路でガス成分の相互反応，高温の水蒸気と地下に堆積しているイオウや有機物の反応，地下水との接触による冷却とガス成分の溶解などによって，地表に噴出する温度と化学組成は多様なものとなる（表 1.3.1）．

　火山ガスの採取は，噴気孔に石英ガラスやチタン製のパイプを挿入し，これにあらかじめ一定量のアルカリ溶液（KOH または NaOH）を入れた二口の注射器や真空ボトルを接続して採取する．また，SO_2 と H_2S の比は，ヨウ素溶液を入れた洗気ビンにガスを導入する方法などによって求められる．これらの方法で採取した火山ガスは，湿式化学分析，イオンクロマトグラフィー，ガスクロマトグラフィーなどで分析し，各成分の濃度を求める．

　火山活動が活発な火山では，危険を伴うこともあり，噴気孔に接近して直接火山ガスを採取できない場合がある．このようなときは，無線操縦による飛行機，ヘリコプター，飛行船などにガス採取用の真空容器などを装着して

採取する．真空容器を用いる場合は，噴煙中で無線指示により容器に接続したガラスキャピラリーの先端を折ることで火山ガスを採取する．このような方法で採取した火山ガスは，全体の化学組成ではなく組成比のみが求められる．最近，活発な活動している火口からやや離れた場所に H_2O, SO_2, H_2S, CO_2, H_2 などの各種センサーを組み合わせた装置を設置して，火山ガスの多成分を同時に測定する観測法が開発されている（Shinohara, 2005）．

(2) 火山ガスの放出量

火山ガスの化学組成は，マグマの温度・圧力条件の違いによる脱ガス率の変化などを反映する．そのため，定期的な観測による化学組成に基づいて火山の活動状態の変化を知ることができる．また，火山ガス成分の溶解度は温度，圧力に依存することが知られており，測定した火山ガス組成と，初生マグマの温度，揮発性成分濃度を仮定することで，脱ガス圧力，すなわち脱ガスが起こっている深さを推定することもできる．

一方，火山ガスの放出量は，深部マグマの浅部マグマ溜りへの供給量やマグマ頭部の深度に対応して変化し，火山活動評価や脱ガス過程の理解に重要である．

火山ガス放出量の測定は，個々の噴気孔では，噴気孔にピトー管を挿入して，圧力計を用いて静圧と動圧の差を測定し，これとガスの密度から流速を

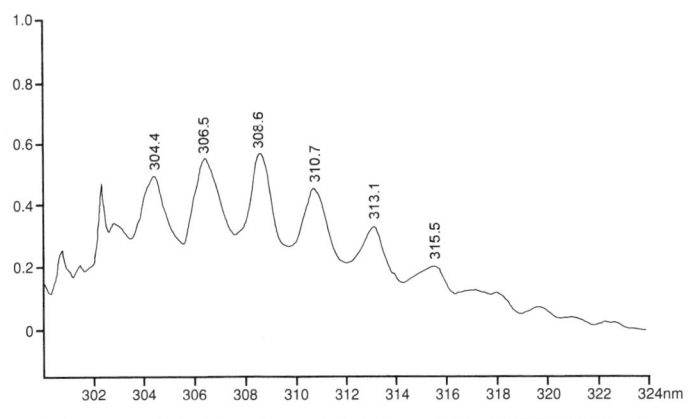

図1.3.1　二酸化イオウガスによる 300 nm 付近の紫外線吸収ピーク

求め，噴気孔の径を乗じて放出量を求める．噴煙については，プルームライズ（plume rise）法で H_2O 放出量の推定が行われている（たとえば，鍵山，1978）が，現在，直接放出量を遠隔測定できる成分は SO_2 のみである．

　SO_2 放出量は，SO_2 が 300 nm 付近の紫外線を吸収することを利用し（図 1.3.1），太陽からの紫外線が噴煙中の SO_2 によって吸収される度合いを測定する．1970 年代から紫外線相関スペクトロメーター（COSPEC）を用いて火山からの SO_2 放出量の測定が行われるようになった（同装置および計算方法などは Stoiber et al., 1985 参照）．日本でも，1971 年に伊豆大島で，1974 年に浅間山で COSPEC による SO_2 放出量の測定が行われている（大喜多・下鶴，1975）．

　同装置による測定は，装置を固定して噴煙を垂直あるいは水平にスキャンするパンニング法と，装置を車あるいはヘリコプターなどに搭載して噴煙の下を移動して測定するトラバース法によって行われる．COSPEC は大型で重く，容易に持ち運びができないため機動的な観測は困難である．このため，最近，ヨーロッパやアメリカで小型の CCD 分光器を用いた可搬型の SO_2 放出量測定装置（通称 DOAS）が開発され，火山で用いられるようになった．日本でも，特定領域研究「火山爆発のダイナミックス」の班員らによって，2003 年から同様の装置の開発が行われ，装置と起動ソフトの改良が重ねられ，製品化されている．

　日本で開発された可搬型 SO_2 放出量測定装置は，紫外線集光レンズと可視光カットフィルターからなる本体部，CCD 分光器，ステップスキャンモーター駆動のミラー部，ミラーコントロール部，ノート PC，電源部で構成され，総重量は約 10 kg である．本体部には標準ガスセルによる検量線作成のためのセル挿入口が設けられている（図 1.3.2；Mori et al., 2007）．

　COSPEC によるパンニング法では，電動雲台に載せた本体を，設定した角度幅・速度で動かし噴煙をスキャンするが，DOAS による測定では本体部を三脚に固定し，モーターでミラーを回転させてスキャンする（図 1.3.2 の b）．ミラーの回転は，±5°〜±90°の範囲で行うことができ，回転速度は，紫外線の散乱の強さや噴煙の状態，要求される時間分解能などによって 1 秒に 0.1-2°の速度範囲が選択できる．また，DOAS によるトラバース法で

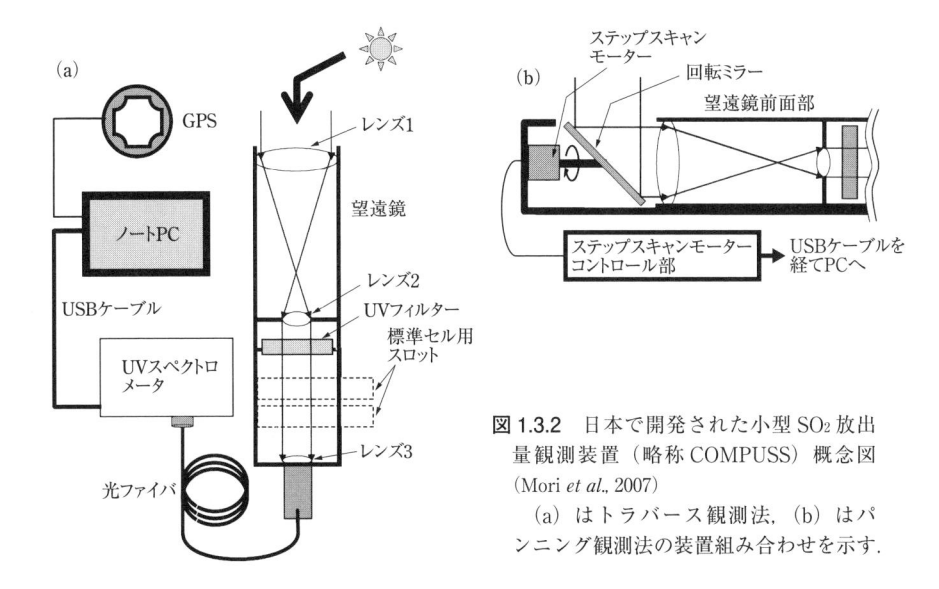

図 1.3.2 日本で開発された小型 SO_2 放出量観測装置（略称 COMPUSS）概念図 (Mori *et al.*, 2007)

(a) はトラバース観測法，(b) はパンニング観測法の装置組み合わせを示す．

は，本体と小型 GPS を接続したノート PC のみで測定することができ，重量は約 2 kg である（図1.3.2のa）．

DOAS と COSPEC との比較観測では，両者のデータにはよい一致が見られ，DOAS により得られたデータはこれまでの膨大な COSPEC のデータとつなげられることが明らかとなっている（Mori *et al.*, 2007）．また，観測点と噴煙までの距離が長いとシグナルが減衰する．減衰の程度は波長によって異なり，減衰は短波長側が大きく，やや波長の長い 313 nm の吸収ピークでは比較的減衰が少ない（Mori *et al.*, 2006）．

(3) 火山ガス放出量と火山爆発

爆発的な噴火をする火山では，爆発発生前に噴煙放出の停止や放出量の減少が観察され，爆発前には火口直下で火山ガスの蓄積が起こっていると考えられている．1950 年から爆発的噴火を繰り返している桜島火山でも，爆発前に噴煙量が少なくなる現象がしばしば観察されている．このようなときには爆発が起こる数時間～十分前から山体の膨張が傾斜計などで観測されている．その体積変化量は 10^3-10^5 m^3 と見積られ，これは火山ガスの蓄積による

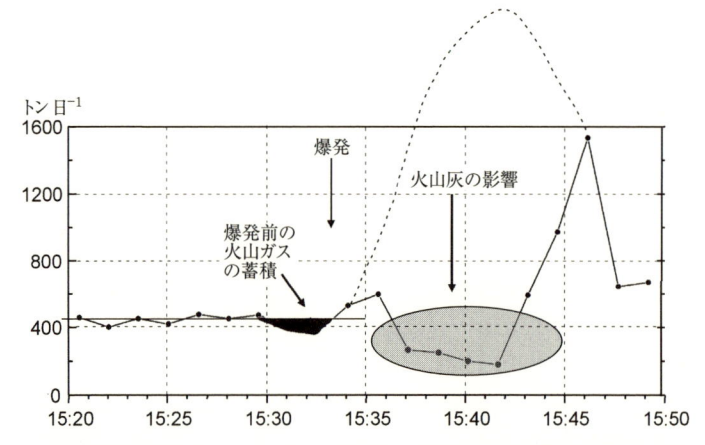

図 1.3.3 諏訪之瀬島火山における 2004 年 4 月 28 日 15 時 29 分の爆発前後の SO_2 放出の変化
　　爆発後の点線は，火山灰の影響を除いた SO_2 放出量変化（推定）．

と考えられている（Ishihara, 1985）．

　最近，1957 年以降爆発的噴火を繰り返している諏訪之瀬島火山や，1 日に約 100 回のストロンボリ式あるいはブルカノ式噴火が発生しているインドネシアジャワ島東部のスメル火山において，地震，空振，地殻変動，赤外熱測定などの物理観測と同時に，DOAS を用いた爆発前後のガス放出量の測定が行われ，爆発前に火山ガスの蓄積が起こっているか，起こっているとすればその量はどのくらいか，爆発後の火山ガス放出量などについて研究が行われている．

　諏訪之瀬島火山における火山ガス放出量観測のうち，地震，赤外熱映像などの物理観測のデータがそろっている 2004 年 4 月 28 日 15 時 29 分の爆発前後の火山ガス放出量変化を図 1.3.3 に示した．同図では，爆発による噴煙が SO_2 放出量測定の測線に到達するまでの時間約 4 分の補正は行っていない．図に示されているように，SO_2 放出量は，噴火発生の約 3 分前から減少し，噴火後増加している．15 時 35 分～15 時 43 分の間は一時的に SO_2 放出量が減少しているが，これは爆発で放出された火山灰が紫外線を遮蔽するためである．放出量が減少した噴火前約 3 分間の SO_2 蓄積量（図中の黒で塗りつ

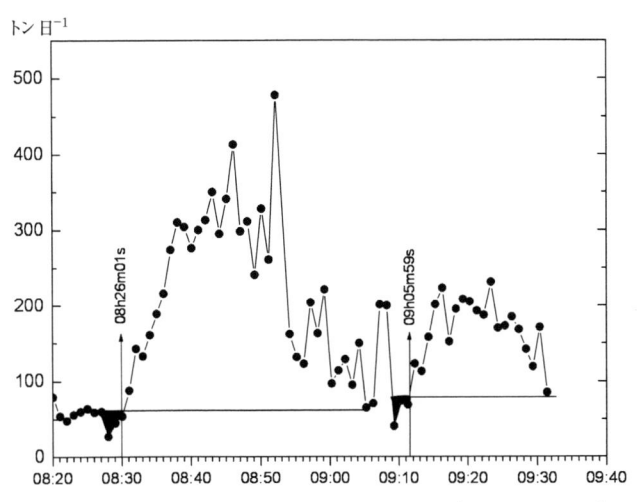

図 1.3.4 インドネシアスメル火山における 2006 年 11 月 13 日の爆発前後の SO_2 放出量変化（8 時 26 分および 9 時 6 分の爆発）

ぶした部分）を計算すると 2×10^3 mol となる．この値と火山ガス組成 H_2O/SO_2 モル比：45，CO_2/SO_2 モル比：0.81，HCl/SO_2 モル比：0.36 から計算された全火山ガス蓄積量は 9.3×10^4 mol である．この蓄積量と，熱赤外映像から求めた噴石の初速度 99.1 m s^{-1}，噴石のかさ密度を 2.2 g m^{-3} と仮定して計算された爆発時の内部圧力 108 bar を用い，内部温度を 1000℃と仮定して理想気体の状態方程式から求めた蓄積体積は約 90 m^3 となる．一方，同噴火時の爆発地震の変位波形は，爆発発生の約 150 秒前から火口直下において体積膨張が始まっていることを示しており，その体積変化量は 150 m^3 と計算されている．この結果は，桜島火山に比べれば規模は小さいものの，諏訪之瀬島火山でも爆発前に火口直下で火山ガスの蓄積が起こっていることを示し，爆発発生前の山体膨張は火山ガスの蓄積で説明される．なお，爆発後に放出される SO_2 量は，火山灰による影響を考慮すると蓄積量の約 50 倍である．

スメル火山における火山ガス放出量観測では，個々の爆発による SO_2 放出量は 0.25-0.75 ton であり，爆発後の SO_2 放出量は，爆発地震の継続時間などの爆発規模とよい相関が認められている．

図 1.3.5 有珠山 2000 年噴火活動時の西山（NB）火口での間欠的水蒸気爆発発生前後の火口の状態例（2000 年 7 月）
　爆発後火口内では火山ガスの放出が完全に停止し，発生直前にわずかに火山ガスの放出が見られ（a），続いて水蒸気爆発が発生する（b）．

　スメル火山における爆発前後の火山ガス放出量観測結果の例として，2006 年 11 月 13 日 8 時 26 分および 9 時 6 分の爆発を含む SO_2 放出量変化を図 1.3.4 に示した．図の矢印で示した爆発時刻は，ビデオ映像記録から噴煙が SO_2 放出量観測測線に到達した時刻に補正してある．また，紫外線散乱強度の時間変化によるベースラインのドリフト補正も行ってある．8 時 26 分の爆発前後の SO_2 放出量は，諏訪之瀬島火山の結果と同様の変化で，爆発発生の約 3 分前から明瞭に減少している（黒塗り部分）．この爆発前の SO_2 蓄積量を計算すると 48 kg となる．また，9 時 6 分の爆発前の SO_2 蓄積量は 32 kg である．両爆発後の SO_2 放出量は，それぞれは 4.15 ton と 1.3 ton である．この 2 例の爆発前の SO_2 蓄積量と爆発後の SO_2 放出量の比は 86 と 39 となり，諏訪之瀬島の結果と大きな違いはない．

　スメル火山山頂に設置した傾斜計による観測では，個々の爆発前の山体膨張が明瞭に捉えられており，爆発前の体積変化量は約 300 m^3 で，上述の諏訪之瀬島で観測された体積変化量の約 2 倍である．この体積変化量は，1000 ℃，100 bar のガス溜りに蓄積した火山ガス量 28×10^4 mol に相当し，スメル火山における爆発前の SO_2 蓄積量を考えると，諏訪之瀬島火山とスメル火山では火山ガス組成が大きく異なることを示唆している．

　諏訪之瀬島火山における観測では，爆発発生の直前に小規模な噴煙の立ち上がりが赤外線熱映像に明瞭に捉えられている．また，2000 年 3 月に噴火

を始めた有珠山では，同年7月に活動中心の一つである西山（NB）火口で間欠的に水蒸気爆発が繰り返し発生しており，水蒸気爆発が終わると火口底からのガスの放出は完全に停止し，次の爆発が始まる直前にわずかなガスの放出が観察されている（図1.3.5）．

このような観測事実と，諏訪之瀬島とスメル火山での爆発前後の火山ガス放出量の観測から，爆発的噴火は，爆発発生前の火口直下での火山ガスの蓄積→ガス溜りの圧力増加→爆発直前の火山ガスの一部放出→爆発発生→圧力低下による脱ガスの進行の過程を経て発生するといえる．

ただし，この爆発直前の火山ガスの一部放出と続いて起こる爆発との時間差は数秒と短いために，通常のSO_2放出量観測では検知できない．これを捉えるためには，SO_2放出量観測と同時にDOASなどを用いて火口直上のSO_2濃度の短時間変化を観測する必要がある．

1.4 新しい観測機器の開発

谷口宏充・後藤章夫
市原美恵・山田功夫

最初に開発の動機として谷口の個人的な経験を語りたい．1991年6月3日，谷口は，噴火活動の続く雲仙普賢岳において，火砕流の観察をするため，報道関係者らが陣取っている北上木場の「定点」に行く予定であった．しかし，当日は空模様もあやしく，その後の天候にも期待が持てなかった．そのため，山の裏側の調査をした後，予定より1日早く職場に復帰することにした．戻ってみると，職場は大騒ぎであった．規模の大きな火砕流が発生し，それによる43名の犠牲者の中に谷口という名前が数名入っていたからである．もちろん，この谷口の名前は本執筆メンバーのものではないが，自らの身が危うかったことと犠牲者が出たという事実に強い衝撃を受けた．犠牲者の中には前々日，九州大学の観測所で話をしたばかりの米国人1名を含む，3名の外国人研究者が入っていた．彼らは，まだよく理解されていない流走中の火砕流の実態を知ろうと，「定点」で撮影をしていた最中であった．

火山研究者は，より正確で詳細な観察や観測を行うため，噴火地点に近付く必要のある場合がある．しかし，これは大変に危険を伴う行為である．噴火地点を予測し，事前に観測機器などを設置できればよいのだが，現実には難しい場合が多い．そのため，噴火発生後，噴火地点，現象や規模を確認した上で，危険を避けることのできる遠方から，遠隔操作などによって作動する観測装置が必要となる．この理由によって，私たちのグループでは火山探査移動観測ステーション，ペネトレーター型観測機器とドップラーレーダーのあわせて3種類の新しい観測機器の開発を行った．ここでは前2者の紹介を行う．

(1) 火山探査移動観測ステーション MOVE

開発の動機と歴史

　爆発的な噴火といっても，それに伴う現象や必要な観測・調査項目にはさまざまなものがある．このように多様なニーズに応え，かつ観測者の安全を確保するには，火山探査用の「ロボット」を製作するのが最も適切であろう．このようなアイデアはすでにいくつか提案されていた．ただし，ここでいう「ロボット」とは，必ずしも最近のロボットに対する一般的な定義「自立判断機能を有する機械」を満たすものではなく，「遠隔操縦によって目的地にまで行き，観測などを目指す機械システム」という程度の意味で用いられている．このようなレベルであっても，実際に具体案が提出され，製作が試みられた例はきわめてまれである．

　国内では雲仙普賢岳における噴火活動をきっかけとして，下鶴大輔・三菱重工業のグループ（下鶴, 1999）が1992年に，そして日本機械工業連合会・日本産業用ロボット協会が1993年にそれぞれ構想を発表したが，資金などの点から製作は不首尾に終わった．それに対し国外では，米国のカーネギーメロン大学とNASAとが共同で，惑星探査用ロボットの応用として8足ロボット Dante II を製作し（Bares and Wettergreen, 1999），イタリアにおいては2003年度に終了したROBOVOLC計画（http://www.robovolc.dees.unict.it/）によって，不整地を走行する簡単な走行体が製作された．しかし，いずれも将来の完成を目指した試験機である．

MOVE 本体のコンセプトと構成

　私たちの火山探査「ロボット」MOVE（Mobile Observatory for Volcanic Explosion）製作に関する基本姿勢は，最初から可能なかぎり実用的なものを製作することであった．そのためには，私たち自身の開発に対する能力，予算や時間的な制約を考慮し，既存の転用可能な走行体を見出し，その改造によって目標を達成するべきと考えた．そのために，まず，私たちの目的達成に向けて MOVE が備えるべき機能を以下のように設定した．

- (a) 安全な基地局より，カメラ映像を見ながらの遠隔無線操縦を受けて目的地に到達し，観測などを行い帰還する．
- (b) GPS によって本体の位置情報を時々刻々送受信する．
- (c) 観測装置を搭載するための十分なスペースを確保する．
- (d) 岩石サンプリングや簡易観測機器設置の機能を装備する．
- (e) 走行ルート上に堆積した噴出物や転石などを排除して，走行しやすいよう路を整備する．
- (f) 火砕サージなど，短時間の高温に耐えるための耐熱対策を施す．
- (g) 通信機や観測機器類に，噴石や火山灰などの降下に対する防御対策を施す．
- (h) 観測のため，エンジンを停止した状態でも動作できるよう十分なバッテリーを搭載する．

　上記条件を設定した上で，次に必要なことは転用可能な走行体を見出すことであった．2000 年頃，それまでの自然災害復旧現場の経験に基づき，国土交通省が中心になって，重機の無人化施工推進の方針が出された．それを受け，300 m 程度の距離から無線操縦可能な重機が製作されるようになっていた．私たちがベースマシーンとして採用した MPX10（日立建機製キャリアショベル，重量約 4 トン）は，それらの中の一つである．

　しかし MPX10 は，被災後に見通しのよい近距離で行う作業を想定して作られており，上記 (a)-(h) のような機能は備わっていない．そこで，無線の強化や，各種機材を収納する断熱ボックスの設置など，本体にさまざまな改善を施し，写真（図 1.4.1）のような MOVE ができ上がった．

　開発の上で最も問題になったのは無線である．安全な場所から操縦するた

図 1.4.1　三原山のスコリア坂道を登坂する完成した MOVE

めに，通信距離はできるだけ長いほうがよく，それには強い電波を出すことが望ましい．しかし電波管理法による周波数や出力に関する縛りがあり，その範囲内で，操縦可能距離の目標を 2 km とした．車体操縦とカメラ操作にはそれぞれ 400 MHz 帯小エリア無線を 1 系統ずつ，映像・音声には 2.4 GHz 帯の OFDM 映像無線機を使用した．GPS 位置情報は，OFDM 無線のステレオ音声の空きチャンネルを利用して送信している（図 1.4.2）．観測装置によるデータの送受信には同じ 2.4 GHz 帯の SS 無線が使用されている．実際に野外で試験を行ってみると，明らかに地形や樹木によって電波がさえぎられ操作ができなくなったり，同一周波数帯を使用したことによる干渉が発生して操作ができなくなるケースがあいついだ．干渉の問題には，狭い MOVE 本体に無線アンテナを林立せざるを得なかったことも影響しているが，伝送方法を変更したり，アンテナの指向性を変えたりすることによって改善してきた．

計測システムのコンセプトと構成

　話は，再度，普賢岳での噴火経験に戻る．この噴火の最大の特徴は，急傾

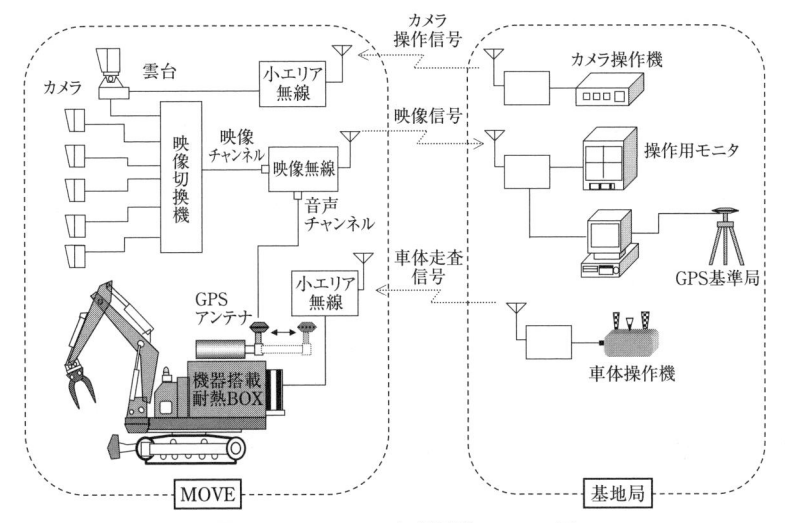

図 1.4.2 MOVE の無線操縦システム図

　斜地に流出してきた厚い溶岩流が崩壊して多数の火砕流を発生させたことであるが，ときには火山爆発によって爆風も発生した．これらは危険な現象であるだけに報道などでもよく取り上げられるが，計測ということに関しては，ほとんど未開拓の対象である．たとえば，火砕流の内部構造，流走中の温度や圧力，爆発エネルギー量といった基本的な物理量さえ調べられたことはほとんどない．MOVE においては，これら未解明部分の情報を安全に得ることに焦点をあてて，観測システムの製作を行った．

　主な観測・作業内容は，対象現象の可視・近赤外などの画像撮影，衝撃波・火砕サージなどの温度・圧力計測，岩石試料などのサンプリング，そして観測機器の臨時設置の4項目である（図1.4.3）．

　噴火映像はストロンボリ式噴火やブルカノ式噴火などの噴火様式の判断や，その発生機構を知る上で重要である．さらに後述の野外爆発実験によって，噴煙形状の違いは爆発のエネルギー量と爆発深度とによって主として制約されていることが見出されているので，噴煙形状の撮影は，火山爆発のエネルギー量や深度を知る上でも重要な手がかりとなる．MOVE には操縦用も合わせて，1台の近赤外画像カメラと，6台の可視画像カメラが搭載されてい

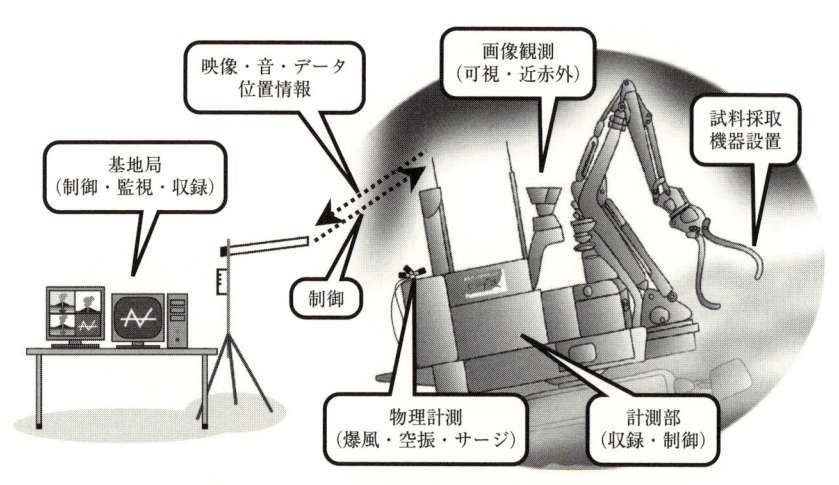

図 1.4.3 　MOVE が行う主な作業や観測の内容

る．可視のメインカメラは，ズームやターン，レンズ前の窓に付着した火山灰を洗い落とすための水噴射やワイパー動作を，基地局から操作することができる．メインカメラに同架された近赤外カメラは，噴煙や火砕流など対象現象の温度情報を与えてくれるほか，夜間の操縦に威力を発揮する．アーム先端のカメラは走行時に MOVE の足下を確認するほか，火口をのぞき込んだり，サンプリング時の対象確認などに用いられる．本体前方左右と後方中央に設置されたカメラは操縦専用で，このほか傾斜計やパイロットランプをモニターするカメラがある．

　MOVE に搭載された観測機器のうち，最も特徴的なことは圧力計測に関するセンサーが多様なことである．火山爆発によって爆風（衝撃波＋周囲大気の流れ），音波，火砕サージなどの諸現象が発生する．衝撃波圧力の値は，爆発エネルギーのうち，火口周辺の大気を急激に押し広げるのに使われたエネルギーを反映しており，エネルギーの放出量や放出速度の推定に重要である．また，爆風や火砕サージの圧力に起因して家屋倒壊，倒木や窓ガラス破損などの被害が発生する．そのため，圧力値と継続時間を正確に知ることは，災害軽減のためにとくに重要である．上記の現象において，実際にとりうる圧力の大きさや時間スケールの幅は大変に広く，不確定性も大きい．そのた

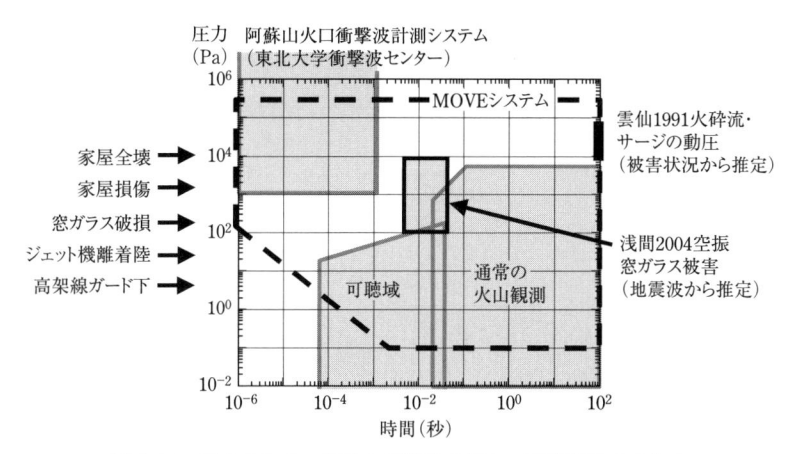

図 1.4.4　圧力センサー特性と諸現象の圧力・時間関係のまとめ

めMOVEにはピエゾ型衝撃波センサー，ゲージ型衝撃波センサー，低周波マイクロフォン，差圧計の4種類の圧力センサーが備えられている．センサーごとに，得意とする計測圧力範囲や，時間スケールが異なるものであるが，全体として広い領域をカバーしている（図1.4.4）．今までに報告されている火山性の圧力波や火砕サージの圧力値を整理するかぎり，取りこぼしなく活躍してくれるものと期待している．また，主として火砕サージの温度計測を目的にして，高速応答熱電対も備えられている．これらの温度・圧力情報は，MOVEに装備しているロガーの中に保存され，基地局でも波形としてモニターできる．また，SS無線を通して基地局から保存データをダウンロードすることもできる．

噴火が発生したとき，火山弾や火山灰を採集して，化学組成や組織などを調べ，新しいマグマの関与があったかどうか，一刻も早く判断したい場合がある．また，噴火発生後，火口にできるだけ近付いて地震計やGPS装置などを設置し，観測データを補いたい場合もある．これらの作業のために，アーム先端を，穴を掘るショベルからものをつかむグラップルに変更した．ただし細かい作業を行うマニュピレーターではないので，さらに改善の余地がある．

表 1.4.1 MOVE 諸サイズと確認された性能のまとめ

	項目	性能(**太字**は確認済み)	備考
MOVE 本体	速度	2.7 km h^{-1}, 4.2 km h^{-1}	後者は高速走行モード時
	重量	約 4000 kg	
	積載重量	900 kg	
	操縦形態	無線を通したカメラ映像による遠隔操作	メインカメラ1台,把持用カメラ1台,走行用カメラ4台
	無線種類		400 MHz 帯小エリア無線2系統,映像・音声・GPS 位置情報送受信用には 2.4 GHz 帯の OFDM 映像無線
	無線操縦範囲	**2.3 km**	地形や樹木による障壁のない見通しのよい環境下
	登坂可能最大勾配	未舗装で **26 度**	高速走行モードだと,舗装してあっても 20 度以下
	側方転倒限界	本体が前向きの場合,**31 度**で横すべり始まるが,**33 度**でも転倒しない.	本体を 90 度旋回しブームを谷に向けた場合,ブームを高く伸ばした状態から谷方向に下げると **27 度**で転倒する
	耐熱性	400℃,5 分間	電気・測定器機 BOX など主要部のみ
	走行環境	噴石直径 50 cm 以下が散在	必要に応じて大きな転石などは旋回フォークで除去
	対衝撃性	直径 20 cm 以下の噴石直撃に耐える	通信系統は対象外
	車体位置・方位検出	位置精度 5 cm	RTK-GPS および GPS 移動式方位検出
計測システム	基地局とのデータ送受信可能範囲	**2.3 km**	地形や樹木による障壁のない見通しのよい環境下
	無線種類		2.4 GHz 帯 SS 無線
	バッテリーによる運用時間	**連続 40 時間**	バッテリー充電に要する時間は運用時間の約 3/8
	搭載記録計の記憶容量	**約 11 時間分**の映像2系統と波形データの保存が可能	リモート操作で不要データを削除すれば計測時間は延長可能

完成した MOVE の性能と実際の噴火における使用可能性

　MOVE が一応の形をなした後,阿蘇山と,日立建機所有の野外試験場(北海道浦幌町)において走行試験を,さらに北海道壮瞥町牧場における野外爆発実験の機会を利用して,観測システムのフィールド試験を実施した.そこで現れた不具合の確認とそれらの改善などによって,当初,目標としていた機能などの多くは実現することができた(表 1.4.1).

　MOVE 開発の最終段階として,実際の火山で観測演習を行った.場所は

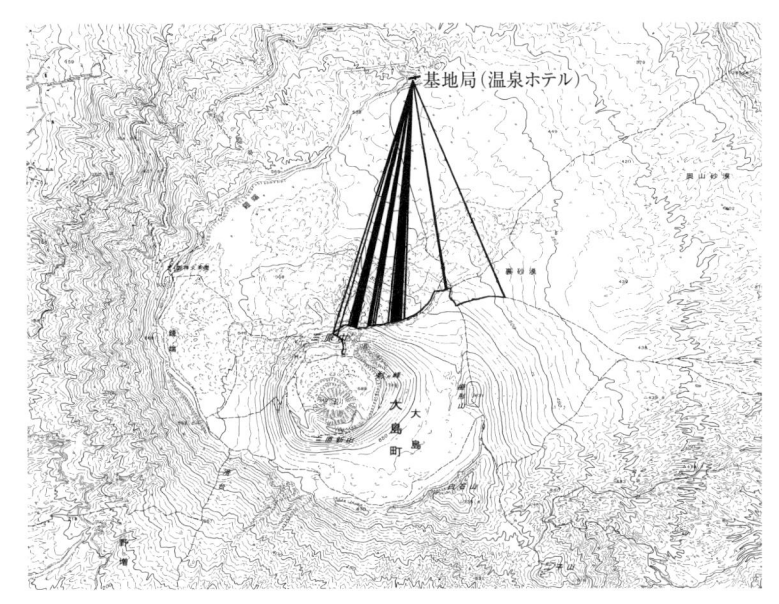

図 1.4.5　三原山におけるMOVEの走行軌跡（GPS）

伊豆大島三原山で，1986年の噴火推移を参考にしている．その結果，途中に一時的な通信途絶などを経験しながらも（軌跡上で，基地局に向かって線が出ている部分），完全な遠隔操縦により，三原山火口までの登頂，火口観察，岩石試料採集や機器の設置に成功した（図1.4.5）．基地局から最も離れたときの距離は2.3 kmで，MOVEは実用に耐えうることを証明した．

現状と今後の課題

　開発を終えてみると，MOVEの有するさまざまな意義，たとえば，よく取り上げられる無人ヘリコプターなどの飛翔体による観測に比べ，夜間・悪天候時の観測，長時間観測，岩石サンプリングや臨時観測点設置など，数多くの利点を指摘することができる．また，空からの支援を組み合わせることによって，さらなる可能性が開けることも期待できる．

　一方，今後，解決していかなければならない数多くの課題もある．それは基地局の機動化，複数のロボットからなるグループ化，無線の周波数や出力

の改善などである．とりわけ重要なのは操作を行うことのできる人員の確保，維持・管理や運用体制確立の課題である．また，MOVE 投入が見込まれる火山に対し，走行ルートや基地局設置場所をあらかじめ検討しておくことも重要である．火山における新しい観測機器開発の研究は始まったばかりであり，今後，この方面を目指す若い研究者が，さまざまな分野から多数出現することを期待したい．

(2) ヘリコプター投下型 GPS 観測システム

噴火活動中であったり，その危険がきわめて高い火山の火口付近での地震や地殻変動の観測は，その後の活動の推移を予測する上で非常に重要である．ところが危険を伴い，人が近づくことができない場合も多い．このような場合にヘリコプターで近づき，上空から観測機器を投下し，観測をすることのできるシステムは有用であろう．開発されたシステムは高度 200 m のヘリコプターから投下し，約 3 カ月間 GPS 測位の連続観測が可能である．観測されたデータは 1 時間ごとに基地局へ無線で伝送される．通信能力は 2 km 程度である．このシステムは，将来，無人操縦のヘリコプターで設置することを想定して開発されたため重量に制限があり，観測期間や通信距離が犠牲となった．

システムの構成

本システムはヘリコプターから投下・設置する観測局と，記録を収録する基地局で構成される．観測局は図 1.4.6 に示すように，直径 15 cm，長さ約 80 cm のロケットのような形であり，重量は約 18 kg（ほとんどは内部電池の重さ）である．高度 200 m 程度のヘリコプターから投下し，火山の山腹等に設置することができる．最尾には GPS アンテナとデータ送信用のロッドアンテナがある．GPS 受信機は一周波で，観測時間とデータ伝送時間は，それぞれ投下前に設定したタイムテーブルにしたがって実行される．データの伝送は予定時刻になると受信確認をすることなく，一方的に送信される．基地局との通信には特定省電力を使っているので，通信距離は 2 km 程度が限度である．

図 1.4.6 観測局の写真
最上部の球形の部分が GPS 受信アンテナ．左上の棒状のアンテナはデータ通信用．

基地局は八木アンテナと受信機およびデータ収録用計算機からなる．観測局からは設定された時間ごとに，データが受信確認なしに送られてくる．基地局側の受信アンテナをより指向性が強く，利得の大きなアンテナにすることで，より長距離の通信が可能になる．しかし，数kmの通信を確実にするには，電波法に基づく許可を得て，観測局側の送信出力を大きくすることが必要である．これに伴う電力消費の増加は小さい．

システムの性能

　観測局は200mの高度から地面に激突するので大きな衝撃を受ける．このとき，観測機器が衝撃に耐えるよう使用部品が選定され，特殊な内部構造になっている．この耐衝撃性は月探査計画における投下型月面観測システム（たとえばMizutani, 1995）で開発された技術を応用している．投下型月面観測システムは1万G（Gは地球重力）の衝撃にも耐える設計になっており，投下型火山観測システムで予想される1000-2000Gの衝撃には十分耐えられる．ここでの問題は，火口付近の柔らかな場所に投下されたとき，全体が地

1.4　新しい観測機器の開発——39

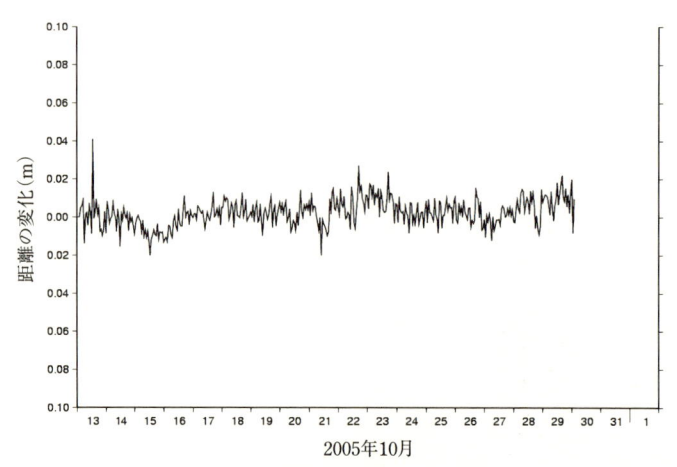

図1.4.7 浅間山における試験観測の結果
観測局と基地局との距離（約2 km）の変化.

面の下にまで潜り込んでしまうことである．少なくとも，最尾部のアンテナは地表に出ていないとGPS観測も基地局との通信も不可能になる．これまでの試験で，互いの羽の先端を結ぶような横棒（ロープがよい）を入れることによって，大きなブレーキとなることがわかっているが，地面付近の条件によって，これでも不十分な場合が予想される．

　観測局側のGPS受信機は一周波であるうえ，アンテナは地表に近く，大きく傾いて設置されることもあり，マルチパスの影響を受けやすい．よって，アンテナが条件よく設置されている場合に比べれば観測精度は落ちる．基地局付近に条件のよい観測点を設置し，解析時に大気遅延など気象の影響を小さくする工夫が必要である．

　図1.4.7には2005年浅間山における，投下・観測試験による約10日間のGPS測位の観測結果を示す．観測時間とデータ通信時間は投下前に設定するタイムテーブルにより実行され，1時間ごとに6分から54分間の連続観測まで6分間隔で設定できる．ただし，1時間に1回（6分間）データ伝送のための時間を確保する必要がある．よって，観測精度を犠牲にして長期の観測をする場合は1時間あたりの観測時間を短縮し，電力消費を節約するこ

とになる．

　観測データは設定された時間ごとに送信される．送信直前に，付近で同一チャンネルが使用されていることが確認された場合にはデータの送信を中止し，次回まとめて送信する．しかし，送信開始後は他からの妨害電波を確認することはなく，送信を完了するので，時にはデータが欠落することになる．

　観測局からは通信が確立したかどうかを確認することなく，送信予告信号に引き続きデータが送られてくるので，基地局では予定時刻に観測局からの送信を確実に受信できる体制になっていることが重要である．これも消費電力削減に伴う結果である．

まとめ

　観測局は無線操縦のヘリコプターにより設置することを想定して開発されてきたため，省電力化による搭載電池の削減を中心に，軽量化が進められた．その結果，一周波のGPS受信機による観測や受信確認なしの一方的なデータ送信，特定省電力通信の利用など性能はひどく制限された．投下・設置に有人のヘリコプターや大型の無線操縦ヘリコプターを想定するならば，より多くの電池を搭載することができ，より長期間の観測を実現することもできる．

　GPS受信機に変えて地震計などを搭載することも考えられる．先に述べた投下型月面観測システムには地震計や熱流量計，傾斜計が搭載されている．すでに耐衝撃性が確認されたセンサーであれば，重量，データ通信量，電力消費などを検討し，本システムに搭載することが可能である．

1.5　噴火過程のモデル

井口正人

　本節では，ブルカノ式噴火を取り上げて，地球物理学的観測によって明らかになってきた爆発の発生過程について述べる．ブルカノ式噴火は強い空気振動や噴石の放出を伴い，わが国の安山岩質火山では多数発生する噴火様式

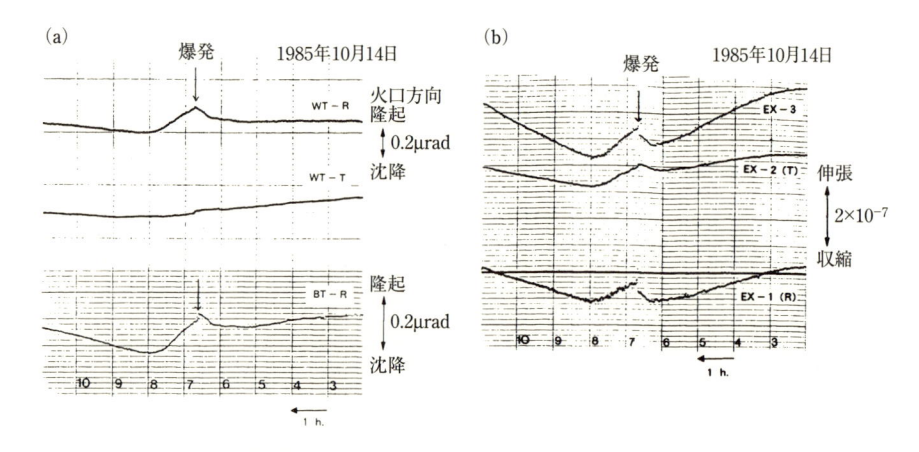

図 1.5.1 桜島の爆発前後の地殻変動 (Ishihara, 1990)
(a) 水管傾斜計（上），ボアホール傾斜計（下），(b) 伸縮計.

である．浅間山においては 1941-42 年と 1954 年に年間 300 回以上の爆発が頻繁に繰り返され，また，桜島では 1955 年以降 2008 年までに 7800 回をこえる爆発が発生している．1988-89 年には十勝岳においても 23 回の爆発が発生した．また，ブルカノ式噴火に比べ規模は小さいが，ストロンボリ式噴火は 1970-71 年に秋田駒ケ岳において発生し，諏訪之瀬島では 1957 年頃から現在まで頻繁に繰り返されている．

(1) 火山爆発の巨視的モデル

　火山爆発はおおまかに見れば，マグマ溜りあるいは火道内へのマグマの貫入過程と，マグマ物質の火山体外への急激な放出過程である．そのことは地盤の変形から確かめられる．マグマが貫入し，蓄積されることにより火道が膨張し，逆に放出されると収縮するからである．図 1.5.1 は桜島において発生した爆発のその前後の地盤変動を，水管傾斜計と伸縮計により観測したものである．爆発発生の約 1 時間前から火口方向の地盤の隆起と伸張が捉えられている．爆発が発生し，マグマ物質が火山体の外に放出されると，地盤の隆起と伸張は沈降と収縮へと反転する．桜島の爆発ではこのような地盤の隆起，伸張が爆発発生の数分から数時間前に観測されている．また，この地盤

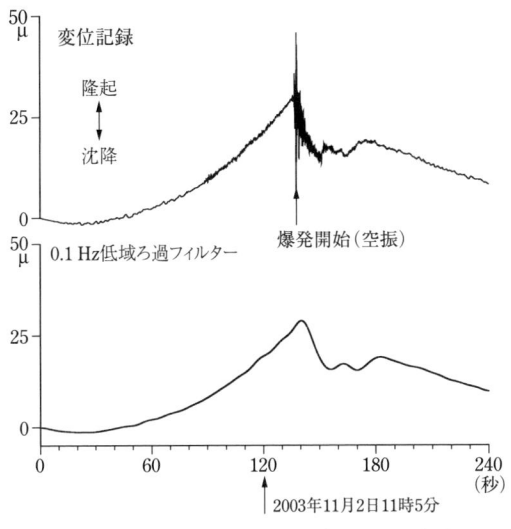

図 1.5.2　諏訪之瀬島の爆発前後の上下変動

変動を引き起こす力源は火道下部からマグマ溜りに相当する深さ 2-6 km にあり，体積変化量は 10^3-10^5 m^3 のオーダーであると推定されている（Kamo and Ishihara, 1989; Ishihara, 1990）．

　桜島の爆発よりももっと小規模であっても，地盤の膨張と収縮は捉えられている．図 1.5.2 は諏訪之瀬島の爆発に伴う地盤の変位を示したものである．爆発発生の約 100 秒前から地盤が隆起し，爆発が発生すると沈降していることがわかる．このような地盤変動を引き起こす力源は，火口直下の 100 m ほどの深さにあると考えられており，力源における体積変化量も 150 m^3 程度と桜島に比べるとかなり浅く，しかも小さい．この変動は主に火道最上部における火山ガスの蓄積によるものと考えられている．諏訪之瀬島では噴火活動が活発化すると爆発が数分おきに発生するが，一つ一つの爆発についてこのような地盤の隆起と沈降が観測されている．同様な変動はインドネシアのスメル火山でも観測される．力源の時間スケールや深さと体積変化量が違っていても，爆発発生前の膨張と爆発発生に伴う収縮は爆発の基本的な過程といえ，これらのパラメータは爆発の規模に依存している．

1.5　噴火過程のモデル

1999年9月3日4：55（HAR測点）

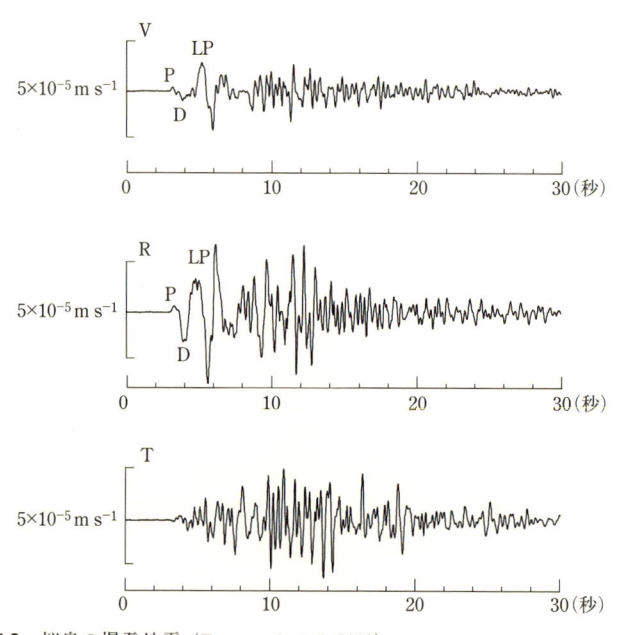

図 1.5.3 桜島の爆発地震（Tameguri *et al.*, 2002）
　　　　P は P 波初動，D はそれに続く引き波，LP は低周波主要部を示す．また，
　　　　V は上下動，R，T はそれぞれ火口方向および火口と直交方向の水平動を示す．

　爆発に伴い，地震動が観測される．この地震動は「爆発地震」と呼ばれる．図 1.5.3 に桜島における爆発地震の波形を示す．5 Hz 以下の低周波振動が卓越しており，火山体内の断層運動や岩石の破壊によって発生する火山構造性地震に比べると，ゆっくりとした振動である．

　地震波の解析に基づいて火山爆発の発生機構を明らかにしたものとしては，Kanamori らのグループによる研究が有名である．Kanamori and Given (1983) は，セントヘレンズ火山の 1980 年 5 月 18 日の大噴火やその後の一連の爆発的噴火に伴い励起された地震動を解析し，その巨視的な発生メカニズムを，火道内に存在していた火山物質が鉛直上方へ噴出されるために生じる反作用の力（鉛直下向きの力）がパルス的に地面に働いたと説明した．Lamb のパルスと呼ばれるものである．

　さらに，Kanamori *et al.* (1984) は，噴火の力学過程について次のように

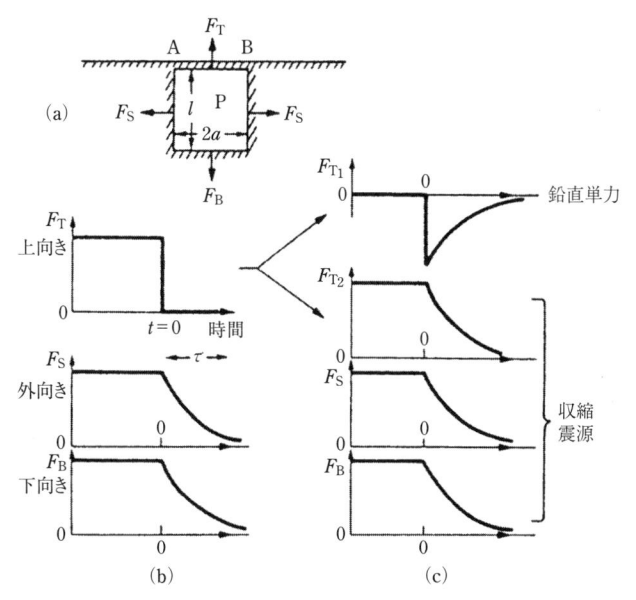

図 1.5.4 火山爆発の単力と収縮力源モデル
 (a) 爆発直前のマグマ溜りの力学モデル，(b) 上向き・外向き・下向きの力の時間変化，(c)(d) を鉛直単力と収縮震源に分解した時間変化．

提案をしている（図1.5.4）．マグマ溜りの最上部に蓋があり，その下に高圧のマグマ溜りが存在するため，マグマ溜りの上方の蓋，マグマ溜りの側面および底面に力を及ぼしている．噴火は，火道の蓋が瞬間的に取れることにより発生し，蓋に働いていた力は瞬時に0になるが，側面および底面に働く力は，マグマ物質が上方に噴出するのに時間がかかるため，徐々に小さくなる．ここで，上部の蓋に鉛直方向へ働いていた力は，側面と底面に働いている力と同じ時間関数を持つ力と鉛直下向きの単力に分解できるので，噴火時には，鉛直下向きの単力とマグマ溜りの収縮震源の2つの力が火山体に働くことになる．マグマ溜りを占める流体の圧縮性が高い場合，単力の震源が卓越するのに対し，圧縮性が低い場合は，収縮震源が検知されることが理論的に示されている（Nishimura, 1998）．収縮震源は，爆発後に観測される地盤の収縮と基本的に同じものである．

単力と収縮力源のモデルは，日本でも多くの火山に適用されている．

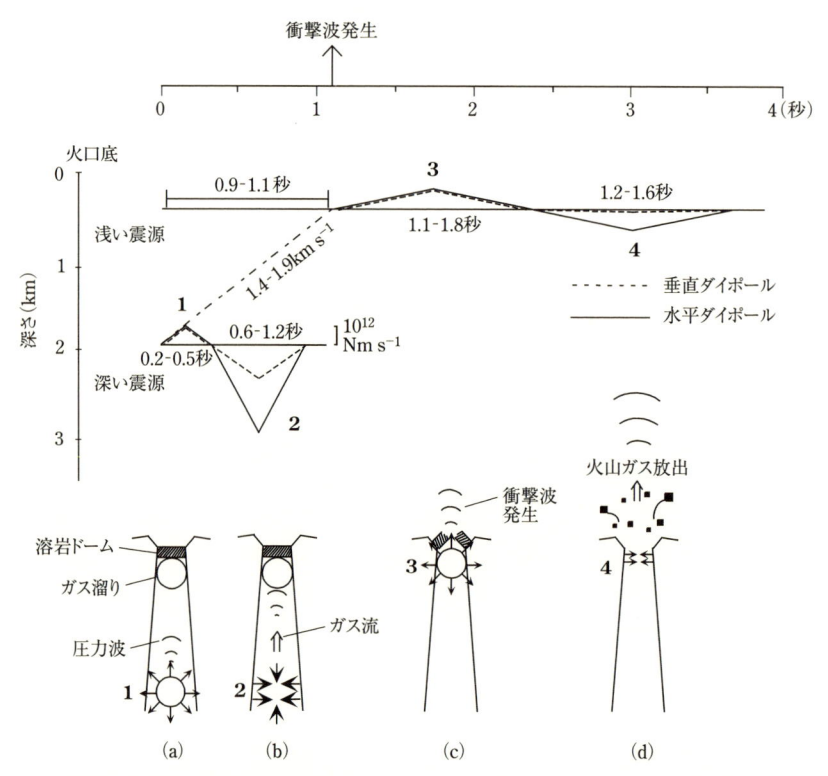

図 1.5.5 桜島の爆発地震の震源メカニズムと深さごとのモーメントの時間変化（上図）(Tameguri *et al.*, 2002)
下図に現象との対応を示す（1-4）.

Nishimura and Hamaguchi (1993) は 1988-89 年に発生した十勝岳の爆発地震について，鉛直下向きの単力を仮定してその大きさと時間関数を見積った．Takeo *et al.* (1990) は 1987 年の伊豆大島の爆発的噴火に対して，モーメントテンソルと単力の複合モデルを適用した．また，Uhira and Takeo (1994) は桜島の爆発地震のモーメントテンソル解を求め，円筒型の収縮力源を得ている．

このように，爆発的噴火の巨視的な力学過程は，マグマの貫入・蓄積による体積歪の蓄積と，マグマ物質の放出による体積歪の解放および鉛直下向きの単力により近似される．

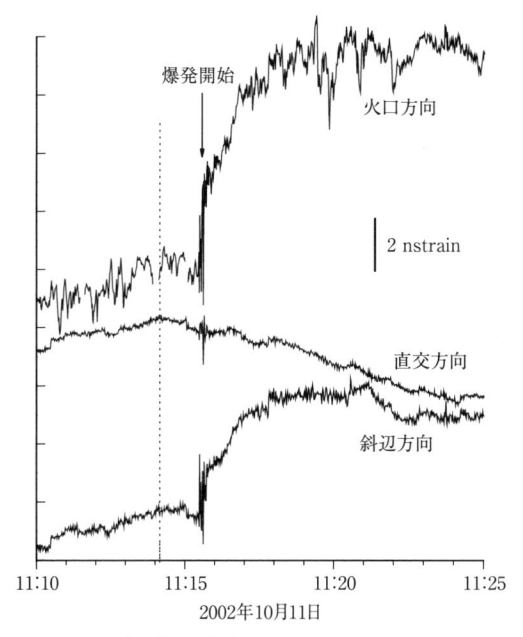

図 1.5.6 桜島の爆発前後の歪変化 (Iguchi et al., 2008)
破線は収縮の開始を示す．

(2) 詳細な爆発過程

　爆発発生前後に絞って，その過程を詳しく見てみよう．再び桜島に戻る．図 1.5.5 は爆発地震の深さごとの震源メカニズムとその時間変化を示したものである．空気振動の発生は爆発の開始，すなわち蓋が取れたことに対応する．桜島の爆発地震はお互いによく類似しており，初動の押し波（P 相），それに続く引き波（D 相），最大振幅を持つ低周波の LP 相が識別できる．爆発の開始から 1.1-1.5 秒前に，P 相を励起する深さ 2 km 付近での等方的な膨張，引き続き同じ場所で D 相を励起する円筒型の収縮が起こっていることを示す（Tameguri et al., 2002）．

　P 相の発生からさらに時間をさかのぼってみる．図 1.5.6 は，巨視的に見れば噴火発生前の膨張から噴火に伴う収縮を示す変動にいたる記録のうち，爆発発生時刻付近を拡大したものである．時間軸が縮小されているので，爆発開始と示した部分に爆発地震があると見ればよい．爆発の発生前に注目し

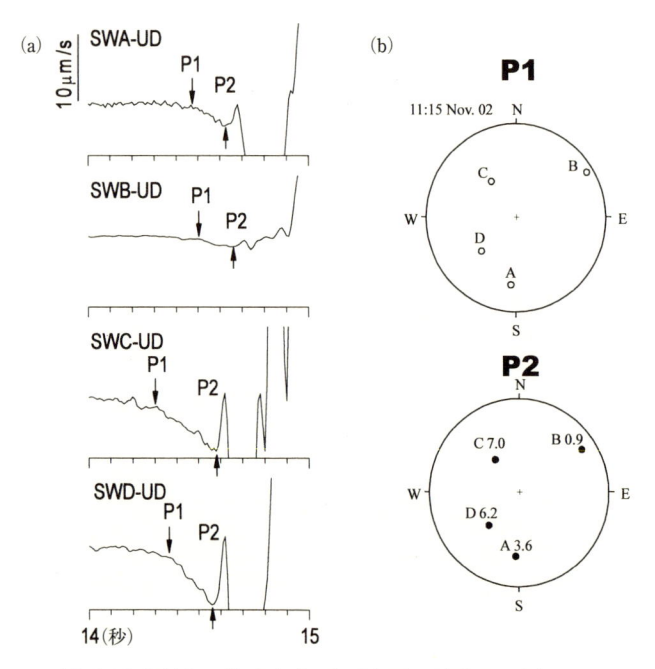

図 1.5.7 (a) 諏訪之瀬島の爆発地震の初動付近の拡大図，(b) P1, P2 相の押し引き分布

てみると，伸縮計の火口方向，火口方向と直交方向，斜辺方向のいずれにおいても伸張を示していた変動が，爆発発生の約2分前から小さい収縮に転じていることがわかる．すなわち，爆発発生の準備過程である膨張から爆発発生にいたる過程で，ゆるやかな収縮→急激な膨張（P相）→収縮（D相）が起こっていることになる．このような爆発発生に先行する微小な収縮→膨張は，諏訪之瀬島やスメル火山の爆発でも観測される．

図 1.5.7 は諏訪之瀬島の爆発地震の初動付近の記録である．最初緩やかな引きで始まっており，震源のメカニズムを求めてみると，収縮であることが明らかにされている．それに続くパルス状の押し波は，震源における膨張によるものである（為栗ほか，2004）．したがって，爆発発生直前の変動に注目してみると，一連の過程は同様に収縮から始まり，急激な膨張過程を経た後に火口底における爆発にいたることになる．

図 1.5.8　噴火過程の模式図

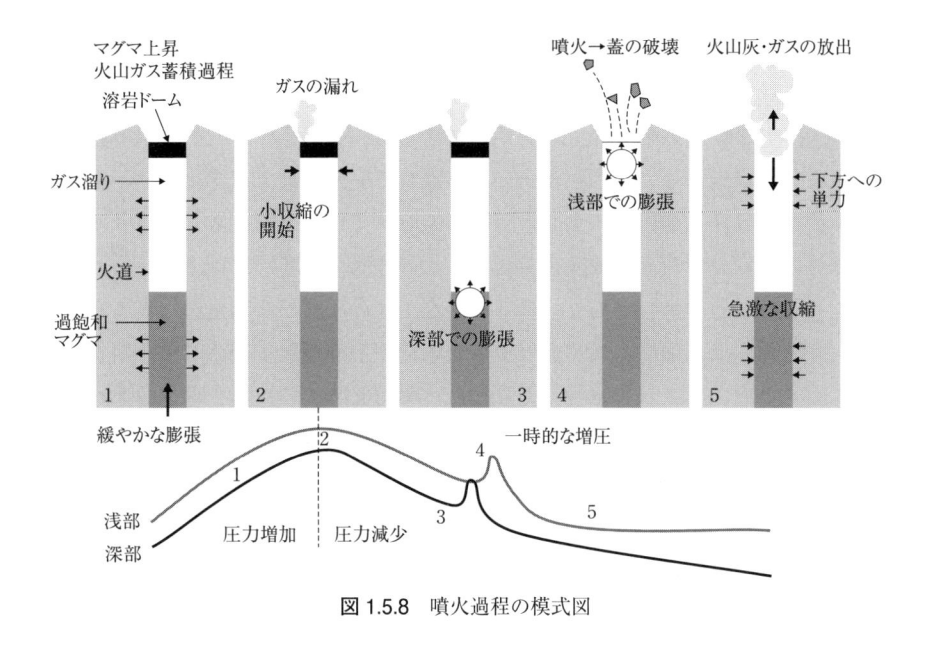

　次に，爆発開始以降の動きを見てみる．図 1.5.5 に示すように空気振動の発生，すなわち，爆発の開始と同時に，火口直下の深さ 500 m 付近で等方的な膨張が起こる．先に述べた巨視的なモデルでは，蓋は瞬時にして取れると仮定されているが，爆発発生と同時に地下極浅部で膨張が起こることは，膨張によって有限の時間をかけて蓋が取れていることを意味する．その後，収縮にいたる．この火口直下極浅部の体積膨張と収縮は，火道最上部に形成されたガス溜りの動きに対応すると考えられている．爆発直前には火道の蓋となるべき溶岩ドームが形成されていることが観察されており（Ishihara, 1985），図 1.5.6 に示すように，急激な体積収縮は火口方向の伸縮計によっても歪ステップとして観測されている．

(3) **爆発過程のモデル**

　図 1.5.8 に桜島，諏訪之瀬島およびスメル火山において観測された変動から推定される火山爆発発生の過程を示した．過程 1 および 5 がそれぞれ，巨視的な動きに対応する，マグマの貫入・蓄積過程とマグマ物質の放出過程で

ある．過程2-4は爆発開始前後の詳細な動きを示したものである．

　過程1は火口直下の膨張の過程であり，先に述べたように火道へのマグマの貫入，および火道最上部での火山ガスの蓄積に相当する．変動源における体積変化量が大きく，観測点が火口から離れている桜島では深部の，一方，個々の爆発に伴う変動が小さく近接観測を行っている諏訪之瀬島とスメル火山では浅部における火山ガスの蓄積が，その変動の主要な原因と考えられる．

　過程2は収縮の過程であり，ゆるやかなガスの漏れがその原因と考えられる．その理由は，諏訪之瀬島などで爆発直前の表面現象を観察していると，ゆっくりと火山ガスが放出された直後に，噴石と噴煙の放出を伴う急激な爆発が発生するからである．過程1においてガス溜りは膨張するが，同時に圧力もゆっくりと増加していく．その圧力がガス溜りの蓋の強度を越えると，ガスの噴出が始まると考えられる．

　ガス溜りの下に過飽和状態のマグマがあるとすれば，過程2の収縮は同時に減圧を引き起こし，マグマが急激に発泡することが予想される．その結果，過程3では，急激に一時的な体積増加が起こる．過程2の継続時間は減圧が始まってから過飽和状態のマグマの発泡にいたるまでの時間であり，桜島では2-3分，諏訪之瀬島では0.2-0.3秒，スメル火山では2-3秒とオーダーが異なる．桜島と諏訪之瀬島では過程2の減圧よりも過程3の増圧の場所の方が深く，浅部から深部へ減圧の影響が波及すると考えられる．桜島における過程3の増圧過程の深さ2 kmは，諏訪之瀬島の0.5 kmよりも深いために，減圧が続く時間が長いと考えられるが，減圧開始から増圧にいたる時間は過飽和マグマの存在する深さだけでなく，マグマの音速や粘性などさまざまなパラメータが介在している可能性がある．

　過程4は火道上部に形成されたガス溜りの増圧・体積膨張過程である．桜島では過程3の深部の増圧・体積膨張と過程4の浅部のそれとが分離できるが，諏訪之瀬島やスメル火山では過程3はもともと浅部における現象であるため，それよりも浅い過程4と時間空間的に分解できておらず，過程3と4はほとんど同時刻に同じ場所で起こっているように見える．

　過程5は噴火によって火山灰と火山ガスが放出されることによる火道の収縮および減圧の過程であり，鉛直下向きの単力も同時に働く．

第 1 章文献

Bares, J. E. and Wettergreen, D. S., 1999, Dante II: Technical description, results, and lessons learned. *Int. J. Robotics Res.*, 18, 621-649.

Iguchi, M., Yakiwara, H., Tameguri, T., Hendrasto, M. and Hirabayashi, J., 2008, Mechanism of explosive eruption revealed by geophysical observations at the Sakurajima, Suwanosejima and Semeru volcanoes. *J. Volcanol. Geotherm. Res.*, 178, 1-9.

Ishihara, K., 1985, Dynamical analysis of volcanic explosion. *J. Geodynamics*, 3, 327-349.

Ishihara, K., 1990, Pressure sources and induced ground deformation associated with explosive eruptions at an andesitic volcano: Sakurajima volcano, Japan. *In Magma Transport and Storage* (Ryan, M. P., ed.), 335-356, John Wiley & Sons.

鍵山恒臣, 1978, 火山からの噴気による熱エネルギーと H_2O 放出量—Plume rise からの推定—. 火山, 23, 183-197.

Kamo, K. and Ishihara, K., 1989, A preliminary experiment on automated judgement of the stages of eruptive activity using tiltmeter records at Sakurajima volcano. *In Volcanic Hazards IAVCEI Proceedings 1* (Latter, J. H., ed.), 585-598, Springer-Verlag.

Kanamori, H. and Given, J. W., 1983, Lamb pulse observed in nature. *Geophys. Res. Lett.*, 10, 373-376.

Kanamori, H., Given, J. W. and Lay, T., 1984, Analysis of seismic body waves excited by the Mount St. Helens eruption of May 18, 1980. *J. Geophys. Res.*, 89, 1856-1866.

Mizutani, H., 1995, Lunar interior exploration by Japanese Lunar Penetrator Mission, LUNAR-A. *J. Phys. Earth*, 43, 657-670.

Mori, T., Kazahaya, K., Ohwada, M., Mori, T., Hirabayashi, J. and Yoshikawa, S., 2006, Effect of UV Scattering on SO_2 emission rate measurements. *Geophys. Res. Lett.*, 33, L17315-17355.

Mori, T., Hirabayashi, J., Kazahaya, K., Mori, T., Ohwada, M., Miyashita, M., Iino, H. and Nakahori, Y., 2007, A COMPact Ultraviolet Spectrometer System (COMPUSS) for Monitoring Volcanic SO_2 Emission : Validation and Preliminary Observation. *Bull. Volcanol. Soc. Japan*, 105-112.

村上 亮, 2005, GPS 連続観測結果が示唆する浅間火山のマグマ供給系. 火山, 50, 347-361.

日本機械工業連合会・日本産業用ロボット工業会, 1993, 火山噴火災害対策ロボットシステム策定研究. JT ロボット利用安全化・自動化のシステムデザイン報告書, 185 pp.

Nishimura, T. and Hamaguchi, H., 1993, Scaling law of volcanic explosion earthquakes. *Geophys. Res. Lett.*, 20, 2479-2482.

Nishimura, T., 1998, Source mechanisms of volcanic explosion earthquakes: single force and implosive sources. *J. Volcanol. Geotherm. Res.*, 86, 97-106.

西村太志・内田 東, 2005, 2004 年浅間山で発生した爆発地震のシングルフォースモデ

ルによる解析．火山，**50**，387-391．

Ohminato, T., Takeo, M., Kumagai, H., Yamashina, T., Oikawa, J., Koyama, E., Tsuji, H. and Urabe, T., 2006, Vulcanian eruptions with dominant single force components observed during the Asama 2004 volcanic activity in Japan. *Earth Planets Space*, **58**, 583-593.

大木章一・村上　亮・渡辺信之・浦辺ぼくろう・宮脇正典，2005，航空機搭載型合成開口レーダー（SAR）観測による浅間火山2004年噴火に伴う火口内の地形変化．火山，**50**，401-410．

大喜多敏一・下鶴大輔，1975，火山ガスのリモートセンシング-火山から放出されるSO_2の測定．火山，**19**，151-157．

下鶴大輔，1999，火山活動モニタリングと火山探査ロボット．地球惑星科学関連学会合同大会予稿集 Av-015．

Shinohara, H., 2005, A New Technique to Estimate Volcanic Gas Composition: Plume Measurements with a Portable Multi-Sensor System. *J. Volcanol. Geotherm. Res.*, **143**, 319-333.

Stoiber, R. E., Lawrence, L., Malinoconico, Jr. and Stanley, N. W., 1985, Use of the Correlation Spectrometer at Volcanoes. *In Forecasting Volcanic Events* (Tazieff, H. and Sabroux, J. C., eds.), 425-444, Elsevier.

Takeo, M., Yamasato, H., Furuya, I. and Seino, M., 1990, Analysis of long-period seismic waves excited by the November 1987 eruption of Izu-Oshima volcano. *J. Geophys. Res.*, **95**, 19377-19393.

Tameguri, T., Iguchi, M. and Ishihara, K., 2002, Mechanism of explosive eruptions from moment tensor analyses of explosion earthquakes at Sakurajima volcano, Japan. *Bull. Volcanol. Soc. Japan*, **47**, 197-215.

為栗　健・井口正人・八木原寛，2004，諏訪之瀬島火山において2003年11月に発生した噴火地震の初動解析．京都大学防災研究所年報，**47B**，773-777．

Uhira, K. and Takeo, M., 1994, The source of explosive eruptions of Sakurajima volcano, Japan. *J. Geophys. Res.*, **99**, 17775-17789.

第2章 実験から噴火のメカニズムを探る

2.1 噴火の素過程

谷口宏充・中村美千彦

　噴火にマグマと水がどの程度関与するかに基づき爆発的噴火現象を分類すると，図2.1.1のようにマグマ爆発，マグマ水蒸気爆発，そして水蒸気爆発の3種類に区分される．関与する物質の相違は，噴火機構の相違ももたらしている．これらの相違があるにせよ，噴火のおおもとでの原因は，地下におけるマグマの上昇に由来している．マグマ爆発やマグマ水蒸気爆発にマグマが関与することはもとより，水蒸気爆発においてもマグマから分離した熱や熱水流体が地下水などの加熱を行っているからである．

　マグマが上昇して噴火にいたるこれらの現象を定量的に理解するためには，その間の「シナリオ」について知ると同時に，シナリオを構成する重要な個別現象「噴火の素過程」についても知る必要がある．従来からの火山学においては地震や地殻変動などの観測，地質調査や岩石の化学分析などの研究手法がとられてきた．

　しかし，これらの手法だけでは，地下で進行している直接見えない現象や，爆発のように高速度で進行する現象の理解には不十分であった．それを補うため，「火山爆発のダイナミックス」特定領域研究では実験に基づく研究を重視し，シナリオや素過程の理解に努めた．第2章では室内や野外における実験に基づき，噴火に関してどのようなシナリオや素過程が考えられるかを述べる．本節ではそのための参考事項と，本書のほかの部分では触れられて

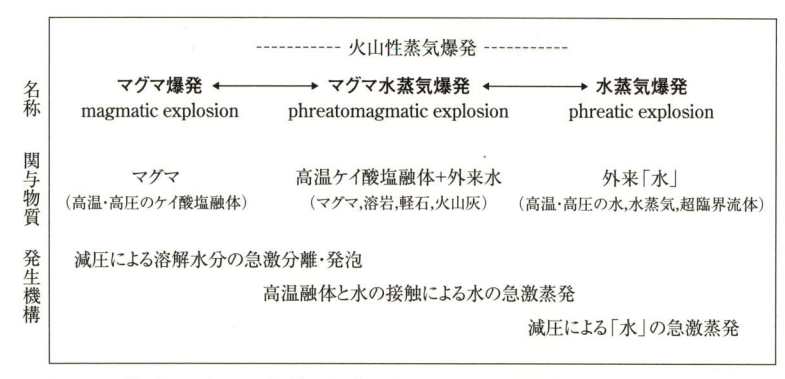

名称	**マグマ爆発** magmatic explosion	←→ ----------- 火山性蒸気爆発 ----------- **マグマ水蒸気爆発** phreatomagmatic explosion	←→ **水蒸気爆発** phreatic explosion
関与物質	マグマ (高温・高圧のケイ酸塩融体)	高温ケイ酸塩融体+外来水 (マグマ,溶岩,軽石,火山灰)	外来「水」 (高温・高圧の水,水蒸気,超臨界流体)
発生機構	減圧による溶解水分の急激分離・発泡	高温融体と水の接触による水の急激蒸発	減圧による「水」の急激蒸発

図 2.1.1 爆発に関与した物質の相違に基づく火山爆発現象の簡単な分類

いない事項について簡単に紹介する．

(1) 室内実験からマグマ噴火のメカニズムを探る

高温高圧実験とアナログ実験

　実験的手法による研究は，噴火の素過程に関する理論を検証し，あるいはアイデアを導いて理論を構築することを可能とする．マグマそのものを実験室で扱う場合には，地球内部の高温高圧状態を再現する必要がある．高温高圧実験は，地球科学における特徴的な実験の一つである．火山爆発の研究に必要な温度・圧力はせいぜい千数百℃，1 GPa（約1万気圧）程度であり，再現すること自体は比較的容易である．問題となるのは，このような高温高圧下で進行する，発泡や脱ガス・破砕などの動的な現象を扱わねばならないという点である．また温度や圧力など，マグマ溜りや火道が置かれた状態の示強変数については実験室で再現することができても，時間や長さなどの示量変数についてはそもそも原理的に自然を再現できないことも多い．たとえば気泡の表面張力は気泡径の絶対値に依存するので，表面張力が支配する諸現象を模擬するために天然の気泡サイズに近い発泡試料を作ろうとすると，試料の大きさに制約がある高圧実験では，組織に関する代表性が失われがちである．このような場合には，実験によって素過程を支配する理論や物質定数を求め，最終的には計算機シミュレーションによって結果を得るなどの工

夫をする必要がある.

　マグマの代わりにアナログ物質を用いる方法（アナログ実験）は，高温高圧を発生するという制約を回避することによって，より多様で幅の広い条件での実験を容易に，かつ場合によっては比較的安価に行うことを可能にする．アナログ実験においては，適切なアナログ物質の選定がまず問題となる．現象を支配する無次元数に関する物理的な相似性を確保することなど，対象とする現象の本質を失わない実験を行うことが重要であり，実験を適切にデザインすることは必ずしも容易ではない（2.4節参照）．もちろん，実験によって明らかにしようとする現象を抽出し，なるべく単純な実験デザインを考案する手順を踏まねばならないのは，いかなる実験でも同様である．その意味では，高温高圧実験も大なり小なり「アナログ性」を持つことになる．

マグマ噴火の研究に用いられる高温高圧実験装置の基本的特徴

　アナログ実験でも高温高圧実験でも，独創的な研究を行うためには，新たな実験装置を独自に開発する必要に迫られる場合が少なくない．2.4節の破砕実験で用いられた東京農工大の破砕装置も，2.3節で紹介される気泡の剪断変形実験に用いられた東北大のマグマ変形装置（図2.1.2a）も，実験の目的に合わせて独自に設計製作されたものである．このような場合でも，大抵は既存の装置が基本となるので，それらの原理（長所と短所）を十分に理解していることが役に立つ．以下に，噴火現象を扱う高温高圧実験で用いられる基本的な実験装置の一般的な特徴について簡単に触れる．

　高圧を安定して発生する装置は，圧力媒体の種類によって，固体圧装置と流体圧（ガス圧）装置とに大別される．固体の圧力媒体を介し，油圧など作動圧力を発生する部分と，微小な試料の被加圧部分との断面積比を利用して高圧を発生する固体圧装置は，比較的安全に高い圧力を発生するのには適する一方，静水圧性を欠くことがあり，また加える圧力を下げても圧媒体の膨張が伴わないため，減圧量や減圧速度を正確に制御する実験には適さない．

　一方，逆止弁を備えたポンプによって高圧流体を発生するガス圧装置では，0.2-0.3 GPa以上の高圧を実現しようとすると装置が大型化し，安全性の面でも扱いにくくなる．その反面，比較的大容量の試料を扱うことができ，静

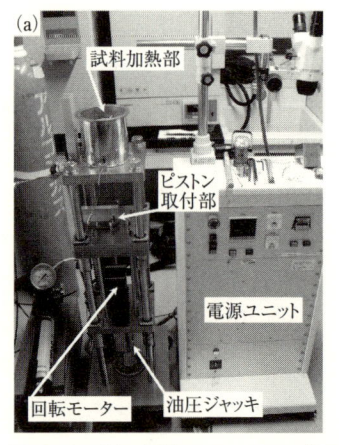

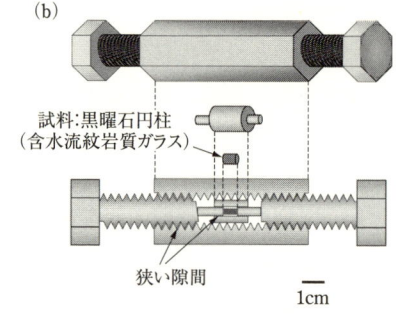

図 2.1.2 （a）高温下でマグマの剪断変形を可能とする実験装置（東北大学理学部）．下部のピストンが上昇し試料をつぶすことで純剪断応力を，回転して試料をねじることで単純剪断応力を発生する．
（b）開放系脱ガス実験を可能とするボルトナットセル（Yoshimura and Nakamura, 2008）．詳しくは本文参照．

水圧性に優れるとともに，減圧実験も固体圧に比べればはるかに容易かつ正確に行える．また，酸素分圧や流体組成を長時間にわたって緩衝する場合にも向いている．ガス圧装置には，ヒーターを圧力容器の内部に備え，不活性ガスを用いる内熱式と，圧力容器ごと外部から加熱し，主に水を圧力媒体として用いる外熱式（水熱実験装置）とがあり，それぞれに長短がある．いずれも，減圧発泡実験（2.2節，2.3節）やマイクロライトの結晶化を調べる減圧実験（2.2節）に用いられている．

脱ガス実験

　噴火の性質や素過程について理解するには，マグマや超臨界流体・岩石などについてのさまざまな物質定数や相平衡関係などを決定することが必要である．基礎的な物性としては，ケイ酸塩メルトの粘性をはじめとするレオロジーに関する性質（2.4節），気泡との界面張力，揮発性成分のメルトへの溶解度と拡散係数などがとくに重要であり，これまでに多数の実験が積み重ねられたことによって，基本的な性質についてはかなり理解されてきた．

しかし，幅広い組成のマグマの噴火を扱ったり，気泡や結晶を含んだ混相系の挙動を理解するには，さらなる実験が必要である．

火山噴火研究に特徴的な実験の一つに，脱ガス実験がある．ここで用語の定義に関して注記しておく．「脱ガス」(degassing) という場合は，注目する部分（系）をメルトに限るときと，マグマ全体とするときがあり，この両者では意味が明確に異なる．前者の場合はメルト中の揮発性成分濃度の低下を指し，現象としては，過飽和状態のメルトからの気泡の核形成・成長，あるいは飽和したメルトの減圧や冷却結晶化に伴う気泡の成長に対応することになる．一方，後者の場合には，マグマからのガス相の機械的な分離を指し，マグマ全体の密度や粘性など，力学的な挙動に影響を及ぼす物性面での変化と関連付けられる．2.3節では，これを「マグマからの脱ガス」と呼んで前者と区別している．前者については「脱水」(dehydration) と呼んで後者と区別する場合もあるが，用語法に関して現時点で十分な国際的なコンセンサスが得られているとはいえない．またマグマ全体を系と見て，後者を「開放系脱ガス」(open system degassing)，前者を「閉鎖系脱ガス」(closed system degassing) と呼ぶ場合もある．したがって，論文や議論においては，脱ガスという語をどちらの意味で用いるのかについて常に意識して区別をする必要がある．

さて，前者の意味での脱ガス実験（発泡実験）は，流体圧装置を用いることで比較的単純に行うことができる．ただし精密な実験を行うには，不均質核形成や，出発物質への空気の混入などに注意を払う必要がある．一方，マグマからの脱ガスを制御するのは容易ではない．開放系脱ガスを起こすには，封圧下において試料内（外）に圧力勾配を作る必要がある．メルト中の高含水量を高温下で長時間にわたって保持するには，通常，貴金属を用いたカプセル内に，火山ガラスや水などの出発物質を溶接封入して閉鎖系を作る．そのため，50気圧を超えるような高圧・高含水量条件での定常的な開放系脱ガス実験は未だに世界でも成功例がない．

Yoshimura and Nakamura (2008) は，メルト中での気泡の成長に必要な過飽和状態を作る手順として，閉鎖系が必要な高圧下からの減圧を行う代わりに，含水ガラス（黒曜石）をステンレス製カプセル内で急加熱する方法を

とることで，開放系脱ガス実験を可能とした（図2.1.2b）．カプセルを構成するピストンとシリンダーの間には狭い隙間があり，低粘性のガスは1気圧の外界に逃げる一方，高粘性のメルト試料は隙間から漏れずにほぼ一定容積内で発泡するため，約50気圧の圧力が発生する．この実験では，圧力勾配によって気泡壁が破れてガスが脱ける浸透流脱ガス（2.3節）は起こらず，代わりにメルトの拡散脱水と気泡の再吸収による緻密なメルト層の形成が観察された．この結果は，溶岩ドームを形成する層状黒曜石中に存在する含水量勾配（Castro et al., 2005）をよく再現している．本実験によって，亀裂を通じた浸透流脱ガスに伴う拡散脱ガスという素過程が見出されたとともに，浸透流脱ガスが起こるためには，より急激な発泡によるメルトフィルムの破砕や，マグマの変形による気泡の構造化が必要となることが示唆される．このような動的な現象についての実験的研究は，まだその端緒についたばかりである．

(2) 実験から火山性蒸気爆発のメカニズムを探る

外来水が関与して発生する火山爆発現象に類似した現象として，産業界でいう「蒸気爆発」がある．発生環境や関与物質の視点からして，両者の間には相違も認められるが，共通点も多い．そのため，わが国では1995年から3カ年計画で，工学分野と火山分野とが連携して蒸気爆発に関する共同研究が進められてきた（Akiyama ed., 1998）．ここではマグマ水蒸気爆発と水蒸気爆発とを併せ，火山性蒸気爆発と呼ぶことにする．マグマ水蒸気爆発の最近の例としては，1983年の三宅島や1989年手石海丘噴火が知られているが，実は海底火山や海洋島火山ばかりでなく，火口湖や地下水の豊富なわが国では乾陸上の火山においてもかなり普遍的に見られる現象である．水蒸気爆発も同様に頻度の高い現象であり，1997年の澄川温泉，焼山噴火や2000年の有珠山など，近年発生している噴火では活動の一時期において，あるいは全期間において普遍的に認められている．このように火山性蒸気爆発には事例が多く，1888年の磐梯山噴火や1980年の米国セントヘレンズ山噴火のように大規模で重大な被害をもたらす噴火が発生しているにもかかわらず，マグマ爆発以上に未解決な課題が多い．

一方,産業界では金属精錬工場におけるたび重なる爆発事故や,1961年のSL-1原子炉の炉心溶融事故,1979年のスリーマイル島原発事故や1986年のソ連のチェルノブイリ原発における悲劇的な事件によって,蒸気爆発現象の理論的,実験的研究がさかんに行われるようになった(高島・飯田,1998).そのため同時期から,蒸気爆発の原因となる高温高沸点液体(Fuel:溶融金属など)と,低温低沸点液体(Coolant:多くの場合は水)との相互作用(Interaction),いわゆるFCI(一般的には熱的相互作用)と呼ばれる現象についての小規模室内実験や原子炉における過酷事故を想定した大規模実験が行われるようになった.その結果,「囲い込み型モデル」,「巻き込み型モデル」,「高温融体分散型モデル」や「殻破損型モデル」など多数のモデルが提案された.

これらのモデルを検証するために,過去の事例の解析と同時に,個々のモデルを模擬する実験が行われ,爆発現象の発生が確認された.たとえば高温融体分散型モデルについては,高温の液体金属を水中に落下させ,水中における挙動が高速度カメラや圧力センサーを用いて観察された.このような実験で注目された焦点の一つが,高温液から低温液への瞬時的な熱伝達のメカニズムと現象拡大過程の解明であった.1980年に経済協力開発機構(OECD)の原子炉安全性専門家会議が開催され,蒸気爆発研究の今後の進め方を検討するため,図2.1.3に示す4つの素過程の存在が共通に認識された.

まず安定な蒸気膜(膜沸騰)によって囲まれた高温液が低温液中に分散し,次の段階では高温液から沸騰膜を引き剝がし小規模粒子に分散させる衝撃波などの引き金現象が到来する.微粒子化によって表面積が激増した高温液からは瞬時的に低温液の蒸発が生じ,これによって発生する衝撃波が再度周辺に向かって伝播し,同様の現象を引き起こす.このような現象,すなわち「微小な爆発」は衝撃波速度で周辺に伝わるため,全体としては「一瞬」のうちに爆発は拡大再生産され,系全体としての大きな爆発にいたることになる.

このような機構がマグマ‐水の系でも発生しているかどうか,いくつかの実験が行われたが,現在の段階でははっきりとした結論は出ていない.また,先に記した「囲い込み型モデル」や「巻き込み型モデル」などのモデルが,

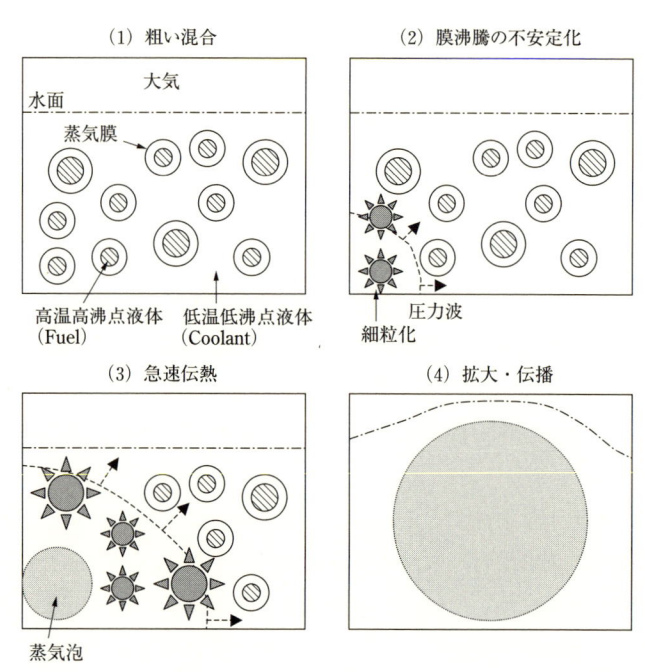

図 2.1.3 熱的相互作用（Fuel Coolant Interaction）の 4 素過程

火山爆発においても適用できるらしい状況証拠はあるが，これも明瞭な結論は出ていない．

一方，水蒸気爆発の主たるメカニズム，また，一部のマグマ水蒸気爆発のメカニズムとして，「ボイラー爆発」との類似現象の発生が想定されている．地下に閉じ込められた「水」は，水，水 - 水蒸気の平衡共存，水蒸気，そして超臨界流体の 4 つの状態をとりうる．実験に基づくと，これらの状態のうち，高速度な爆発現象を引き起こすのは水と水蒸気とが平衡状態で共存する場合のみである．

図 2.1.4 は出口を金属箔（ダイヤフラム）で閉じた強固なチューブ型の圧力容器の中に水を入れ，加熱して水と水蒸気とを平衡共存させた上，金属箔を破断したとき容器内上部におかれた圧力センサーが感知する圧力の時間履歴を示している（小木曽，1974）．代表的な例として，温度 423 K のときの圧力波形を見てみよう．水と水蒸気とが平衡共存しているため，温度が 423 K

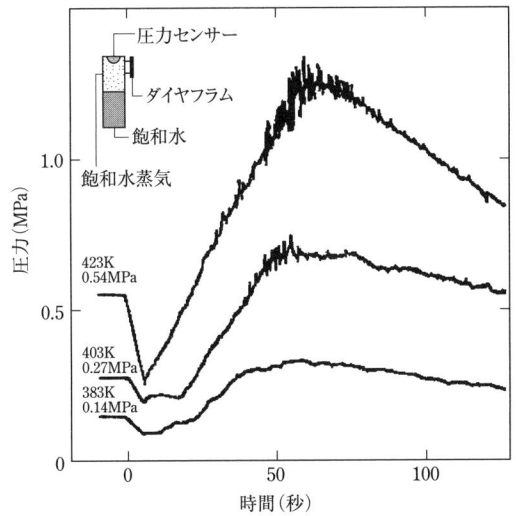

図 2.1.4 圧力容器内における水−水蒸気平衡状態が破られることによってセンサーが検知した圧力波形（小木曽，1974）

と指定されると，圧力も 0.54 MPa と決まる．時間 0 でダイヤフラムを破断するため，時間 0 以前，圧力は 0.54 MPa である．0 以降，圧力は急激に減少するが，これは容器上部を満たした飽和水蒸気が流出するためである．注目すべき現象は，それ以降に発生する．圧力が極小に達した後，急激に増加し，飽和圧力 0.54 MPa を超え，さらにその 2 倍をも超えてしまう．このようなことは物理的にありえないように思えるが，考えるとその理由は簡単である．容器内上部に置かれた圧力センサーは最初に内部の圧力を感知している．容器内では，飽和水蒸気の流出に伴って希薄衝撃波が発生し，これが下部の飽和水に伝わっていき，過熱水に変え，それが瞬時にして蒸発する．このようにして生まれた水蒸気と，蒸発から取り残された水との 2 相からなる混相流が生まれ，勢いよく外部に流出していく．後半で圧力センサーが捉えたのは，この混相流が衝突することによる動圧であった．この動圧はきわめて大きくなりうるため，ボイラーなどの保持容器を破壊してしまう．同様なことは浅水域を流れる溶岩流でも発生することが，調査の結果で明らかにされている（谷口，1996）．このような現象を「平衡破綻型火山性蒸気爆発」と呼んでいる．この場合の「平衡」とは水と水蒸気との局所平衡共存を指している．

(3) 野外実験から噴火を探る

火山爆発が陸上で発生したとしよう．地表には火口形成，噴石放出，衝撃波伝播や火砕サージ流走などの現象が現れ，これらに伴って家屋倒壊，窓ガラス破損，火災や人体損傷などの被害が発生する．したがって，火山爆発による地表現象の種類，規模と各地点における現象の強さとを予測することは，災害軽減の視点からとくに重要である．

これらの現象の中でも噴石の放出は初等力学で記述可能であり，45度の放出角度のとき最も遠方にまで到達するとされてきた．しかし実際に火山で観測を行ってみると，63度のときに最遠方まで到達しており（井口ほか，1983），単純な理論とは異なっていた．火口形成については実験と理論とを組み合わせた考察（Shteinberg, 1975）はあるものの，そのほかの現象を含め考察例はきわめて少ない．そのため，地表現象と火山爆発のエネルギー量や深度といった爆発パラメータとの定量的関係，あるいはほかの現象との間の相互関係についてはほとんど知られていない．これらの関係を物理的に厳密に解くのは，現象の詳細が明らかでなく現状ではまだ難しい．

このような場合の有力な問題解決方法は，条件をコントロールすることのできる実験的手法を用いることであり，火薬やガス関連の産業界そして軍事分野では，実際の被害との関連を調べるため，すでに野外において実施されていた．一般的な実験の方法は単純である．爆点には火薬や可燃性ガスなどの爆源をおき，各観測地点には圧力計，温度計，カメラやガラス窓などを設置し，爆発に伴う圧力や温度を計測すると同時に，実験後に形成されたクレーターや窓ガラスの破損状況を調査するという方法である．

2.5節の研究グループもこれらの例にならい，野外で爆発実験を行い，そのとき地表で観察される現象や広がりなどを調べた．実験は北海道壮瞥町の町営牧場において乾陸上爆発実験を5回，海底火山活動を模擬した水中爆発実験を洞爺湖において2回行った．火山分野におけるこのような実験は世界でも初めてであり，2.5節で示すように，火山爆発現象のエネルギー量や深度などの爆発パラメータと，地表に発生するクレーター，噴石弾道放出や爆風などとの関連が明らかにされた．これらの関連を利用することによって，

火山爆発によるクレーター直径，噴石の最大到達距離など地表現象に関する情報からエネルギー量や深度などの爆発パラメータを推定することができ，逆に，爆発パラメータを与えることによって，地表現象の広がりや各地点における強さを予測することができるようになる．

2.2 揮発性成分の発泡

寅丸敦志

(1) 発泡が起こる条件

マグマの発泡の物理条件を決定しているのは，揮発性成分のケイ酸塩メルトへの溶解条件であり，それは，ケイ酸塩メルトと揮発性成分（ここでは H_2O を仮定）の熱力学的平衡関係，すなわち相平衡図（温度・圧力・組成空間における）に集約されている．発泡が起こる条件は原理的にはマグマの物理条件の変化に伴い，次の3つの場合がある．①減圧，②温度上昇，③温度降下に伴う結晶化である．さらに，発泡に誘発されて結晶化も起こるので，一口にマグマの発泡といっても，それに関連する相変化過程は総体として複雑になる．ここでは，これらの条件を平衡の観点から，相平衡図を用いて解説する．

図 2.2.1 は，単一成分 S と H_2O からなる最も簡単な系の相平衡図を，温度 T，圧力 P，H_2O の濃度 C の関数として描いている．成分 S は H_2O 以外のマグマの成分全体（ケイ酸塩）を代表していると考える．圧力 P_H，温度 T_{EL} で H_2O に飽和している系を考える（点 A）．そのときの系に気相はなく，メルトに含まれる H_2O 濃度は C_0 であるとする．

減圧発泡

状態 A から，等温過程（図 2.2.1a）で減圧が起こると，系はベクトル AX で表される方向に変化する．飽和濃度は圧力 P の減少とともに減少する（曲線 AB）から，系は H_2O に過飽和になり，熱力学的にはより少量の H_2O を

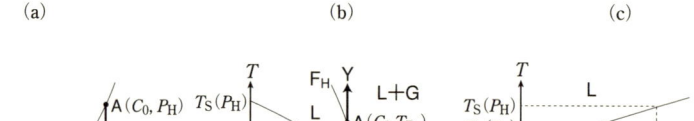

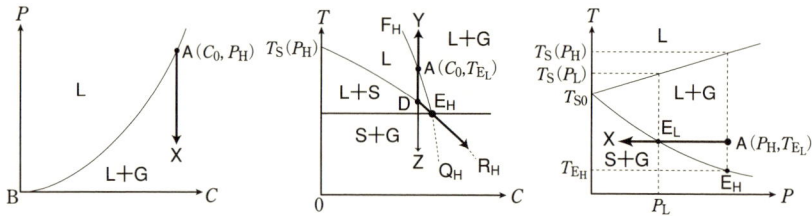

図 2.2.1 ケイ酸塩成分 S-H₂O 系の模式的相平衡図．状態 A（温度 T_{EL}，圧力 P_H，メルト中の H₂O 濃度 C_0）は飽和状態．これらの図は，長石の端成分であるアルバイト（NaAlSi₃O₈）− H₂O 系の相平衡図（Burnham, 1979）に基づいている．

（a）温度一定下での圧力に対する溶解度曲線．ここで L は液相，G は気相を示す．

（b）圧力一定下での温度 T − H₂O 濃度 C 空間での相平衡図．$C = 0$ はケイ酸塩成分だけからなる系を意味する．曲線 F_H − A − E_H − Q_H は圧力 P_H における T-C 平面上での L/L + G 平衡曲線（温度に対する飽和曲線）である．曲線 $T_S(P_H)$ − D − E_H − R_H は同様に圧力 P_H における L/L + S 平衡曲線（H₂O 濃度が変化したときの固相の融点変化）である．ここで S は固相を示す．ケイ酸塩成分と H₂O は共融系を作り，共融点（曲線 L/L + G と L/L + S の交点）は E_H で示されている．

（c）圧力変化に伴う共融点（水に飽和した状態でのケイ酸塩成分の融点）の軌跡は T_{S0} − T_{EL} − T_{EH} のようになり，圧力の増加とともに融点は降下する．無水の系（$C = 0$）のケイ酸塩成分（マグマ）の融点は T_{S0} − $T_S(P_L)$ − $T_S(P_H)$ のように，圧力の増加とともに上昇する．

含むメルトと気相が平衡に共存する状態に移る．これが減圧発泡で，マグマの上昇に伴い，マグマに溶け込んでいた揮発性成分が析出し，発泡する．これはちょうど炭酸飲料やビールの栓を抜いたことに相当する．

過熱発泡

等圧過程で，温度上昇がある場合を考える（図 2.2.1b のベクトル AY）．これは，マグマ混合の際の，未分化な高温マグマにより分化した低温マグマが加熱されることに相当する．この場合もやはり飽和状態から，過飽和の状態に入り，発泡が起こる．これはちょうど水の沸騰に相当する．

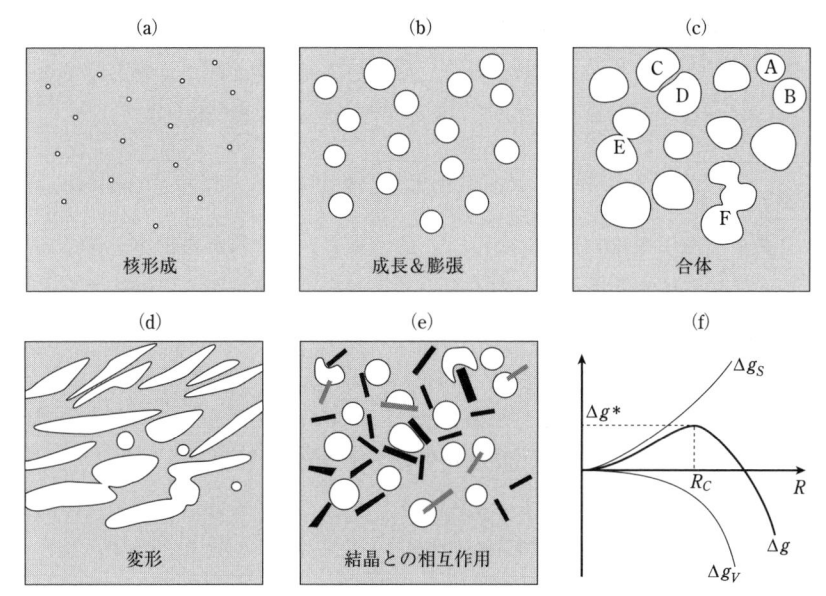

図 2.2.2 気泡に関係する諸々の素過程の模式図
(a) 気泡の核形成．(b) 気泡の成長と膨張．(c) 気泡の合体過程．球形の気泡 A と B が，膨張とともに接近すると気泡が変形し（C, D），その間に液膜が形成される．液膜が十分薄くなると液膜が破れ（E），破れた液膜のカスプが表面張力によって緩和する（F）．(d) 気泡の変形過程．(e) 結晶との相互作用．灰色の結晶は気泡に対して濡れるが，黒い結晶は濡れない．すべての過程は同時に起こり，そのことが天然での発泡現象の理解を難しくしている．(f) 核形成の際の自由エネルギー変化．R_C は臨界核半径で，自由エネルギー変化の極大値に対応する．

冷却結晶化による発泡

温度降下の場合（図 2.2.1b のベクトル AZ）は，天然では，マグマ混合において低温マグマによって冷却される高温マフィックマグマや，岩脈やマグマ溜り内部での冷却が，これに相当する．この場合は，少し複雑で，系はいったん L/L+S 平衡曲線に交差し（点 D）結晶化を起こす．結晶化が平衡を保って進行すると，液の組成は曲線 $T_S(P_H) - D - E_H - R_H$ 上を動き，E_H で今度は，L/L+G 平衡曲線と交差し，L+G の領域に入り発泡を起こす．これは，固相（結晶）には H_2O が溶け込まないから，結晶化の進行とともに H_2O が残りの液に濃集する結果である．これはちょうど，冷蔵庫の中で

氷を作る際に，氷に入りきれないガス成分が細かい泡となって析出し氷が白く濁ることに相当する．このように，冷却結晶化発泡が起こる熱力学的条件は，L＝L＋Gの平衡条件とL＝L＋Sの平衡条件を同時に満たす．

減圧発泡による結晶化

マグマの減圧発泡（図2.2.1a）により，メルトからの水の析出が起こると，メルトは結晶化するようになるから，話はさらに複雑である．減圧とともに，メルトの凝固点はその圧力でのメルト中の飽和水濃度の減少とともに高くなる（図2.2.1c：温度圧力平面への投影 T_{E_H}（点 E_H）– T_{E_L}（点 E_L）– T_{S0}）．その結果，高圧下で水に飽和したメルトは，減圧発泡に伴うメルト中の水濃度の減少による凝固点上昇で，結晶化を起こす（図2.2.1c：ベクトル AX）（減圧誘導型結晶化）．天然では，マグマの上昇とともに，発泡と結晶化の両方が起こり，マグマの力学的性質が変化し，それが噴火様式を左右することになる．

(2) 気泡に関係する諸過程

マグマの発泡は，メルト中での気泡の核形成（図2.2.2a），成長・膨張（図2.2.2b）などにより進行する．また，気泡同士の合体（図2.2.2c）や気泡の形状変化（図2.2.2d）は，系からのガスの散逸（脱ガス）を通してマグマの運動を支配する要因として重要である．さらに，減圧発泡による減圧誘発型結晶化も，粘性を通してマグマの運動に影響を与える（図2.2.2e）．ここでは，それらの素過程の運動論について，理論的理解と最近の実験で明らかになったことを解説する．気泡の変形過程や脱ガス過程については，次節での詳しい解説を参照されたい．

理論的考察

(a) 核形成

減圧発泡の場合について，均一な過飽和溶液中に1個の気泡が生成する過程における全自由エネルギーを，気泡の半径 R の関数として考察する（均質核形成）．気泡半径の関数として全自由エネルギーを考察するのは，気泡

が分子揺ぎで偶然できた後，マクロな対象としての気泡の熱力学的安定性を議論したいためである．過飽和状態において，1個の気泡を過飽和溶液中で作るときの全自由エネルギー変化（$\Delta g = \Delta g_v + \Delta g_s$）は，気相を作ることによる自由エネルギーの得 $\Delta g_v = 4\pi R^3 \Delta G_v/3$（$\Delta G_v$ は気相形成に伴う単位体積あたりの自由エネルギー変化：負）と，表面を作ることによる損 $\Delta g_s = 4\pi R^2 \gamma$（$\gamma$ は気液界面エネルギー：正）の競合によって，ある半径に対して極大値を持つ（図 2.2.2f）．極大値に対応する気泡のことを臨界核といい，その半径のことを臨界核半径という．この臨界核半径より大きい気泡が分子揺ぎにより形成すれば，その後は気泡半径の増大とともに系全体の自由エネルギーは減少するから，気泡サイズの増大は熱力学的により安定な状態に向かうことになり，気泡は成長できることを意味する．こうした気泡は，マクロな存在となり，われわれの光学的観察で認識できるものである．この臨界核を作る過程を核形成という．単位時間・単位体積あたりに作られる臨界核の個数を核形成速度といい，核形成速度は，過飽和度とともに急激に大きくなる．

　実際のマグマ中での核形成現象では，結晶表面を核として起こる不均質核形成が支配的なことがある．その場合は，気液の界面エネルギー γ の代わりに不均質核と周囲の媒質の間の実効的界面エネルギー γ_{eff} をあてはめれば，上の核形成についての理解はそのまま適応できる．γ_{eff} は気相を挟み結晶とメルトが作る接触角 θ に依存して大きく変わる．接触角は，液相中での気相の結晶に対する濡れやすさ（気相中の液に注目するなら，濡れにくさ）の目安であり，$\theta = 0$ のときは完全に濡れる状態（結晶表面に気相が十分広がる状態）になり，γ_{eff} は 0 となり，容易に核形成を起こす．実際の結晶に関して実験的に γ_{eff} を決定する試みがなされはじめており，現在では，磁鉄鉱など酸化鉱物は濡れやすく，石英などケイ酸塩鉱物は濡れにくい傾向にあることが知られている．結晶の存在以外に，メルト中に H_2O 分子のクラスターやメルト構造における不均一が存在すると，それが不純物の役割をして不均質核形成が起こることが考えられる．

　実際のマグマ中で，均質核形成か不均質核形成になるかという条件については，あまり明確な議論がなされていないが，実験では不均質核形成が容易

に起こってしまい，均質核形成を起こすためには注意深い実験が必要であることがわかってきた．また，核形成に必要な過飽和圧やそれに伴って生じるH_2O濃度の非平衡問題が，最近認識されつつあり，これらの非平衡過程が，実際の噴火においてどのような役割を担っているかは今後の研究に待たれる．

　気泡核形成速度は，飽和圧からの減圧量の関数として，指数関数的に増加し（図2.2.3a参照），気泡数はそれを時間的に積分する形で，時間とともに増加する．次項で見るように，形成した気泡は，メルトからの揮発性成分の拡散で成長するから，メルトは揮発性成分に枯渇していき，過飽和度は減少する．このために，核形成はいずれ終了し，気泡数密度が決定される．減圧量が時間とともに変化する場合，一般に，減圧量の増加による飽和度の増加と，核形成した気泡の成長による飽和度の減少の競合によって，核形成の歴史が決定される．そのため，結果として決定される気泡数密度（単位メルト体積中の気泡の数）の減圧速度に対する依存性は，気泡の成長則と密接に関係している（Toramaru, 1995）．拡散律速成長の場合は，気泡数密度は減圧速度の3/2に比例して大きくなる．このことは，同じ化学組成や温度のマグマでは，減圧速度が大きいほどたくさん気泡が生成されることを意味している．これは，後で見るように流紋岩質メルトに対して，実験によって確かめられている．

(b) 成長・膨張

　核形成した気泡は，メルト中のH_2Oの気泡への拡散によって成長（気泡内のH_2O分子数が増加）し，減圧により膨張（気泡内の分子数の変化がなく分子容が増加）する．これら一連の成長・膨張過程では，気泡へのガス成分の拡散（物質輸送）と気泡の膨張に伴うメルトの粘性流動（力学過程）が重要な役割を果たす．拡散が支配的であれば，気泡成長は時間の平方根に比例し，縦軸に気泡径，横軸に時間をとった図（図2.2.4参照）で，上に凸の放物線的な成長曲線を描く．一方，粘性が支配的であれば，時間には指数関数的に依存するような下に凸の成長曲線を描く．気泡の体積分率が大きくなった場合，気泡同士の相互作用に影響された気泡間メルト膜中での流れが，拡散の効果を増幅させ，実効拡散係数が大きく（粘性率が小さく）なり，成長率が増加する．上昇するマグマでは，低圧において膨張過程が成長過程よ

り優勢になる．

　気泡の成長・膨張過程で重要な点は，水の析出やそれに伴う結晶化によるマグマの実効粘性率の変化である．実効粘性の変化が，マグマの上昇過程に影響を与え，噴出率の振動現象を起こすことが，理論的観点から調べられている．しかし，発泡に伴う実効粘性の変化（増加）の実験的研究や，気泡の成長・膨張過程に対するフィードバック，さらにそうした変化が天然においてどのように観察されるかについてはまだ十分に調べられておらず，今後の課題であろう．

(c) 発泡によって誘発される結晶化

　減圧誘導型結晶化の理解のためには，まず一般的な結晶化（冷却による結晶化）についての理解が必要になる．結晶化も，母相としてのメルト中に化学組成の異なる相が析出するという相変化の観点から捉えると，発泡過程と同様の核形成・成長過程の理解ができる（ただし膨張は無視できる）．一般に，冷却に伴う結晶化では，結晶の数密度は冷却速度の 3/2 乗に比例して大きくなる（この 3/2 は気泡の場合と同様に結晶の拡散律速成長と関係する）．比例定数はカイネティック因子と呼ばれるもので，結晶の核形成・成長過程を支配している，拡散係数や結晶・液界面張力，結晶相の実効的分子容などで決まる．しかし，この冷却結晶化の議論を減圧結晶化にあてはめるには，実効冷却速度と水の濃度変化すなわち水の析出速度の間の関係が必要である．実効冷却速度と水の析出速度は比例関係にあり，比例定数は，熱力学因子と呼ばれるもので，結晶化のエントロピーなど，相平衡図から決まる．このように，結局，結晶数密度は水の析出速度の 3/2 乗に比例し，その係数にはカイネティック因子と熱力学因子が含まれることになるが，その値は，実験や野外の岩脈での冷却結晶化による岩石組織の観察結果から推定することができる．結局，減圧誘導型結晶化で生まれ，噴出物中に保存されているマイクロライト結晶の数密度は，メルトからの水の抜ける速度（水の析出速度：発泡速度）の定量的な物差しとなる．

　水の析出速度は，気相に含まれる分子数の増加速度，すなわち，気泡成長によって支配されている．気泡成長は，化学的平衡過程で進む場合と，非平衡過程で進む場合とが考えられる．平衡過程で進む場合は，気泡成長は，メ

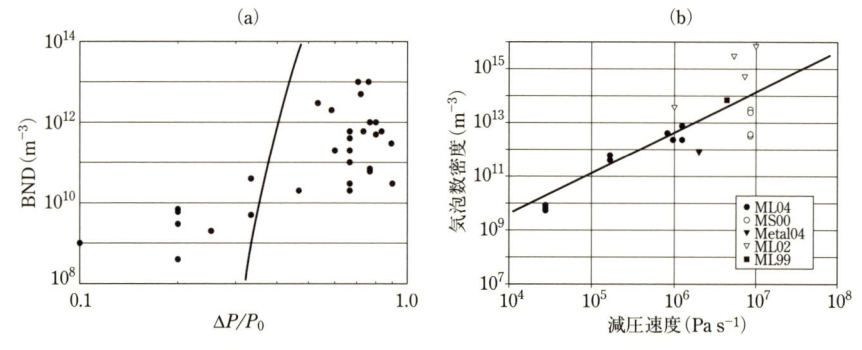

図 2.2.3 流紋岩質メルトの減圧発泡実験から決められた気泡数密度（BND）と減圧量・減圧速度の関係

(a) 減圧量一定実験（Hurvitz and Navon, 1994 より初期結晶を含まないものをプロット）．減圧量 ΔP は初期飽和圧力 P_0 で規格化されている．曲線は理論的予測（温度は 800℃，初期飽和圧力は 150 MPa，実効的界面エネルギー 0.04 N m^{-1}（実際の 1/3 程度）を仮定）を示す．ΔP の増加とともに急激に増加する均質核形成理論の予測と実験結果は一致しない．

(b) 減圧速度一定実験．シンボルはさまざまな化学組成や温度圧力条件で行われた実験の文献を示す（Toramaru, 2006）．単一の物性値を用いた均質核形成理論の予測（直線）とよい一致を示す．メルト中の H$_2$O の拡散係数 2×10^{-11}（m s^{-2}），初期飽和圧力 240 MPa，温度 800℃，界面張力 0.11（N m^{-1}）が仮定されている．

ルト中の水の濃度が圧力によって決まる飽和濃度を維持している．一方，非平衡過程で進行する場合は，気泡成長のカイネティックスのために，結晶数密度を左右する因子が異なってくる．拡散律速成長の場合，水の析出速度は，気泡数密度と水分子拡散のための駆動力（過飽和圧）によって支配される．一方，粘性律速の場合，水の析出速度は，気泡の過剰圧または過飽和圧によって支配される．このように，結晶化と発泡の関係は，実験におけるマイクロライト結晶化のデータを解釈する際に重要になる．

実験によってわかったこと

(a) 気泡の核形成

気泡の核形成の実験は，減圧量一定の場合と，減圧速度一定の場合について行われている．図 2.2.3a は流紋岩質メルトについて，減圧量一定の場合の

実験で，気泡数密度（BND；Bubble Number Desity）は減圧量とともに数桁にわたって大きくなることがわかる．BND の減圧量依存性は界面張力や核形成前の実効的な水分子数（クラスター数密度や核形成サイト数）に大きく影響を受ける．均質核形成理論や現実的な界面張力の値で，この実験結果を説明することはできない．この実験の傾向をうまく説明するためには，実効的界面エネルギーが，実際の実験値よりも 1 桁小さい 0.016（N m^{-1}）程度の必要がある．このことは，この実験では，核形成以前に存在する水分子のクラスターやメルト構造の不均質を核として不均質核形成が起こり，界面エネルギーが実効的には非常に小さかったことを示唆している．

図 2.2.3b には，さまざまな流紋岩質のメルトについて減圧速度一定の実験で得られた，BND と減圧速度の関係を示す．単一の物性値を用いた均質核形成の理論的予測（BND が減圧速度の 3/2 乗に比例する）ともおおよそ一致している．理論的予測からのずれは，メルトの化学組成や，温度の違いを反映しており，これらを適切に考慮すると理論的予測とさらによい一致を示す．このことは，これらの実験では，均質核形成と拡散成長が実際に起こっていることを意味しており，BND は減圧速度の定量的指標として用いることができることを示唆している．メルトの組成が SiO_2 に乏しくなってくると，理論的予測とのずれは大きくなる．この理由についてはよくわかっていない．

(b) 気泡の成長・膨張

減圧過程での気泡径の変化は，実験的に比較的よく調べられている．ここでも，気泡核形成と同様に，減圧量一定と，減圧速度一定という実験条件が用いられている．減圧量一定の実験では，気泡径は時間とともに S 字型の曲線をとる場合が多い．初期の段階の下に凸の立ち上がりは，指数関数的な粘性律速成長による（図 2.2.4a）．この時期は，気泡内の過剰圧がメルトの粘性抵抗を受けながら，気泡を膨張させる力学過程が気泡成長を支配している．その後，力学過程が無視できるような領域に入り，気泡への H_2O の物質輸送が気泡成長を律速し（拡散律速領域），気泡径は放物型の曲線（上に凸）に従って気泡径は変化する（図 2.2.4a）．減圧量一定の実験における，初期段階での粘性律速成長は，次の２つの要因が組み合わさったものである．

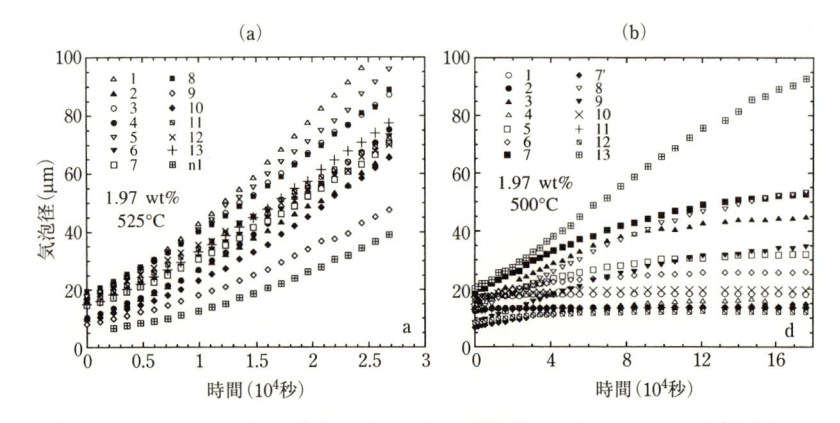

図2.2.4 モノクレーター（Mono Crater）の黒曜岩メルトについての1気圧下の実験での気泡成長曲線（Liu and Zhang, 2000）
データポイントのシンボル番号は，計測している個々の気泡を示す．(a) 粘性律速領域における下に凸の成長曲線．(b) 拡散律速成長領域における上に凸の成長曲線．横軸の時間スケールの違いに注意．

①初期気泡内の過剰圧は，高圧での核形成時の飽和圧力を保存しており，メルトが減圧された時点で，気泡内圧とメルトとの圧力差が気泡膨張を駆動する．②初期段階では，気泡界面でのH_2O平衡濃度が気泡内の高ガス圧のため大きく，実質的に気泡への水分子の拡散が無視できるか，平衡を保って進行している．これらは減圧量一定実験での特殊な状況であり，そのため，その結果得られた実験結果を天然に適応する際には，注意が必要である．同様な気泡成長の振舞いは過熱液体における沸騰の際にも観察されている．

減圧速度一定の条件下では，減圧量一定の実験と同様のS字型の時間変化が得られているが，初期段階での下に凸の成長曲線は必ずしも粘性だけが成長を律速しているのではなく，拡散と減圧とのカップリングが起こっていることが考えられている．また，先にも見たように，減圧速度一定の実験で得られる気泡数密度の減圧速度依存性が，気泡の拡散成長を仮定した場合の依存性（気泡数密度が減圧速度の3/2に比例する）で非常によく説明できることは，核形成段階で，気泡は拡散律速で成長していることを示唆している．減圧速度一定の実験で得られる，核形成段階での気泡径の変化のデータは，残念ながら，成長様式を議論できるほど稠密に与えられていないのが現状で

ある.

(c) 発泡による結晶化

発泡に伴うマイクロライトの結晶化(減圧誘導型結晶化)は,近年実験的研究が盛んに行われており,急速に理解が進んでいる(たとえばCouch et al., 2003).それは,天然サンプルで観察されるマイクロライトの数密度・サイズ・結晶度・結晶形態といった岩石組織学的特長が,噴火様式や噴火の推移と関係しており,マグマの上昇過程を反映していると考えられるからである.圧力を瞬間的に降下して発泡を起こさせ,その後その圧力で一定時間保持して,サンプルを急冷固結する実験では,減圧量と保持時間がパラメータとなる.この種の実験では,マイクロライト結晶度と数密度は,保持時間が十分長いものについては,減圧量をパラメータとして,ある一定のトレンドに収束する.

結晶量が減圧量とともに増加するこのトレンドは,結晶量が熱力学的平衡で決定されていることを示唆する.それは,メルトからの水の析出が,溶解度に従って起こると仮定すると,減圧量(脱水量)が大きいほど,過冷却度(融点からの距離)が大きく,平衡結晶度が大きくなることが期待されるからである.

一方,結晶数密度は減圧量の1桁の変化に対して,4-5桁変化する.この変化は,結晶数密度を支配している水の析出速度が,減圧量に大きく依存していることを意味している.前節の考察(c)で見たように,水の析出速度は,減圧実験のような非平衡発泡過程においては,拡散律速の場合と粘性律速の場合で状況は変わってくる.実験結果のマイクロライトの核形成過程における水の析出過程は,気泡数密度が一定であっても,気泡の拡散成長における駆動力が減圧量の関数であることだけで説明がつく.このことを実証するには,結晶組織のデータと合わせて気泡組織のデータも必要であるが,残念ながら,これらの実験では,発泡組織の定性的および定量的記載がなされていない.いずれにしろ,実験は,マイクロライトの結晶数密度が水の析出速度(すなわち発泡速度)の定量的指標となることを示している.

実験において,十分時間がたった後では,結晶度とマイクロライト数密度の関係が,ある一定の関係に収束する.その関係が,次項で述べる天然で実

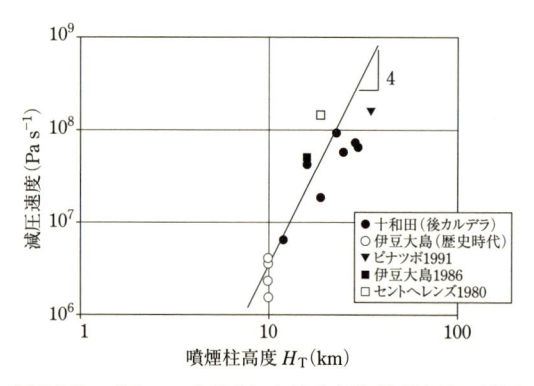

図 2.2.5 プリニー式噴火における気泡核形成時の減圧速度と噴煙柱高度の関係

際に観測されるマイクロライトシステマティックスに似ていることは興味深い．

(3) 噴出物からわかること

噴出物は噴火過程についてさまざまな情報を含んでいる．ここでは，軽石の気泡や石基組織から得られたデータと，それから推定される火道内過程について述べる．

気泡の解析から

爆発的噴火によって生成した軽石の発泡組織解析の結果，気泡数密度は，噴煙柱の高度といった噴火の強度と相関があることがわかってきた．前節でも述べたように，気泡数密度は減圧速度の定量的指標となるので，それを用いて減圧速度を推定すると，噴火の強度が大きいほど減圧速度も大きいことがわかった（図 2.2.5）．噴火の強度は，火口からの噴出率または噴出速度の 1/4 乗に比例するので，噴出速度は火道内深部での気泡核形成時の減圧速度にほぼ比例することが推定される．気泡数密度から推定された減圧速度は 10^6-10^8 Pa s^{-1} であり，この値は，既存の定常的なマグマ上昇モデルで説明するには大きすぎる値である．このことは，気泡の核形成を支配している減圧過程が，通常考えられているマグマ上昇過程に支配されているものではな

く，急激な圧力減少を作る一種の衝撃波（希薄衝撃波）を伴うようなものでなければならないことを示唆している．

マイクロライトの解析から

　軽石や火砕流堆積物に含まれているマイクロライトの特徴が，噴火の推移や噴火様式の違いと相関があることが，さまざまな研究からわかってきた．前節で述べたように，マイクロライトの数密度や結晶量，さらに結晶形態などは，減圧量や水の析出速度の定量的指標となりうる．マイクロライトの結晶数密度から推定された水の析出速度は，伊豆大島1986B準プリニー式噴火で 10^{-3}-10^{-1}wt% s^{-1}（代表的な輝石マイクロライト数密度 10^{15}-10^{17}m^{-3} に対して）である．一方，雲仙平成噴火の溶岩ドーム噴火では，10^{-6}-10^{-5}wt% s^{-1} の大きさ（斜長石マイクロライト数密度 10^{14}-10^{15}m^{-3} に対して）となる．このように，爆発的噴火と非爆発的噴火では，水の析出速度すなわち発泡速度に大きな違いがあることが，実際の噴出物から実証的に理解される．

　一般に，軽石など火砕物中の石基を構成しているマイクロライトは，同一噴火のほぼ同じ全岩化学組成の粒子であっても，その結晶度や数密度にバリエーションがある．さらに，堆積物中でほぼ同時に噴出したであろう単一の層準内のほぼ同粒径の粒子であっても，バリエーションがあり，その代表的な数密度や結晶度は，噴火の推移や強度と相関をもって，変化しているように見える．また，さまざまな噴火でのマイクロライトの量のバリエーションは，SiO_2 の増加とともに極端になり，デイサイト質では，マイクロライトを多く含む灰色軽石とほとんど含まない白色軽石が混在する．しかし，流紋岩質になると，多くの軽石はほとんどマイクロライトを含まなくなる．

　伊豆大島1986Bや富士宝永の玄武岩質安山岩の準プリニー式噴火の噴出物の解析によると，マイクロライトおよび発泡組織に次のような相関がある．①気泡数密度と結晶数密度（輝石）の正の相関．②結晶数密度と結晶度の正の相関（輝石）．③発泡度と結晶度の負の相関（斜長石，輝石とも）．④発泡度と結晶数密度の負の相関（輝石でより顕著）．最後の④は，②と③の関係から推定がつく．これらの相関をここでは，マイクロライトシステマティックス（MS）と呼ぶことにする．MS①はマイクロライトの核形成過程およ

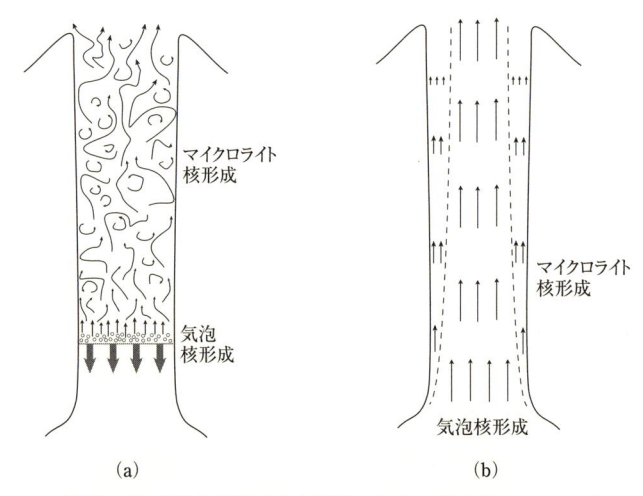

図 2.2.6 噴出物の物質科学的研究から推定される火道内部のイメージ
　(a) プリニー式噴火のような爆発的噴火．気泡核形成は，高い過飽和圧を持って希薄衝撃波のように下方に伝播する（核形成波）．核形成深度以浅のマグマの流れは，乱流状態になっている．
　(b) 溶岩ドームのような非爆発的噴火．気泡核形成は，マグマ溜り＋火道系の深部で起こっている．火道中のマグマの上昇は，周辺部と内部で，剪断帯（破線）を境に不連続的に変化する．内部でのマグマの流れは，整然とした層流またはプラグ流になっている．

びその結果である数密度を決めている水の析出過程が，気泡数密度と直接または間接的にリンクしていることを示している．MS②の結晶数密度と結晶度の相関は，室内実験の結果とよく似ていることから，マイクロライト核形成圧力での水の析出速度と減圧量の相関と読むことができる．これらマイクロライトシステマティックスは，最近わかり始めたことで，今後シミュレーションや地球物理観測などと合わせて，その意味するところを解きほぐしていく必要があり，それによって，見えない火道内部でのできごとをより詳細に理解できるようになるであろう．

(4) 噴出物から推定される火道内部のイメージ

爆発的噴火について噴出物の組織的特徴から推定される火道内プロセスをまとめると，次のようになる．①プリニー式噴火の気泡核形成時の減圧速度

10^6-10^8 Pa s^{-1} は莫大で，希薄衝撃波のような急激な減圧の伝播を伴う．②玄武岩質安山岩の準プリニー式噴火では，気泡数密度や結晶数密度が，地表での噴出速度の時間変化など，噴火の推移と相関を持ち，火道内部での減圧速度や発泡速度と密接に関係している．③同時に噴出した噴出物で，脱水速度や結晶化時間に分布があり，マイクロライト核形成以降の上昇過程は，かなり乱流状態であった（図 2.2.6a）．

一方，非爆発的噴火について噴出物の組織解析から推定される火道内プロセスの特徴は，①発泡速度は 10^{-5}wt% s^{-1} 程度で，0.01-0.1 m s^{-1} の上昇速度，10^2-10^3Pa s^{-1} の減圧速度に相当する．②火道の断面方向での発泡速度や結晶化時間は，空間的に一様である．③水の析出速度が平衡で進行したか，非平衡で進行したかは定かではないが，かなり深いところで開始した可能性がある．これらのことは，火道内でのマグマの気相の膨張による加速が顕著ではなく（すなわち系からの脱ガスが有効），流れが層流あるいはプラグ流に近いものであったことを示唆している（図 2.2.6b）．

2.3 マグマからの脱ガス

中村美千彦

(1) 浸透流脱ガスと浸透性フォームモデル

噴火前のマグマ溜りでは，珪長質のマグマには，ふつう数 wt% 以上の水が溶存していることが知られている．これは，斑晶鉱物相の組み合わせや固溶体組成・マグマの温度などから推定される化学平衡条件や，斑晶中のガラス包有物の含水量などから見積られる．一方，このようなマグマが，いわゆる非爆発的な噴火を起こしたときの，全マグマ中に含まれる揮発性成分量（メルトに溶存している量と，気泡として存在する量の合計）はそれより明らかに低く，多くの場合に 1% 以下である．つまり，非爆発的な噴火においては，マグマ溜りから火口までの間（火道）のどこかで，必ずマグマからの脱ガスが起こっていなければならないことになる．

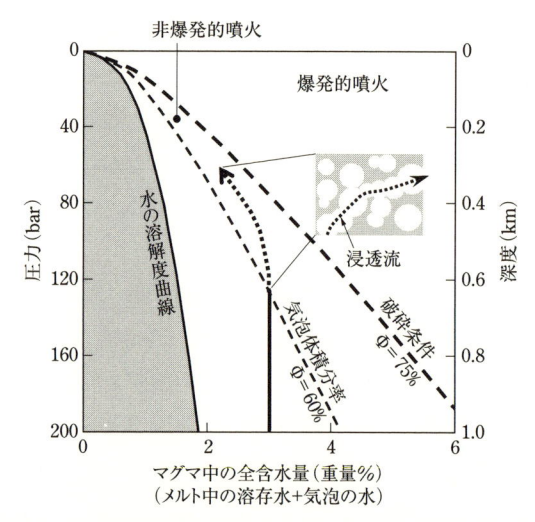

図 2.3.1 浸透流脱ガスモデルにおけるマグマの深度（圧力）と全含水量の関係（Eichelberger *et al.*, 1986, Fig. 3 に加筆）

　さて，マグマからの脱ガス機構のうち最も単純なものは，サイダーから二酸化炭素の泡が抜けるように，気泡が浮力によって上昇しマグマの最上部（マグマヘッド）まで達して弾けるというものであろう．ところが，玄武岩質マグマに比べてケイ酸成分の多い，安山岩やデイサイト・流紋岩のようなマグマでは，粘性が高いために，そのような過程で脱ガスが効果的に起こることは期待できない．つまり，非爆発的な噴火が起こるという事実を説明するには，これとは根本的に異なるメカニズムを考える必要がある．

　このようなメカニズムとして Eichelberger *et al.*（1986）によって提案されたのが，「浸透性フォーム（permeable foam）モデル」である．発泡してフォーム状態となったマグマは，気泡と気泡の連結によって透気性を持ち，浸透流によってマグマからの脱ガスが起こると彼らは考えた（porous-flow model）．図 2.3.1 は，このような思考実験に基づいて，初期含水量 3% のマグマが上昇する際の含水量の変化を表したものである．マグマが上昇・減圧していくと，溶解度曲線を超えたところで発泡が始まり，気泡の体積分率は水の析出と減圧による膨張の両方の効果によってさらに増加する．やがて，気泡の体積分率が 60% 程度に達すると，気泡同士が連結して浸透流脱ガス

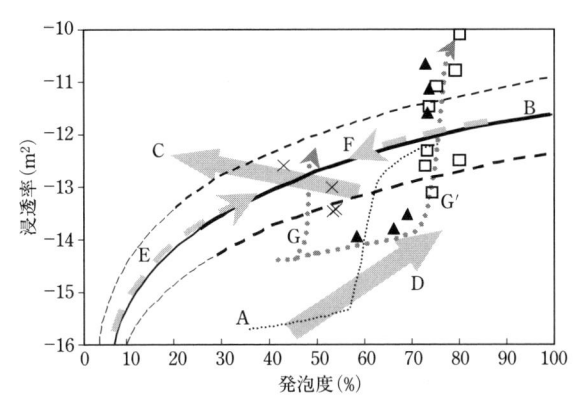

図 2.3.2 さまざまな火山岩や実験産物の浸透率と空隙率（発泡度）との関係（Nakamura et al., 2008 に加筆）
Klug and Cashman（1996）の測定データは，ほぼ 2 本の太波線の間に分布する．プロット（□，▲，×）は，1 回の火砕流噴火において異なる減圧履歴を経た軽石のデータ．

が開始する．いま，マグマの破砕（爆発的噴火）は気泡の体積分率が閾値（ここでは 75%）に達した時点で起こると仮定すると，浸透流脱ガスによって，気泡の体積分率が最後まで破砕条件に達することなくマグマが上昇すれば，非爆発的な溶岩ドームの形成にいたる．

この論文は論理的には上記の思考実験でほとんど完結してしまうのだが，さらにこのようなモデルを支える実証的データとして，イニョー（Inyo）溶岩ドーム列の黒曜石ドーム（米国カリフォルニア州）の掘削によって採取された，流紋岩質岩石試料の浸透率データ（約 15 m 深度地点からドーム表面までのもの）が提出された．火道周辺の母岩の浸透率は十分に高いと仮定すれば，脱ガスの効率はマグマの浸透率と圧力勾配によって決定される．実際，掘削試料の浸透率は，空隙率（発泡度）約 60% までは非常に低く，それを超えると急激な上昇を示した（図 2.3.2 点線 A）．もしこの浸透率と空隙率の関係が，より深部の火道を上昇するマグマにもあてはまるとすれば，たしかに Eichelberger らの思考実験を支持するデータが得られたと考えることもできる．

彼らはさらに浸透流脱ガスのモデル計算を行い，マグマから側方に脱ガス

が起こった場合の圧力の減少が，破砕に結び付く気泡の膨張を抑えるだけ十分に速く進行するとした．また，最終的に固結した溶岩ドーム内部のかなりの部分は緻密なガラス（黒曜石）からなり，その空隙率は浸透率が急上昇する値（臨界空隙率）よりもはるかに低い．Eichelbergerらは，浸透性を獲得したフォーム状のマグマは圧密を受け，残存した気泡はガラスに再溶解することによって，ちょうど溶結凝灰岩のように緻密な溶岩が形成されると考えた（foam collapse）．

　このモデルは大筋では単純明快で，かつ多角的な視点から要点を押さえて深く考えられたものであり，説得力がある．浸透性を持ったフォームが噴出し地表付近で圧密を受けるという部分に関しては，後に地質学的な観察や火山ガスの観測などから批判を招くものの，浸透流脱ガスという根本的なメカニズムに関しては，この概念を採用して噴火様式の分岐を説明した火道流モデル（第3章）が発達したこともあいまって，広く支持を集めることになり，現在にいたるまで高粘性マグマからの脱ガスメカニズムに関する基本的な作業仮説となっている．

　ここで，浸透流脱ガスモデルの背景について言及しておこう．1回の噴火イベントの中で，しばしば噴火様式が爆発的なものから非爆発的なものへと移行することはよく知られていた．たとえば，降下軽石の噴出に始まり，火砕流が噴出したあと，溶岩流が流出したり溶岩ドームを形成したりするという具合である．最近の詳細な研究によれば，歴史時代のいくつかの噴火例については，必ずしもこのような「噴火輪廻」は成立しないことが明らかになってきたけれども，おそらく大局的には多くの噴火事例で成り立つ傾向であろう．

　1986年当時は，噴火様式の支配要因はしばしばこのような時間的推移と併せて議論され，その原因は，噴火前のマグマ溜りにおける含水量勾配に求められることが一般的であった．つまり，マグマ溜りの上部から下部に向けてマグマの含水量が低下しており，その順番でマグマが噴出してくるとすれば，爆発性は徐々に弱まるであろうというものである．また1980年代は，大規模珪長質マグマ噴火の噴出物に含まれる斑晶中のガラス包有物の化学分析が進み，堆積物の下位から上位（マグマ溜りの上部から下部）に向けて，

含水量やほかの揮発性成分の濃度が低下するというデータが数多く報告され始めた時期であった.このように,噴火の爆発性は噴火前にマグマが持つ含水量によって規定されるという考えが支配的であった当時,気泡の体積分率が高くなる地表付近での脱ガス(浅部脱ガス;shallow level degassing)によって,非爆発的な噴火にいたるという Eichelberger らの考え方は,大きなインパクトを持っていたのである.

(2) マグマと火山岩の浸透率

もしマグマからの脱ガスが浸透流として起こるのであれば,その効率(ガス流束)を決定するのはマグマの浸透率である. Eichelberger *et al.* (1986) がイニョードームの掘削試料の浸透率を報告してからしばらく間をおいて,Klug and Cashman (1996) はクレーターレーク (Crater Lake) の軽石やセントヘレンズ (St. Helens) のブラスト噴出物などの発泡構造を詳細に記載し,また浸透率を測定してその発達過程を議論した.データの分散は大きいものの,イニョードーム試料の浸透率データとの大きな違いは,低い空隙率でも高い浸透率を示す噴出物試料が多数存在するということである.そこで彼女らは,10%以下の低い空隙率の閾値を境に,浸透率が空隙率の冪乗に比例して上昇するという,砂岩などでよく見られる関係がごく大雑把には成り立っているとして,浸透率と空隙率との関係を解釈した(図2.3.2 実線B).

浸透率の大きさは火道流の物理モデルにおける火口出口での計算結果を大きく左右することもあって,以降,溶岩流など多様な噴出物の浸透率とその空隙率との関係が数多く測定され,発泡組織との関係が議論されることになった.ところが,浸透率の測定値が増えるに従い,空隙率との関係はそう単純ではないことが判明し,解釈も複雑化してきた.その中で,一つの重要な考え方は,砂岩など空隙構造の異なる岩石における浸透率と空隙率の関係は,火山岩にはあてはまらないというものである (Saar and Manga, 1999). 彼らは,foam collapse の過程では気泡の連結合体が進み,連結部の開口径が大きいチューブ状の空隙ネットワークが発達するため,foam collapse を経験した溶岩流などの試料は,低い空隙率でも高い浸透率を持つようになると考えた(矢印C).

軽石にしても溶岩にしても，天然の噴出物の組織と，その結果を反映する浸透率などの性質は，それらの噴出過程において実際に起こったはずの減圧や流動変形，破砕などのプロセスが重ね合わされた結果を表していると考えられ，個々のプロセスを取り出して見ることは必ずしも容易ではない．このような問題を克服するために，噴出物の分析に基づいた帰納的なアプローチとは逆方向の，演繹的なアプローチによる研究が，日本の研究グループによって行われるようになった．

　すなわち，制御された条件下で減圧発泡実験を行い，実験産物の浸透率を測定することによって，ほぼ単純な減圧過程のみによって形成される標準的な発泡組織の持つ浸透率が決定されたのである（Takeuchi *et al.*, 2005）．その結果は興味深いものであり，実験産物（人工軽石）は発泡度約70%まではほとんど浸透性を持たず，浸透率は同じ空隙率の天然試料（軽石）よりもはるかに低くなることがわかった（矢印D）．この実験結果は，天然の噴出物が単純な減圧過程だけで形成されたわけではなく，ほかの何らかの効果によって，発泡度の低い段階から高い浸透率を獲得したか（矢印E），単純な減圧発泡の後にさらに foam collapse などのプロセスを経て，比較的高い浸透率を保ちながら空隙率が低下していったか（矢印F），または比較的低い，多様な臨界空隙率で高い浸透率を持つようになったか（矢印G，G′），のいずれかであることを示している．

　Klug and Cashman (1996) は，先に述べたように，複数の火山の多様な噴出物のデータが一つのプロセスで系統的に説明できるという考えに基づいて，実線Bの関係を見出した．これに対し，Nakamura *et al.* (2008) は1回の火砕流噴火に着目して，一連の発泡過程における軽石の組織と浸透率の変化を詳細に追跡した．その結果，軽石の浸透率は，同程度の微斑晶・マイクロライト量を持つ（減圧過程が等しい）グループごとに，減圧発泡実験で得られたのと同様，狭い空隙率範囲で急激に上昇する傾向を示すことがわかった（矢印G，G′）．この結果は，マグマの浸透率が急上昇する臨界空隙率が，噴火過程に応じてさまざまに異なるため，矢印G，G′のような雁行したトレンド群が多数形成されることで，全体として実線Bのような浸透率と空隙率の大まかな相関が見られている可能性を示唆している．

Takeuchi et al. (2005) の人工軽石では，発泡度が非常に高くなるまで浸透率は上昇を開始しない．つまり，マグマがごく浅部まで到達しないと浸透流脱ガスは始まらないことになる．火道流の物理モデルによれば，このような地殻のごく浅所まで脱ガスが起こらないでいると，マグマは加速してしまい，非爆発的な噴火にいたるのは難しい．また，実際に観測された火山ガスが，気泡体積分率のまだ小さい地殻深部で脱ガスしたと考えられる化学組成を持ち，浅部脱ガスモデルとは矛盾する例が報告されている．これらの問題を解決する可能性のある，2つのモデルを次に紹介する．

(3) マグマの破壊の役割

　マグマは，ゆっくりとした歪を与えると流体として振舞うが，急激な変形（大きな歪速度）に対しては固体的に振舞い，破壊を起こすという性質を持つことが知られている (2.4節)．火道を上昇する高粘性マグマは，剪断応力が高い火道壁付近で，破壊による亀裂の形成とその溶結による閉塞とを繰り返している，という考えが，開析された古い火山の火道の観察や，いわゆる火砕性黒曜石（軽石とともに噴出した，同じ本質マグマに由来するガラス質岩片）の組織観察に基づいて提案されている．Gonnermann and Manga (2003) は，この亀裂がネットワークを形成し，それに沿って浸透流脱ガスが起こることで，非爆発的な噴火にいたる場合があるというモデルを提案した．しかし，マグマの歪速度（上昇速度と火道径に関連する）を見積ることができる過去の噴火事例についての彼らの計算によれば，火道壁付近での破壊の発生と噴火様式の間には明瞭な相関はなく，歪速度だけで噴火様式が決定されるというわけではないらしい．

(4) 合体の素過程と変形の効果

　フォーム化する前のマグマからの脱ガスメカニズムに関するもう一つのモデルを紹介する前に，核形成と成長・膨張に引き続く，気泡組織の進化の素過程について見てみよう．気泡とメルトとの間には界面張力が存在し，力学的・化学的にマグマの発泡組織を進化させる基本的な駆動力となっている．界面曲率差に起因する水の溶解度差によって起こる，大きい気泡の選択的成

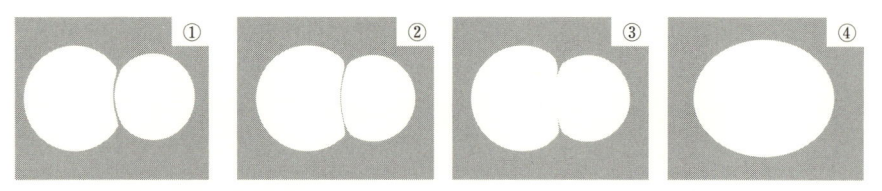

図 2.3.3 気泡の合体の素過程
①気泡の接触, ②メルトフィルムの薄化, ③フィルムの断裂と気泡の連結, ④形状緩和.

長と小さい気泡の溶解（オストワルドライプニング）は化学的な作用の例であり，気泡径が小さい段階で重要となる．一方，力学的な作用は，マグマが冷却固化するまで続く．

　マグマの発泡度が上がると，気泡は互いに接触し（図 2.3.3 ①），やがて気泡の合体が起こる．合体はさらに詳しく見ると，②気泡間のメルトフィルムの薄化，③フィルムの断裂による連結，④形状緩和，という素過程を通じて進行する．②・③は，接した気泡のサイズ差（曲率差）と，メルトネットワークの綾部と膜部の曲率差とに起因する圧力勾配によって駆動される（図 2.3.3）．現在では，理論的および実験的な研究により，合体過程で気泡サイズ分布がどのように進化するかが調べられている．気泡のサイズ分布が相似的に粗粒化する場合，ガスの通路の断面積が大きくなるため，浸透率が増加することが予想され，理論モデルでは平均気泡半径の 2 乗に比例する結果が得られている（Blower, 2001）．

　先に述べたように，火道中を上昇するマグマの中では，火道壁から及ぼされる粘性抵抗のために単純剪断応力が発生している．マグマに働く応力によって気泡は容易に変形してしまうため，剪断応力が発泡組織や脱ガスに及ぼす効果を評価することはきわめて重要である．気泡の持つ界面張力は，気泡を球形に保とうとするため，気泡の形状は剪断応力と界面張力との釣り合いの程度（キャピラリー数と呼ばれる無次元数で表される）によって決定される．流動するマグマ中では，発泡度が低くても気泡は互いに接近・接触するので，気泡の合体が起こることがある．気泡が接触している間に上記②・③の過程が完了すれば合体が起こり，間に合わなければ再び流れに乗って別れることになる．流動には，気泡の変形による衝突断面積の減少や，また合体

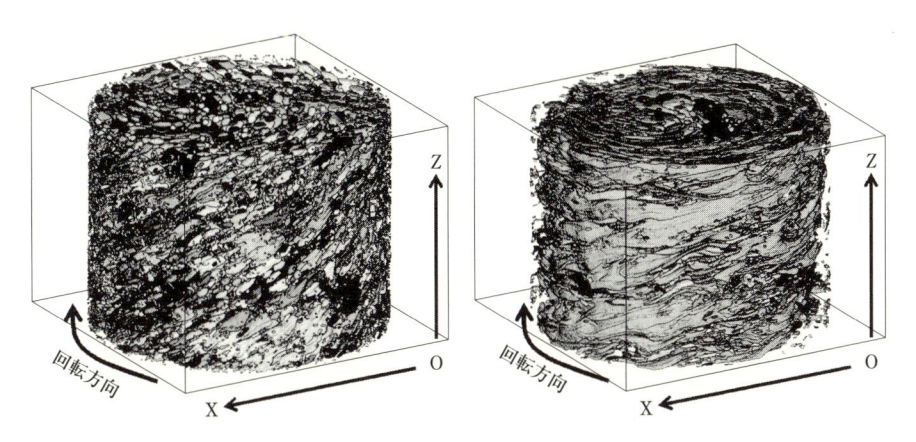

図 2.3.4 発泡した流紋岩質メルトの 975℃ での変形実験産物（X 線 CT 像；Okumura *et al.*, 2008）
　円柱状試料の上面を固定し，底面（Z = 0）を 0.5 rpm の回転速度で矢印方向にそれぞれ 0.5 回転（左図）・5 回転（右図）したもの．異なるグレースケールの気泡は連結していない．回転数（剪断歪の量）が増すにつれて気泡の伸張と合体が進行し，チャンネル状の構造が形成されていく．試料の直径は約 4.7 mm．

とは逆の過程である分裂も伴うため，流動が発泡組織や浸透率に与える影響を単純に評価するのは難しい．

　Okumura *et al.* (2006, 2008) は，発泡した流紋岩質メルトを高温・封圧下で剪断変形させる実験を行った（図 2.1.2a）．その結果，火道中で実現しうる程度の速度と大きさの（単純）剪断歪を加えることによって，個々の気泡が伸長し，気泡の合体が大幅に促進されてパイプ状の構造が形成されること（図 2.3.4），また気泡の連結度が従来考えられていた値よりも低い発泡度で上昇することが示された．このような低い発泡度では，流動がない場合にはマグマは浸透性をほとんど持たないのに対し，変形の効果によって，初めて脱ガスが可能となることが期待され，浸透率の定量化が待たれる．彼らが行った変形実験条件に対応する深度では，Gonnermann and Manga (2003) が検討したようなマグマの破壊が生ずるような大きな歪速度が発生するとは考えにくい．したがって，発泡したマグマは，破壊による脱ガスが起こるより前に（より深部から），すでに流動変形の効果によって浸透性を獲得している可能性がある．

(5) これからの問題

　一般に「つながり方」を考察するパーコレーション理論では，気泡のような各要素が接した時点でつながったとみなすけれども，ガスの浸透性が問題となるマグマの場合には，気泡間のメルトフィルムが切れるかどうか，またどの程度の径の孔が空くかが重要となるため，パーコレーション理論を浸透率の推定に単純に適用することが難しい．また，比較的よく調べられている多結晶体中の浸透流では，結晶と流体の形状的な関係はフォームの気泡とメルトの関係と類似しているものの，流体は結晶粒界の稜部を浸透するので，浸透する物質が逆転している．多結晶体の場合に，流体の理論的な平衡組織が存在する（二面角と粒径によって決定される）のとは異なり，浸透性フォームでは，ガスはメルトフィルムの破れた部分を伝って透気することになる．破れたメルトフィルムは形状緩和を起こすので，ガスの通路は気泡の合体と粗粒化に伴って時々刻々と変化をし（図2.3.3の③・④），平衡あるいは安定した，議論の基準となる幾何学形状というものが未だに定義されていない．

　工学分野でフォームの浸透性という場合には，メルトフィルム中を化学的な拡散によってガスが移動する現象を指す．高粘性フォーム中のガスの浸透流は，火山学以外の分野でもほとんど調べられていない現象である．火山学における最近の果敢な研究によって，その基本的な性質が明らかになりつつあるが，なお根本的な部分で不明な点も少なくない．そのため，天然試料の浸透率をむやみに測定しても，進化していく発泡組織のどのような段階の値であるかを評価することが難しい．減圧発泡実験産物の浸透率測定が重要でわかりやすい理由は，平衡形状に代わって議論の基準となり得るような標準的発泡状態をまず作成して，それについての浸透率を求めたからである．今後は，変形実験も含めた実験産物の浸透率や組織の特徴付けを行うことがますます重要になると考えられる．

　さらに大きな問題は，緻密な溶岩の形成にいたるフォームの圧密過程がほとんど理解されていないことである．圧密が起こればガスの流路が寸断されて浸透率が低下し，脱ガスの進行が止まる可能性もある．言い方を変えれば，圧密しつつあるフォームにおける浸透率と空隙率の関係，あるいはその時間

空間発展を理解する必要がある．

本節では，浸透率などフォームの物性的な側面について述べた．実際の噴火においてどのような脱ガス過程が起こっているかを知るそのほかの本質的な手段の一つとして，マグマに溶存する揮発性成分の量や化学組成・同位体組成を用いた地球化学的なアプローチが存在し，これも近年になって急速に発展している分野である．これに関する解説は，紙面の都合で別の場所に譲ることにする（Nakamura et al., 2007）．

2.4 マグマの破砕

亀田正治・市原美恵

(1) 破砕とは？

マグマ噴火のタイプは大きく2つに分けられる（鍵山編，2003）．一つは，マグマがちぎれて噴出する場合であり，もう一つは火口から穏やかにマグマが流れ出る場合である．これらのタイプの違いを生み出しているのは，マグマの「破砕」（fragmentation）によると考えられている．

マグマの破砕とは，物理的には，気液混合物の連続相の転換，すなわち，「気泡を含むマグマ」から「ちぎれたマグマを含む気体」への遷移現象を指している（Cashman et al., 2000）．日本語の「破砕」は「固形物の粉砕」をイメージさせる言葉（2つの漢字ともに石偏がついている）だが，火山物理学では，気泡流から噴霧流への流体的な遷移現象についてもマグマは破砕したとされる．

破砕はマグマの減圧により生じる（Cashman et al., 2000）．噴火時におけるマグマの減圧要因としては，2つのメカニズムが考えられている．

一つは，火道をマグマが上昇する過程で生じる粘性摩擦である．これは，流体力学の教科書にかならず出ている円管内の粘性流（ハーゲン・ポアズイユ流れ）に伴う圧力損失（管摩擦損失）のことである．

もう一つは，火口をふさぐ固形物の除去に伴って生じる減圧波である．た

(a) $p_{in} > p_{out}$

亀裂の発生・伝播　　脆性破壊

(b)

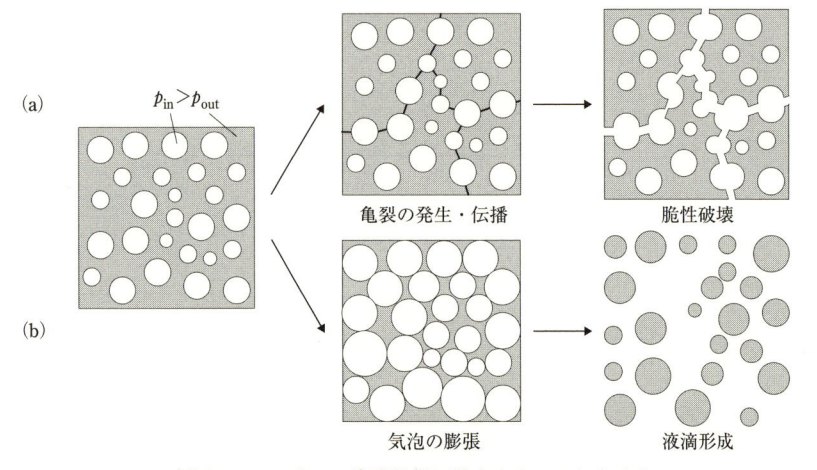

気泡の膨張　　液滴形成

図 2.4.1　マグマの破砕過程に関する2つのシナリオ

とえば，溶岩ドームの崩壊，地すべりなどをきっかけに火道に蓄えられていた高圧ガスが解放され，その圧力低下がマグマにも伝わる，というイメージである．

減圧による破砕過程には，次の2つのシナリオが考えられる（図 2.4.1）．

図 2.4.1a は固体の破壊と同様のシナリオである．圧力差 Δp によって生じた気泡まわりの接線応力（周応力）により，気泡を隔てるマグマ内に亀裂が発生・伝播し，砕片（fragments）に分裂する，というものである．この過程では，周応力がマグマの破壊応力（tensile strength）を超えることが必要である．

これに対して，図 2.4.1b は流体力学的シナリオである．すなわち，風船が膨らむように気泡が膨張し，十分薄くなった液膜が破れ，表面張力の作用により液滴が形成される，というものである．この過程では，液膜の安定性が破砕発生のカギを握っている．不安定化する条件は，一般に，気相体積率（ボイド率，vesicularity）で与えられる．同じサイズの気泡を細密充填したときの気相体積率が約 74% であることから，70% から 80% の間に臨界値がある，と考えられている（Cashman *et al.*, 2000）．

いずれのシナリオでも，気泡を含むマグマの平均圧力 p_{out} が，気泡内に閉

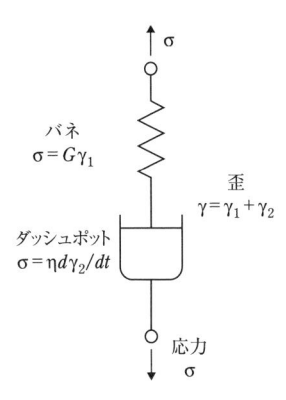

図 2.4.2 マックスウェル型粘弾性体の応力・歪関係

バネ $\sigma = G\gamma_1$
ダッシュポット $\sigma = \eta d\gamma_2/dt$
歪 $\gamma = \gamma_1 + \gamma_2$
応力 σ

じ込められたガスの圧力 p_{in} に対して先行して低下し，気泡内外に圧力差 $\Delta p = p_{in} - p_{out}$ が生じる，ということが前提条件となる．大ざっぱにいえば，減圧速度が十分速ければこの条件は成立する．したがって，前述の減圧要因のうち，管摩擦損失については火道を上昇するマグマの平均流速が大きいこと，減圧波発生については火口の開口が急激であること，が要求される．

ただし，図 2.4.1 のシナリオは，いずれも，マグマを純粋に（脆性）固体，または粘性流体としてとらえた極限での描像である．マグマは純粋な液体とも固体とも異なる物理的性質（レオロジー）を有している．先ほどの大ざっぱな前提条件の検討を含め，破砕現象をより定量的に理解するためには，マグマのレオロジーを考えに入れなければならない．

(2) マグマのレオロジー

レオロジーは，複雑な応力・歪関係を持つ連続体の性質を取り扱う学問分野である．マグマ破砕を理解するためには，マグマのレオロジー的性質のうち，粘性率，剛性率，およびレオロジー的性質の特性時間を知ることが必要である．

粘性率

マグマは，水に比べて非常に粘性率が高い，ということが特徴である．また，マグマの粘性率は非常に広範囲にわたる，ということも重要である．最

も粘性率の低い玄武岩質マグマでも水（10^{-3} Pa s）の1万倍の粘度（10^1 Pa s）がある．最も流れにくい流紋岩質マグマでは1兆倍（10^{10} Pa s）にも達する（谷口，2001）．さらに，噴火現象は，これらのマグマが冷えて固まるところまでを含むため，粘性率の上限は実質的に無限大である．

粘性率の高さはマグマの主成分であるシリカ（SiO_2）が構成する分子ネットワークに起因するものである．一方，粘性率のバリエーションの広さは，温度のほかに，シリカ，および揮発性成分である水の含有率の違いが関係している．シリカの量が多いほど，含水率が少ないほど，マグマの粘性率は高くなる（谷口，2001）．

粘弾性と緩和時間

マグマは，マクスウェル型の粘弾性体である（Dingwell and Webb, 1989）．粘弾性体は，変形の特性時間に応じて，弾性体的にも流体的にも振舞う性質を持つ．

マクスウェル型粘弾性体は，フックの法則に従う弾性体要素とニュートンの粘性法則に従う流体要素の線形結合（図2.4.2）で応力 σ と歪 γ の関係を表す．粘性率を η，剛性率を G とすると，図より，両者の関係は，

$$\frac{d\gamma}{dt} = \frac{1}{G}\frac{d\sigma}{dt} + \frac{\sigma}{\eta} \qquad (2.4.1)$$

にしたがうことがわかる．

マクスウェル粘弾性体における，弾性体から流体への性質の変化を表す特性時間 τ_R は，

$$\tau_R = \frac{\eta}{G} \qquad (2.4.2)$$

と表される．τ_R は一般に「緩和時間」と呼ばれる．たとえば，$t=0$ で $\gamma=\gamma_0$ の一定歪を与えたのちこれを保った場合，応力の時間変化は，

$$\sigma = G\gamma_0 \exp\left(-\frac{t}{\tau_R}\right) \qquad (2.4.3)$$

となる．これは，歪を与えた直後の時間 $t \ll \tau_R$ では，弾性体（応力と歪との間に線形関係が成り立つ）としての性質を持ち，一方，十分時間が経過

($t \gg \tau_R$)すると,応力がゼロ,すなわち粘性流体(応力は歪に依存しない)としての性質を示す,ということを意味している.

まとめると,マグマは,緩和時間 τ_R より短い特性時間の現象に対しては弾性体(固体)として,τ_R より長い現象に対しては流体として振舞う,ということになる.

剛性率

マグマは,金属やガラスなどと同程度の高い剛性率を持っている.そして,粘度とは異なり,温度や組成によらずほぼ一定の値(約 10 GPa)をとる(Dingwell and Webb, 1989).

気泡まわりの接線応力と特性時間

気泡のまわりに発生する接線応力(周応力)は,マグマの破砕に重要な役割を果たしている,と考えられている.その周応力に着目すると,緩和時間 τ_R とは異なる特性時間が浮かび上がってくる.

圧力差 $\Delta p = p_{in} - p_{out}$ に対して,周応力(Zhang, 1999)は,

$$\sigma_{\theta\theta} = -p_{in} + \frac{3}{2(1-\phi)} \Delta p \tag{2.4.4}$$

ただし ϕ はボイド率を表す.応力には引張り方向と圧縮方向があり,引張り方向を正と定義する.圧力は圧縮方向に働くため,圧力成分 p_{in} の符号はマイナスとなる.このことを念頭におくと,式(2.4.4)は,気泡内の圧力が高い($\Delta p > 0$)と気泡まわりに引張り応力が生じることを意味していることがわかる.さらに,破壊力学によれば,接線応力 $\sigma_{\theta\theta}$ が半径方向応力 σ_{rr}($= -p_{in}$)に比べて十分大きい場合に脆性破壊が生じるとされる.

マグマの粘弾性を考慮した気泡運動の解析結果によると,周囲の圧力の低下に応じて気泡の膨張が生じる特性時間は,

$$\tau_V = \frac{4}{3} \frac{\eta}{p_0} (1 - \phi_0) \tag{2.4.5}$$

により表される(Ichihara, 2008).ただし,添え字 0 は初期状態を表す.

τ_V に比べて圧力低下のタイムスケールが小さい,すなわち,減圧速度

dp_{out}/dt が十分大きい場合は，脆性破壊が起きやすいと考えられる．この場合は，気泡が膨張せず，気泡内は初期圧力 p_0 を保つため，Δp は $p_0 - p_{out}$ となる．p_{out} の減少とともに Δp が増大し，接線応力 $\sigma_{\theta\theta}$ が半径方向応力 σ_{rr} に比べて大きくなり，その結果，破壊に達する．

これに対して，減圧速度が十分でないと，膨張により Δp が $p_0 - p_{out}$ に比べて小さく，接線応力は増大しないため，脆性破壊が起きにくい．

式 (2.4.5) の τ_V には剛性率 G が含まれていないことに注意しなければならない．式 (2.4.2) と見比べると，τ_R と τ_V の大きさは剛性率 G と初期圧力 p_0 の違いによって決まる．マグマの剛性率は 10 GPa，噴火時の圧力は 10 MPa のオーダーであるから，マグマ破砕では $\tau_V \gg \tau_R$ となる．

(3) 破砕の室内模擬実験

火山噴火では，ちぎれたマグマが高速気流とともに噴出するタイプ（爆発的噴火）が最も危険である．そのため，爆発的噴火を起こすマグマの破砕条件を見出すことが重要な課題となっている．

爆発的噴火は，気泡に閉じ込められていた高圧ガスが破砕により急激に解放された結果として起こる．破砕前に気泡が膨張すれば，それに応じて気泡内の圧力は下がるから，破砕によるガスの解放は穏やかになる．したがって，爆発的噴火では，減圧に伴うマグマ中の気泡の膨張は少ないと考えられる．

急激なガスの解放を伴う破砕が起こる条件が，気泡膨張の有無を支配している応力条件に帰着するのであれば，その特性時間は τ_V によるであろう．これに対して，マグマが固体的に振舞うか，流体的性質を維持するか，という破砕の様式を左右する条件がより支配的なのだとすれば，その特性時間は粘弾性体の緩和時間 τ_R によるであろう．どちらのメカニズムが支配的かは自明ではない．

本節では，破砕様式の時間依存性を明らかにするために行った室内実験を紹介する．

実験装置

破砕の時間依存性を詳しく評価するためには，現象を支配するもう一つの

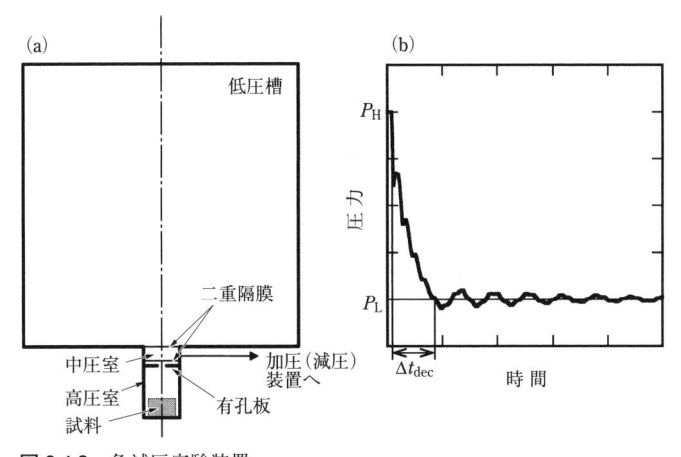

図 2.4.3 急減圧実験装置
(a) 装置の概要, (b) 破膜後の高圧管圧力時間変化.

特性, 減圧速度 dp_{out}/dt を任意に変化させ, かつ, 材料変形の時間応答性が可視化できる精密な室内実験を行うことが有効である.

このような実験には, 図 2.4.3 に示すような急減圧発生装置が用いられる. この装置は「衝撃波管」(shock tube)(生井・松尾, 1983)と呼ばれる実験装置を応用したものである. 衝撃波管は, 航空宇宙工学や燃焼工学における気体力学実験によく用いられる. たとえば, スペースシャトルのような超高速飛行体まわりの気体状態を地上で模擬するために使われる.

装置の構成は, 図 2.4.3a の通り, きわめてシンプルである. 主な要素は, 試料を設置する高圧室と高圧室に比べて十分容積の大きな低圧槽である. 高圧室と低圧槽は隔膜により隔てられている. 隔膜を取り除いて高圧室の内部のガスを放出し, 試料を減圧する.

急激な減圧を与えるためには, 隔膜の除去を速やかに行わなければならない. そのため, 通常は, 高圧室と低圧槽との圧力差を用いて, 隔膜を自然に破断させている. 実際の装置では, 試料の初期圧力を維持するために, 図のように隔膜を2枚設置(二重隔膜)し, 隔膜に挟まれたわずかな部分(中圧室)の圧力のみ変える, という方法で破断を行う. 隔膜は, 高圧室と低圧槽の圧力差には耐えられないが, その半分の圧力差には耐えるような強さを持つ材質, 形状に設定する. 中圧室の圧力を減圧(加圧する場合もある)する

と，中圧室と高圧室を隔てる隔膜に大きな圧力差が加わり，隔膜が破断する．中圧室と高圧室がつながることにより中圧室の圧力が高圧室と等しくなるため，中圧室と低圧槽とを隔てるもう1枚の隔膜にも大きな圧力差が加わって自然に破断する．これで高圧室と低圧槽が連結され，高圧室内のガスが放出される．破断プロセスは通常サブミリ秒オーダーで進行する．

図 2.4.3b は，隔膜破断後の高圧室内圧力の時間変化を表すグラフである．このグラフは，圧縮性流れのコンピュータシミュレーションに基づいて描いた．高圧室圧力は，ほぼ指数関数状に減少し，時刻 Δt_{dec} 後に低圧槽圧力と一致する．隔膜の破断を十分速やかに行えば，Δt_{dec} はおおむね 1 ms のオーダーまで短くすることができる．また，減圧時間 Δt_{dec} の制御は，図 2.4.3a に描いた有孔板（オリフィス）の開口面積を変えることで行う．開口面積を絞ると，高圧室から低圧槽へのガスの放出流量が減少するため，Δt_{dec} が長くなる．

なお，波形に重畳した振動は，高圧室／低圧槽境界にて生じる圧力波の反射によるものである．この反射波は，高圧室の容積を小さくし，有孔板の開口面積を適度に調整することで大幅に抑制することができる．

試料

この実験の巧拙は，試料選定，作成にかかっている．

マグマの破砕実験では，マグマのレオロジー，発泡状態を比較的忠実に再現することが求められる．したがって，マグマそのものをサンプルに用いるのが最も適切であり，そのような実験も行われている．しかし，破砕前の溶融マグマの高温高圧状態を実現するためには，高圧室をヒーターで囲うなど，特別な工夫が必要である．破砕過程の可視化も難しい．

高温実験の煩雑さを避け，可視化を実現するためには，常温で実験を行える適切な模擬材料を選ばなければならない．過去数多くの研究者がさまざまな模擬材料を使って破砕実験を行ってきた．しかし，それらの多くは，マグマのレオロジーからかけ離れたものであり，厳密な意味でマグマ破砕を「模擬」したものとはいえなかった．

適切な材料は意外と身近なところにあった．著者らは最近「水あめ」がマ

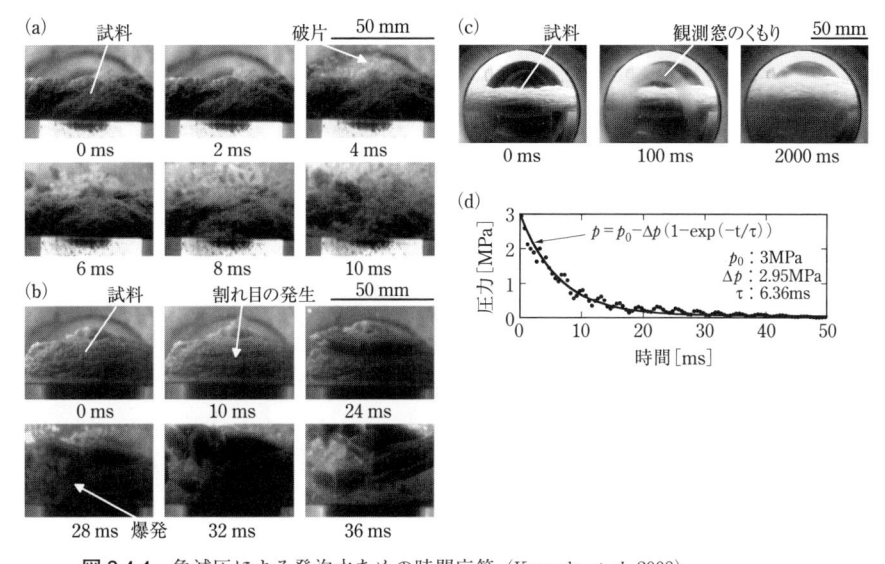

図 2.4.4 急減圧による発泡水あめの時間応答 (Kameda et al., 2008)
(a) (b) (c) 高速度ビデオカメラによる撮影結果, (d) 高圧室圧力の時間変化.

グマのレオロジーを適切に表す模擬材料であることを見出した (Kameda et al., 2008).

破砕実験のマグマ模擬材料としての水あめの利点は,3つに集約される.まず,剛性率が約 1 GPa と大きく,ケイ酸塩メルト (10 GPa オーダー) に近い値を持っている.次に,含水率によって粘性率を大きく変えることができる.3つめに,ガラス転移温度 (固体/流体遷移の指標の一つ) が常温付近にあり,破砕実験を常温で行うことができる.さらに付け加えるなら,微細気泡を多数含んだ任意のボイド率の発泡試料を作成することが可能,というメリットもある.

実験から見えてきたもの

図 2.4.4 に,減圧による発泡水あめの破砕過程を示す (Kameda et al., 2008).高速度ビデオカメラによる撮影結果である.ここでは,粘性率の異なる3種類 ((a) 4×10^9 Pa s, (b) 2×10^6 Pa s, (c) 1.5×10^5 Pa s) の模擬材料を用いた.初期ボイド率 ϕ_0,初期圧力 p_0,減圧速度 dp_{out}/dt はそれぞれ,6%,3

MPa，0.4 GPa s^{-1} で一定とした．アクリル容器の上に 20 mm 程度の厚さで盛り上げたものが発泡水あめである．減圧波は画面上方から到達する．材料付近のガス圧力時間履歴（d）は，図 2.4.3b に示したものと同様の立下りを示す．減圧時間 Δt_{dec} は約 6 ms である．

最も粘性率の高いもの（a）は，減圧開始から数 ms 後に，上方から順に層状に破断し，それと並行して，細かい粒子に粉砕される．これに対して，臨界粘性率付近（b）では，減圧過程がほぼ終了する 10 ms 程度まで材料の変形は見られず，その後，材料の一部に大きな亀裂が生じる．この亀裂はゆっくり成長し，あるところ（28 ms）で，材料全体が急激に爆発する．臨界粘性率を下回る材料（c）は，減圧過程が完全に終了した 100 ms 後でも亀裂や破砕はもとより，変形もほとんど生じていない．しかし，1 秒程度経過すると目立った膨張を示す．

この実験における τ_R，τ_V の値はそれぞれ（a）$\tau_R = 4$ s，$\tau_V = 1600$ s，（b）$\tau_R = 2$ ms，$\tau_V = 0.84$ s，（c）$\tau_R = 0.15$ ms，$\tau_V = 63$ ms である．

減圧の特性時間 Δt_{dec}（10 ms）と比べると，τ_V はすべて Δt_{dec} より大きいことに気付く．すべての実験で τ_V が特性時間に比べて大きいので，気泡まわりの周応力は同じ程度に大きくなる（Ichihara, 2008）．したがって，本実験結果から，マグマの破砕過程は応力条件だけでは決まらない，という重要な結論が導かれる．

一方，Δt_{dec} と τ_R との関係を調べると，Δt_{dec} が τ_R と同程度以下になると破砕が発生する，ということがわかる．また，臨界状態（b）では，（a）に比べて破砕の発生タイミングが遅れ，かつ，わずかに延性的な変形が観察される．このことは，局所的な変形に対する材料の固体から流体への遷移が破砕の有無を決める重要な役割をしている，ということを示している．

(4) おわりに

火山噴火という多様性に富む自然現象の中に潜む物理法則を，機械工学の実験手法で明らかにする，という試みを紹介した．噴火のタイプを決定付けるマグマの破砕に焦点を絞り，現象を支配する物理量の候補を挙げ，支配パラメータを見極めるための模擬材料を作成し，室内実験を行った．天然の観

察に比べて，実験パラメータを幅広くかつ精度よく与えられるのが室内実験の強みである．本節に目を通して下さった読者の中から，このような多分野融合型の研究に手を伸ばす方が現れて下さることを願っている．

2.5 火山爆発のスケール則

谷口宏充・市原美恵・後藤章夫

　火山爆発を特徴付けるエネルギー量や深度などの爆発パラメータと，噴火の様相や災害の広がりなどとの関係を調べるため，主として野外爆発実験を行ってきた．ここでは，それらの結果を，最近始めた室内実験とともに述べることにする．

(1) 乾陸上爆発実験

　実験の原理について述べよう．皆さんはロシアからの土産物としてマトリョーシカ人形というのを見たことがあるだろう．一般的にはダルマさんの形をした木製の女の子の人形で，胴体の部分で上下に分かれ，空洞である内部には相似形の少し小さい人形が入っている．その人形を上下に分けると，さらに小さい相似形人形が入っている，というのが繰り返されるものである．もし，これらの人形のうちの1体についてサイズや重量などが完全に調べられていたら，ほかの人形についても，たとえば足部のサイズなど一つの情報が与えられただけで，ほかのサイズや重量など比例関係を用いてすべてのことを予測することができる．このような状況のことを，マトリョーシカ人形に対しては「スケール則」が適用できると言う．

　多少複雑にはなるが，爆発現象の場合にも基本的に同様の考えが用いられている．実験によって爆発エネルギー量や深度などの物理パラメータと，地表に現れる現象の広がりや強度との関係を把握しておけば，その関係を適用することによって物理パラメータから現象について推定し，逆に，現象からパラメータを推定できるに違いない．爆発によって生まれる最も特徴的な現象は爆風の発生であり，爆風の圧力や力積の働きによって災害は生まれる．

爆風の性質は同等の圧力や力積を与えるエネルギー量を用いて換算される.

具体的には, 爆発エネルギー量を E, 大気圧を P_{atm} として, $R_0 = (E/P_{atm})^{1/3}$ を基準とする. そのとき距離 R_s での爆風圧力 P_s は, スケール化距離 $\lambda = R_s/R_0$ の関数として与えられる (Baker *et al.*, 1983). したがって, 逆にいうと, ある地点での爆風圧力 P_s を観測するとスケール化距離 λ は求まり, 爆発地点からの距離 R_s は一般に既知であるから, $E = (R_s/\lambda)^3 \cdot P_{atm}$ によって爆発エネルギー量が求まることになる.

この例でも示されているとおり, 一般に爆発現象における距離や時間などの単位は, 爆発エネルギー量の1/3乗で割った値 (スケール化距離, スケール化時間など) を用いると, 現象を定量的にうまく整理できることが知られている. このような法則が火山爆発に対しても適用できるなら, 爆発のパラメータから現象の種類や広がりを推定でき, 逆に, 現象の広がりなどから爆発パラメータを推定できることになる. しかし, 火山爆発に伴う先に挙げた現象についての実験研究はほとんど行われていない. また, 人工爆発の場合ではあまり重視されていなかった「爆発深度」というパラメータが火山爆発では重要であり, これについても検討を行う必要がある.

では火山爆発現象の理解を目的にした野外爆発実験について具体的に述べよう. 地表に現れる現象を支配するパラメータとしては, 爆発エネルギー量と爆発深度以外にも実験場の地盤の破壊強度, 爆源のエネルギー密度やエネルギー解放速度なども挙げられる. しかし野外で実験を行うとなると, 規模も大きくなり, あまり回数を増やすことはできない. 使用できる実験場確保の問題もある. また, ガス爆発による爆風被害を調べるのに, エネルギー密度や解放速度の大きく異なる爆薬による実験結果を用いても, 爆源サイズの数倍の距離を離れれば大きな矛盾は生じないという結果もある. これらのことからダイナマイトを爆源とし, エネルギー量と深度との2つをパラメータとして実験を行うことにした.

実験場は北海道壮瞥町の町営牧場で, 季節は初冬である (図2.5.1). まず爆点を定め, 周囲には現象の広がりを知るためのスケール, 高速度ビデオカメラ, 圧力計や地震計などの観測機器を展開する. ダイナマイトを用いて爆発を行い, 観測データを取得すると同時に, 爆発終了後, 形成されたクレー

図 2.5.1 北海道壮瞥町の町営牧場で行った野外爆発実験
左側では MOVE（1.4 節参照）が観測している．

ターのサイズや噴石の到達距離を計測する．

実験結果を見てみよう．図 2.5.2 には壮瞥町の牧場で行った結果，アジ化銀，TNT やダイナマイトを用いた化学爆発による結果，原爆や水爆などの核爆発による結果と同時に，火山爆発の結果も示している．これらの爆発において共通していることは，爆発は地表ないし地表付近で起きたものに限定していることである．ただし地表「付近」といっても，それは爆発のエネルギー量によって具体的な深度が異なり，この場合，先に述べた考えによるスケール化深度（単位は m J$^{-1/3}$）はゼロないしほぼゼロという意味である．つまり同じ 10 m の深度といっても，そこに 1 グラムの火薬を埋めた場合と 1 トンの火薬を埋めた場合では，地表に現れる現象がまったく異なってくることは直感的に理解していただけるだろう．図 2.5.2 で明らかなように，爆発の種類も違うし，エネルギー量が 15 桁も違うにもかかわらず，クレーターの直径とエネルギー量との間は 1 本の直線で近似される．このことは地表ないし地表付近での爆発の場合，エネルギー量の小さな実験結果を火山爆発に適用することが，少なくとも近似的には可能であるということを示唆して

2.5 火山爆発のスケール則── 99

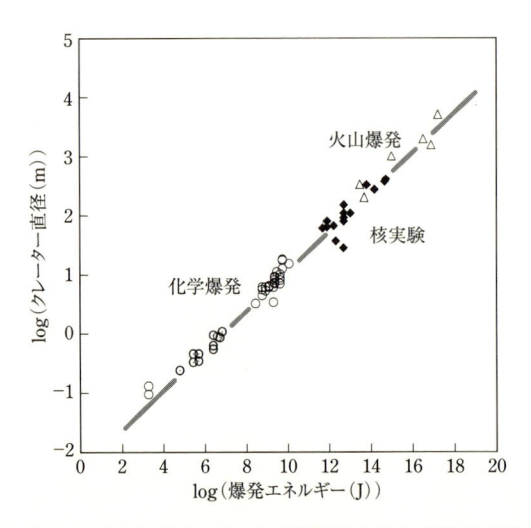

図 2.5.2 地表および地表付近で行った化学爆発実験と核爆発実験結果によるクレーター直径と爆発エネルギー量との関係
地表近傍と判断される火山爆発の爆風観測に基づく推定結果も付記している.

いる.

では,一般的な火山爆発のように深度がゼロでない場合はどうであろうか.図2.5.3の写真a, b, cにはスケール化深度がそれぞれ0 m $J^{-1/3}$, 0.001 m $J^{-1/3}$, 0.004 m $J^{-1/3}$ の場合の爆発実験による噴煙の様子を示している.深度を変えても,あるいはエネルギー量を変えても,スケール化深度が一定の場合には相似形の噴煙が生まれたが,0.011 m $J^{-1/3}$ よりも深くなると,地表には噴煙を含め何も現れなくなる.やや詳細にいうと,噴煙が地表から立ち上るときの角度は,スケール化深度に依存している (Ohba *et al.*, 2002). したがって,噴煙の形状を観察しただけで爆発の大ざっぱなスケール化深度は推定できることになる.

しかし,爆発実験で生まれたこのような噴煙の形状は,実際の火山爆発においても発生しているのであろうか.図2.5.3のd, e, fには有珠火山2000年噴火のとき観察された噴煙の形状を示している.明らかにaはdに,bはeに,そしてcはfに対応している.このことは実験結果を使用して火山爆発のスケール化深度が推定できる可能性があることを示している.

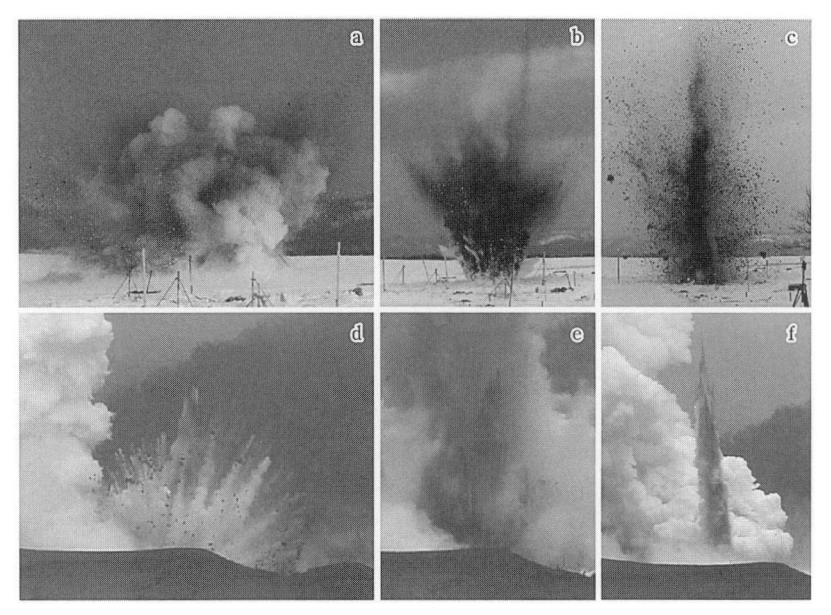

図 2.5.3 野外爆発実験 (a, b, c) と有珠火山 2000 年噴火の可視画像 (d, e, f) との比較
a, b, c のスケール化深度はそれぞれ 0 m J$^{-1/3}$, 0.001 m J$^{-1/3}$, 0.004 m J$^{-1/3}$.

　では，噴火のエネルギー量や深度が実際にはわからない火山爆発においても，実験結果が適用できるかどうかを判断するにはどうしたらよいのだろうか．私たちは爆発実験において，噴煙の形状ばかりでなく形成される火口の直径，噴煙が火口を上昇するときの継続時間，噴石の最大到達距離やジェット状噴出物の到達距離なども計測しており，それぞれエネルギー量や深度との関係を求めている．さらに衝撃波圧力も観測し，先に述べた関係を用いて爆風発生に分配されたエネルギー量も求めている．

　図 2.5.4 はその例として，噴石のスケール化到達距離と爆発のスケール化深度との関係を示している．スケール化深度が 0.0036 m J$^{-1/3}$ のときに最も効率よく遠方にまで到達し，また，0.011 m J$^{-1/3}$ 以深では当然噴石は飛び出さない．もし，火山爆発による噴煙の形状に基づきスケール化深度を定め，地質調査により噴石の最大到達距離が求められるなら，その爆発のエネルギー量と深度とは同時に推定できることになる．さらにこうして推定したエネ

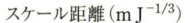

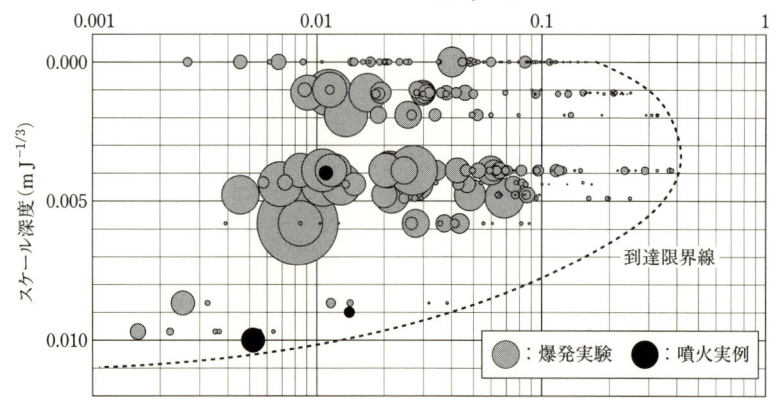

図2.5.4 噴石のスケール化到達距離と爆発のスケール化深度との関係
円のサイズは噴石のサイズに比例している．

ルギー量と深度とを用いて，火口直径やその他の現象の広がりなどが再現できるなら，実験結果は実際の噴火に対しても適用できるといってよいであろう．

これらの結果を用いて，有珠火山の2000年噴火のときの爆発エネルギー量と深度とを推定してみよう（Yokoo et al., 2002）．表2.5.1には，従来の実験によって得られた，さまざまな地表現象に対する実験式を与えている．2000年噴火では図2.5.3dの花火のような噴火タイプ（以後，花火タイプ）と，fのような垂直にジェットが吹き上げられるようなタイプ（ジェットタイプ）との2種類が特徴的であった．花火タイプのスケール化深度 D_s はほぼ0 m $J^{-1/3}$ である．2000年4月初旬において，噴火を引き起こした火口の直径は10-60 mであるが，代表的には50 m程度であった．この代表的直径をもとにするなら，火口直径に関する $D_s=0$ の式より，爆発エネルギー量は約 10^{12} J と求まる．また，このとき噴石の最大到達可能距離は約1.5 kmである．実際に調査を行ってみると，約1 km以内で噴石分布が確認されたが，それ以上の距離については判断ができなかった．最大到達の噴石を探すことは，条件のよい野外爆発実験においてもかなり注意深い調査が必要であり，実際の噴火現場では分布限界の決定は困難であることが，このような違いをもた

表 2.5.1　爆発実験によって得られた各現象に対する実験式

爆風へ変換されるエネルギー量（Eb）
　　$Ds = 0$
　　　　$Eb \fallingdotseq 0.8 \times E$
　　$0 < Ds < 0.011$
　　　　$Eb = 0.21 \exp(-450\,Ds) \times E$

火口の直径（L）
　　$Ds = 0$
　　　　$L = 9.12 \times 10^{-3} \times E^{0.312}$
　　$0 < Ds < 0.0036$
　　　　$L = 2.67 \times D + 0.0047 \times E^{1/3}$
　　$0.0036 < Ds < 0.0011$
　　　　$L = -1.87 \times + D + 0.021 \times E^{1/3}$

クレーターから流出する噴煙の継続時間（t）
　　$0 < Ds < 0.0036$
　　　　$t = 0.554 \times D + 0.0013 \times E^{1/3}$
　　$0.0036 < Ds < 0.011$
　　　　$t = -0.299 \times D + 0.0043 \times E^{1/3}$

クレーターから流出する噴煙の高度（H）
　　$0 < Ds < 0.0036$
　　　　$H = 7.23 \times D + 0.068 \times E^{1/3}$
　　$0.0036 < Ds < 0.011$
　　　　$H = -15.4 \times D + 0.153 \times E^{1/3}$

E：爆発エネルギー（J），Eb：爆風エネルギー（J），
D：爆発深度（m），Ds：スケール化爆発深度（m J$^{-1/3}$），
L：クレーター直径（m），R：距離（m），
H：噴煙高度（m），t：噴煙流出継続時間（sec）．

らしたものと考えている．

　では次に，ジェットタイプの場合の爆発エネルギー量と爆発深度とを推定してみよう．本来は火口直径，爆風強度や噴石最大到達距離など，独立した2種類以上の現象に関するパラメータから，逆にエネルギー量と深度とを求めるべきではある．しかし有珠2000年噴火では，噴火が連続して発生しており，個々の噴火についてすべてのパラメータを正確に求めることは困難であった．そのため，噴煙形状が実験ときわめて類似していることより，ジェットタイプに対しては実験値のスケール化深度を用いて 0.004 m J$^{-1/3}$ としておく．噴火を撮影したビデオ画像を用いると，火口を流出する噴煙の継続時間は正確に求められる．たとえば2000年4月17日は平均27秒，18日は平

均 8 秒であった．すると表 2.5.1 の継続時間に関する式より，前者に対してはエネルギー量が 7×10^{11} J，スケール化深度の定義より爆発深度は約 35 m，後者に対しては約 2×10^{10} J，深度は約 10 m となった．これらの値を用いて，逆に火口の直径や噴石の到達距離を求めても，とくに現実と矛盾する結果にはならなかった．これらのことから，私たちの実験結果は，実際の噴火現象に対しても大ざっぱには適用できるものと判断している．ただ，適用可能な条件についてはさまざまな議論があり，その条件を明らかにするために，次に紹介するような比較実験が行われている．

(2) 水中爆発実験

先に紹介した有珠火山 2000 年噴火の噴煙は，水蒸気爆発によって地表付近に積った噴出物や土砂などが吹き上げられたものである．その状況は，牧場での人工爆発実験に比較的近いと考えられる．実際の火山爆発は，より多様であり，爆発前の地表についても，硬い岩盤，どろどろの溶岩，あるいは火口湖に溜まった水など，さまざまな状態が想定される．そのような異なる場において，牧場での地中爆発実験で得られたスケール則が，どのくらい成り立ち，どのように変化するのだろうか．この疑問に答える第一歩として，一つの極端な場合である水の中での爆発について調べることにした．

実際のところ，水中での爆発については軍事上の目的もあり，すでに多くの研究が行われている．爆発に伴う水中衝撃波や噴出するジェットの形状についてのスケール則も，50 年以上前にほぼ確立されている (Cole, 1948)．しかし，私たちは自分たちで水中爆発実験を行い，同じスケール，同じ視点で，牧場での地中爆発実験と比較してみたいと考えた．また，水中爆発に関する過去の文献が，火山爆発において重要な観測量である空気振動についてほとんど触れていないことも，今回の実験を行う動機の一つとなった．

実験は，北海道洞爺湖で行った．湖岸から約 80 m 離れたところに，1 辺 3 m の正方形の頂点と中心に浮きを浮かべ，中心の浮きからロープでつるしてダイナマイトを設置した．湖底は，岸から沖へほぼ直線的に深くなっており，爆発点の水深は約 34 m である．湖岸には，牧場での実験と同様の観測機器（ビデオカメラ，高速度ビデオカメラ，空振計，地震計など）を設置し，

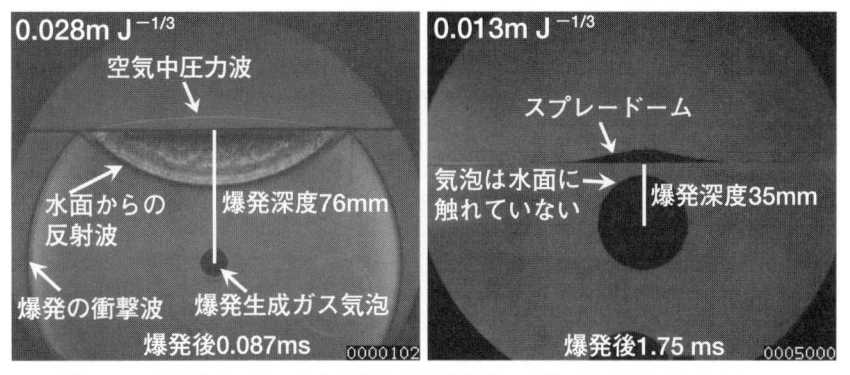

図 2.5.5　実験室内で行った小さな水中爆発実験の映像（島津製作所製高速度ビデオカメラ HPV 試作機にて撮影．東北大学衝撃波研究センター提供の画像に加筆）

水中にも圧力波センサーを設置した．
　実験結果を示す前に，まず，水中爆発一般に見られる現象の概略を述べよう（Cole, 1948）．図 2.5.5 は，実験室内で行った小さな水中爆発実験の映像である．光学的手法によって，圧力波が可視化されている．まず，爆発によって水中に衝撃波が発生し，球面状に拡大していく．衝撃波が水面にあたると，一部は空気中圧力波（空振波）として伝播し，一部は反射して水中へ戻っていく．最初の衝撃波は正の圧力波（圧縮波）であるが，反射波は負の圧力波（膨張波）となる．これは，波の反射の基本的な理論で説明できる現象であるが，ここでは詳しく述べない．感覚的には，重い荷物（水）の載ったキャスターを一生懸命押そうとしたところで，荷物が急に空（空気）になった状況を考えればよい．不意に加速するキャスターを，今度は引き止めなければならないだろう．水面での波の正負の逆転は，この押し引きの逆転に似ている．反射波面内の圧力は非常に低いので，水の中で泡が膨張する．また，引き止めきれなかった水は，しぶきとなって飛び出す．これは，スプレードーム（spray dome）と呼ばれている．水中爆発では，当然ながら地中発破のようなクレーターは残らないが，爆発によって発生したガスは大きな気泡となる．この気泡は，爆発の勢いで激しく振動し，やがて浮力によって水面から飛び出す．このとき，水面が海坊主のように大きく盛り上がるが，これはプルーム（plume）と呼ばれている．一般には，この爆発生成ガスの噴出と

(a) 0.0056 m J$^{-1/3}$

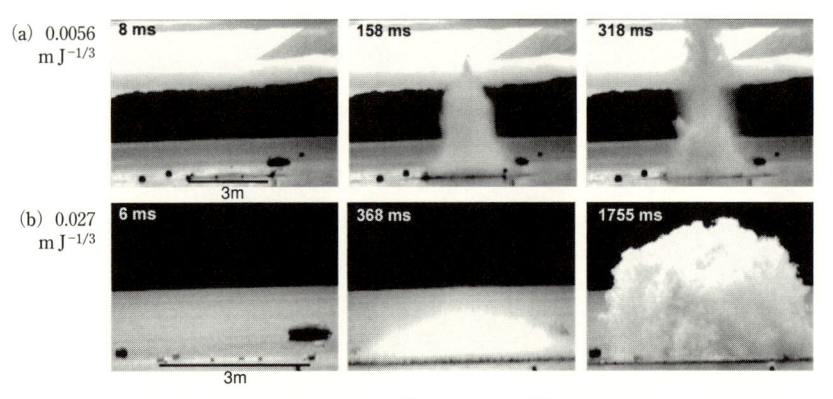

(b) 0.027 m J$^{-1/3}$

図 2.5.6 スケール化深度が 0.006 m J$^{-1/3}$ と 0.03 m J$^{-1/3}$ の場合の水しぶきの様子

スプレードームの水しぶきとは別物であるが，爆発点が浅いときには両者が一緒になり，水のジェットが高く噴き上げられる．

それでは，実験結果を見てみよう．図 2.5.6 の写真は，スケール化深度が 0.006 m J$^{-1/3}$ と 0.03 m J$^{-1/3}$ の場合の水しぶきの様子を示している．先に説明したように，浅い爆発では，爆発直後に爆発生成気体の一部が水のジェットとともに上方へ吹き出している．水中に残った気泡は，一度収縮した後再度膨張する．その際，今度は放射状に水が吹き出される．一方，深い爆発では，典型的なスプレードームとプルームが形成されている．水中爆発の結果だけで見れば，これらの特徴について，スケール化深度で決まる相似則は成り立っている．しかし，これらの写真を前節の地中爆発の噴出形態（図 2.5.3）と比較すると，異なるスケール化深度依存性のあることがよくわかる．

爆発によって生じる空気振動についても，同じことがいえる．水中爆発どうしで空気振動の波形を比較すれば，スケール化深度で決まる相似性が明瞭に見られる．地中爆発は地中爆発で，スケール化深度に応じた波形の特徴がある．しかし，両者の間では，波形の特徴は大きく異なっている（図 2.5.7）．

以上の結果から，爆発による噴煙の形状や空気振動の波形についてのスケール化深度依存性は，媒質の物性によって異なる特徴のあることが確かめられた．最初に述べたように，火山爆発の場は，固体，液体，粒子堆積物，あるいはそれらの中間的なものと多様である．その多様性を超えて，適用可能

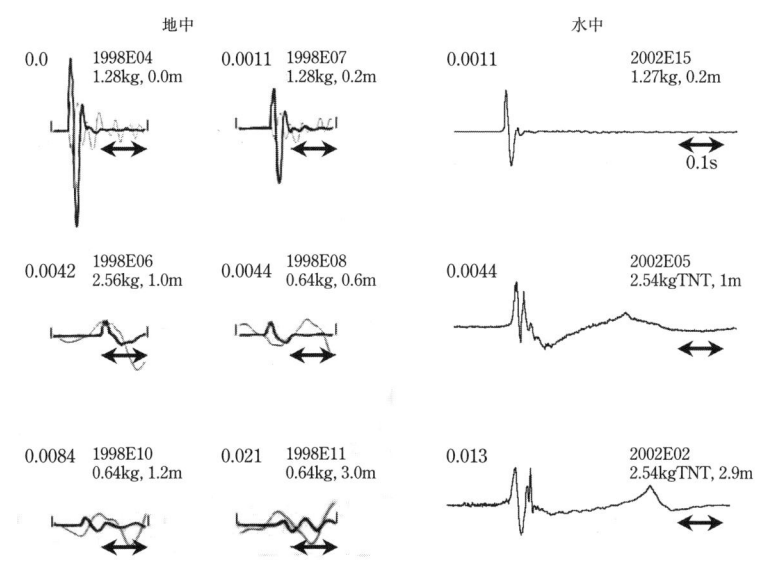

図 2.5.7 地中発破（爆発実験 1998）との比較

なスケール則を確立すること，あるいは物性依存性を逆に利用し，観測できる表面現象から爆発の場の状態を読みとる方法を見出すこと，それらが今後の課題である．

(3) 室内実験

陸上の野外爆発実験では，ダイナマイトを地表または地中で爆発させ，それによって生じたクレーターのサイズ，爆風圧，噴出物到達距離などを計測し，それらが何によって決定付けられるかを考察した．一連の実験により，観測される地表現象が爆発深度をエネルギー量の 1/3 乗で割った「スケール化深度」によって規定されることが明らかになり (Goto et al., 2001; Ohba et al., 2002)，これをもとにわれわれは，噴煙の形状や継続時間から有珠山 2000 年噴火の爆発エネルギーの見積りなどを行ってきた（横尾ほか，2002）．

しかし，火山とダイナマイトではその爆発の様子に大きな違いがある．たとえば火山爆発の圧力は，ストロンボリ式噴火では空振の解析により数気圧 (Ripepe et al., 2001)，ブルカノ式噴火では噴石の解析によると数百気圧（た

図 2.5.8 噴出口径による砂飛散の変化
　　いずれも破膜から 0.04 秒後の画像で，圧力容器の内寸は直径 50 mm，深さ 50 mm，ガスの圧力（大気との差圧）は 2.5 気圧，砂の厚さは 27mm に統一．噴出口径は左から順に 10, 20, 30, 40 mm.

とえば Fagents and Wilson, 1993）と見積もられているのに対し，ダイナマイトの爆発圧は数万気圧に達する．このような違いが表面現象にどう影響するかは未解明で，実験結果の適用性は自明ではない．一方，同じ噴火であっても，用いる観測量が空振か噴石かで異なる初期圧が見積もられるなど，噴火環境と表面現象の関係は十分には理解されていない．そこで，ダイナマイトの爆発ではコントロールできなかった，初期圧力やエネルギー解放レートの影響を考慮するために，われわれは数気圧の高圧ガスを解放することで火山爆発を模擬する「室内爆発実験」を開始した．

　実験装置は，高圧ガスを貯留・解放する円筒状の圧力容器と，それを底部に設置した 1 辺 1 m の箱形容器とからなる．圧力容器の内径は 50 mm，深さは 80 mm で，肉厚のシリンダーを挿入することで内径や深さを変えられる．高圧ガスは圧力容器上部のセロファン製の隔壁により外気と隔てられ，圧力容器内部から針で隔壁を破ることにより，一気に放出される．噴出口径は隔壁を押さえるリングにより変えられ，これによりガスの噴出率が変化する．この圧力容器に粒径の揃った砂をかぶせ，ガス放出による砂の運動を高速度カメラで撮影するとともに，圧力容器内および周囲の圧力変化を記録した．その後，レーザー距離計と自動ステージを組み合わせたシステムにより，形成されたクレーターの一次元断面形状を測定した．

　砂の深さと噴出口径が同じ場合は，ガスの体積が大きいか圧力が高い，つまりエネルギー量の多い方が，噴出物速度は速く，圧力波は強く，クレータ

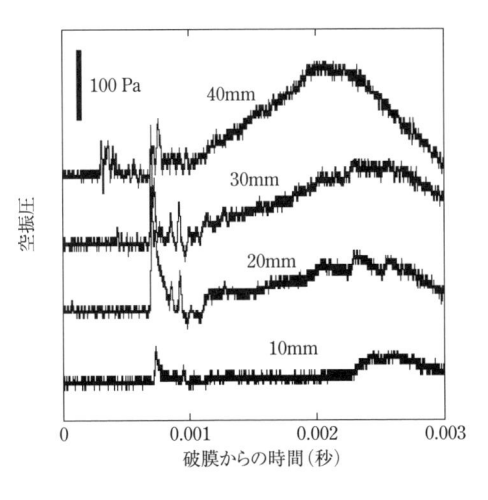

図 2.5.9 噴出口から 45 度斜め上 30 cm で捉えられた圧力波形　重ならないよう上下方向にずらしてある.

ーは大きくなるという，あたり前とも言える傾向が見られた．一方で，砂の深さおよびガスの圧力と体積が同じであっても，噴出口径の違いにより表面現象も大きく変化し，とくに砂の飛散と圧力波の関係は，私たちが一般的な感覚から予想する結果とは異なっていた．

ガス噴出による砂の飛散は，噴出口径の違いによって図 2.5.8 のように変化した．口径 10 mm の場合は比較的少量の砂がジェット状に飛ばされ，その運動速度は非常に大きい．口径 20 mm 以上の場合は，砂は一団となってドーム状に盛り上がり，その速度は口径が大きいほど小さい．ガスの圧力と体積に対する変化から明らかなように，一般に爆発が強いほど飛散物の速度は大きく，遠方まで達することから，砂の運動に関しては口径が小さいほど爆発的であるといえる．ところが，圧力波はこれと逆に，口径が大きいほど強い（図 2.5.9）．つまり，強い圧力波を起こす爆発が噴出物を遠くまで飛ばすとは限らないことがわかった．

このときの圧力容器内の減圧の様子を見ると，砂がジェット状に高速で飛散した口径 10 mm の場合が飛び抜けてゆっくりで，口径が増すとともに次第に短くなっている（図 2.5.10）．爆発は圧力の急激な発生または解放で起こる現象であり，エネルギー量が同じであっても，その解放レートが高いほど爆発は強くなる．この点において，口径が大きいほど圧力波が強いことは

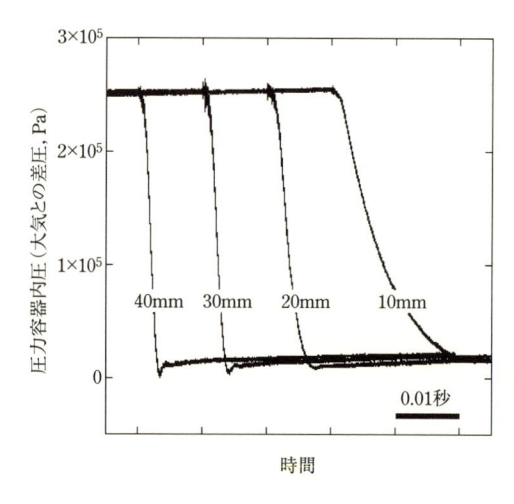

図 2.5.10 破膜による圧力容器内の圧力変化
　重ならないよう左右方向にずらしてある.

理にかなっている．しかし砂の運動に関しては，むしろ減圧が緩やかな方が爆発的だった．これは加速される時間が長いことによって，砂が大きな速度を獲得したためと考えられる．

　圧力波の強度と噴出物速度が正の相関にないという実験結果は，われわれの一般的な感覚からすると意外に思える．しかしエネルギー保存を考えると決して不思議ではない．つまり同じエネルギー総量の爆発で，口径の変化により各表面現象へのエネルギー分配率が変わることで，各現象の強度に逆相関が現れうる．もちろん，エネルギーの総量が増すことで各現象の強度が高まるのは自然な話で，これが私たちの一般的な感覚の背景にある．

　この実験で得られた結果は，スケール化深度が表面現象を支配するという，野外爆発実験の結論とは一致しないものの，それを否定することにはならない．野外爆発実験では，実験条件として爆発のエネルギー量と深度しか変えられず，結果としてその組み合わせから得られるパラメータの影響しか評価できなかったに過ぎない．

　この実験は火山噴火との相似性をまったく考慮しておらず，得られた結果を直接火山噴火の定量的解釈に用いることはできない．しかしながら，いくつかの重要な示唆が得られる．

　まず，火山においては噴出速度から圧力を見積る方法がいくつか提案され

ているが，噴出速度が圧力のみでは決まらないことは明らかで，噴出物がどのようにして速度を獲得するかを正しく理解する必要がある．このことは，噴石による被災範囲を予想する上でも重要である．

また浅間山2004年噴火においては，強い空振が観測され窓ガラスの破損などが起こった9月1日の噴火より，空振強度がその1/3程度だった9月23日噴火の方が，爆発前に蓄積されていた圧力が9倍ほど高かったと報告されている（西村・内田，2005；Ohminato *et al.*, 2006）．一見不思議な現象だが，9月23日の爆発で圧力が比較的緩やかに解放されたとすれば説明がつく．

第2章文献

Akiyama, M. ed., 1998, Dynamics of vapor explosions, final report. The Ministry of Education, Science, Sports and Culture Grant-in Aid for Scientific Research on Priority Areas, 296pp.

Baker, W. E., Cox, P. A., Westine, P. S., Kulesz, J. J. and Strehlow, R. A., 1983, *Explosion hazards and evaluation*. Elsevier Scientific Publishing Company, Amsterdam, 807pp.

Blower, J. D., 2001, Factors controlling permeability–porosity relationships in magma. *Bull. Volcanol.*, **63**, 497-504.

Burnham, C. W., 1979, The importance of volatile constituents. *In The evolution of the igneous rocks* (Yoder Jr., H. S., ed.), Princeton University Press, 439-482.

Cashman, K.V., Sturtevant, B., Papale, P. and Navon, O., 2000, Magmatic fragmentation. *Encyclopedia of Volcanoes*, Academic Press, 421-429.

Castro, J. M., Manga, M., Martin, M. C., 2005, Vesiculation rates of obsidian domes inferred from H_2O concentration profiles. *Geophys. Res. Lett.*, **32**, doi:10.1029/2005GL024029.

Cole, R. H., 1948, *Underwater explosions*. Princeton University Press, New Jersey, 437pp.

Couch, S., Sparks, R. S. J. and Carroll, M. R., 2003, The kinetics of degassing-induced crystallization at the Soufriere Hills Volcano, Montserrat. *J. Petrol.*, **44**, 1477-1502.

Dingwell, D. B. and Webb, S. L., 1989, Structural relaxation in silicate melts and non-Newtonian melt rheology in geologic processes. *Phys. Chem. Minerals*, **16**, 508-516.

Eichelberger, J. C., Carrigan, C. R., Westrich, H. R. and Price, R. H., 1986, Non-explosive silicic volcanism. *Nature*, **323**, 598-602.

Fagents, F. A. and Wilson, L., 1993, Explosive volcanic eruptions—VII. The range of pyroclasts ejected in transient volcanic explosions. *Geophys. J. Int.*, **113**, 359-370.

Gonnermann, H. M. and Manga, M., 2003, Explosive volcanism may not be an inevitable consequence of magma fragmentation. *Nature*, **426**, 432-435.

Goto, A., Taniguchi, H., Yoshida, M., Ohba, T. and Oshima, H., 2001, Effects of explosion energy and depth to the formation of blast wave and crater: field explosion experiment for the understanding of volcanic explosion. *Geophys. Res. Lett.*, **28**, 4287-4290.

Hurwitz, S. and Navon, O., 1994, Bubble nucleation in rhyolitic melts: experiments at high pressure, temperature and water content. *Earth Planet. Sci. Lett.*, **122**, 267-280.

Ichihara, M., 2008 Dynamics of a spherical viscoelastic shell: implications to criteria for brittle/ductile fragmentation of vesicular magma. *Earth Planet. Sci. Lett.*, **265**, 18-32.

井口正人・石原和弘・加茂幸介, 1983, 火山弾の飛跡の解析－放出速度と爆発圧力について. 京大防災研究所年報, **26**, B-1, 9-13.

生井武文・松尾一泰, 1983, 衝撃波の力学. コロナ社, 272pp.

鍵山恒臣編, 2003, マグマダイナミクスと火山噴火. 朝倉書店, 212pp.

Kameda, M., Kuribara, H. and Ichihara, M., 2008, Dominant time scale for brittle fragmentation of vesicular magma by decompression. *Geophys. Res. Lett.*, **35**, L14302, doi:10.1029/2008GL034530.

Klug, C. and Cashman, K. V., 1996, Permeability development in vesiculating magmas: implications for fragmentation. *Bull. Volcanol.*, **58**, 87-100.

Liu, Y. and Zhang, Y., 2000, Bubble growth in rhyolitic melt. *Earth Planet. Sci. Lett.*, **181**, 251-264.

Nakamura, M., Sato, N., Kasai, Y. and Yoshimura, S., 2007, Application of hydrogen isotope geochemistry to volcanology: recent perspective on eruption dynamics. Proceedings of the 5th International Workshop on Water Dynamics, *American Institute of Physics Conference Proceedings*, **987**, 93-99.

Nakamura, M., Ohtaki, K. and Takeuchi, S., 2008, Permeability and pore-connectivity variation of pumices from a single pyroclastic flow eruption: implications for partial fragmentation. *J. Volcanol. Geotherm. Res.*, **176**, 302-314.

西村太志・内田　東, 2005, 2004年浅間山で発生した爆発地震のシングルフォースモデルによる解析. 火山, **50**, 387-391.

小木曽千秋, 1974, 蒸気爆発についての最近の研究 (2). 安全工学, **13** (6), 353-359.

Ohba, T., Taniguchi, H., Oshima, H., Yoshida, M. and Goto, A., 2002, Effect of explosion energy and depth on the nature of explosion cloud-A field experimental study. *J. Volcanol. Geotherm. Res.*, **115**, 33-42.

Ohminato, T., Takeo, M., Kumagai, H., Yamashina, T., Oikawa, J., Koyama, E., Tsuji, H. and Urabe, T., 2006, Vulcanian eruptions with dominant single force components observed during the Asama 2004 volcanic activity in Japan. *Earth Planets Space*, **58**, 583-593.

Okumura, S., Nakamura, M. and Tsuchiyama, A., 2006, Shear-induced bubble coalescence in rhyolitic melts with low vesicularity. *Geophys. Res. Lett.*, **33**, L20316, doi:10.1029/2006GL027347.

Okumura, S., Nakamura, M., Tsuchiyama, A., Nakano, T. and Uesugi, K., 2008, Evolution of bubble microstructure in sheared rhyolite: Formation of a channel-like bubble network. *J. Geophys. Res.*, **113**, B07208, doi:10.1029/2007JB005362.

Ripepe, M., Ciliberto, S. and Della Schiava, M., 2001, Time constraints for modeling source dynamics of volcanic explosions at Stromboli. *J. Geophys. Res.*, **106**, 8713-8727.

Saar, M. O. and Manga, M., 1999, Permeability-porosity relationship in vesicular basalts. *Geophys. Res. Lett.*, **26**, 111-114.

Shteinberg, G. S., 1975, On determing the energy and depth of volcanic explosions. *Geologiya i Geofizika*, **16**, 140-143.

高島武雄・飯田嘉宏,1998,蒸気爆発の科学—原子力安全から火山噴火まで.ポピュラー・サイエンス,裳華房,172pp.

Takeuchi, S., Nakashima, S., Tomiya, A. and Shinohara, H., 2005, Experimental constraints on the low gas permeability of vesicular magma during decompression. *Geophys. Res. Lett.*, **32**, L10312, doi:10.1029/2005GL022491.

谷口宏充,1996,高温流紋岩質溶岩-水接触型マグマ水蒸気爆発のメカニズム.地質学論集,**46**,「火山活動のモデル化」,149-162.

谷口宏充,2001,マグマ科学への招待.ポピュラー・サイエンス,裳華房,179pp.

Toramaru, A., 1995, Numerical study of nucleation and growth of bubbles in viscous magmas. *J. Geophys. Res.*, **100**, 1913-1931.

Toramaru, A., 2006, BND (bubble number density) decompression rate meter for explosive volcanic eruptions. *J. Volcanol. Geotherm. Res.*, **154**, 303-316.

Yokoo, A., Taniguchi, H., Goto, A. and Oshima, H., 2002, Energy and depth of Usu 2000 phreatic explosions. *Geophys. Res. Lett.*, **29**, 48, 1-4.

横尾亮彦・谷口宏充・大島弘光・後藤章夫・大場 司・宮本 毅・火山爆発研究グループ,2002,野外爆発実験から見た有珠2000年噴火.火山,**47**,243-253.

Yoshimura, S. and Nakamura, M., 2008, Diffusive dehydration and bubble resorption during open-system degassing of rhyolitic melts. *J. Volcanol. Geotherm. Res.*, **178**, 72-80.

Zhang, Y., 1999, A criterion for the fragmentation of bubbly magma based on brittle failure theory. *Nature*, **402**, 648-650.

第3章 噴火現象のシミュレーション

3.1 噴火現象の数値シミュレーション

井田喜明

　近年コンピュータの性能が著しく向上して，物理科学に関連する多くの分野で数値シミュレーションが盛んになった．たとえば，半導体などの製品開発に役立てるために，多数の原子で構成される物質の性質が量子力学で直接計算され，飛行機や自動車の設計では，詳細な流れや渦の計算が風洞実験と併用されるようになった．地球科学の分野では，全地球的あるいは局所的な大気の運動がリアルタイムで計算され，衛星画像の情報と合わせて，天気予報の重要な手段として定着している．人類が居住する地球環境の将来を予測する上でも，数値シミュレーションは最も基本的な手段となっている．

　噴火現象についても，各種の数値シミュレーションが行われてきた（表3.1.1）．噴火は，地下に蓄積したマグマが上昇して，地表から噴出する現象である．液体状の溶岩が静かに流出することもあり，爆発とともに噴石が飛翔し，噴煙や火砕流が噴出することもある（図3.1.1）．このような多様性がなぜ生じるのかを含めて，噴火現象の学術的な理解を深める上で，シミュレーションは次第に重要な役割を果たすようになってきた．

　噴火はさまざまな災害をもたらす可能性がある．高速度で流下する火砕流は多数の生命を瞬時に奪い，溶岩流は建物や道路を破壊し，噴煙からの降灰は農地を荒廃させてきた．噴火に付随する泥流，土石流，洪水，津波は，さらに大規模な二次災害の記録を歴史に残している．災害の可能性をシミュレ

表 3.1.1　数値シミュレーションの対象となる噴火現象

現象	場所	物理過程	原因や重要な支配要因
マグマの蓄積	地下	弾性変形	深部からの供給とマグマ溜りの容量
マグマの上昇・噴出	地下	低～超高速流	減圧下のマグマの発泡・脱ガス・破砕
溶岩流	地上	低速流	地形，溶岩の流動性と冷却・固化
火砕流	地上	高速流	地形，粒子の浮遊と分離
噴煙・降灰	上空	高速流	噴出速度と熱量，大気の混入
爆風	上空	超高速流	爆発の圧力と高速
噴石	上空	質点の運動	初速度，大気の摩擦抵抗
土石流・泥流	地上	高速流	地形，噴出物などの崩落，降雨や融雪
洪水	地上	高速流	土石流・泥流などの河川への流入
津波	地上	水面波	海底の陥没，崩壊物質の海への流入

物理過程の記述で，低速流と高速流は慣性が無視できるかどうかで分け，超高速流は流速が音速前後に達するものを指す．

ーションで適切に予測できれば，多くの災害は未然に防げるだろう．シミュレーションは，現在もハザードマップの作成などに一部が活用されているが，噴火予知に使える段階にはない．防災から期待される役割を十分に果たしているとはいえず，高い予測能力を持つ手法の開発が求められる．

　本節では，噴火現象の数値シミュレーションについて，現状と問題点を総括的に概観する．個々の現象の要因や特徴を比較しながら，全体にわたる統一的なシミュレーションの可能性を探る．本節に続いて，マグマの上昇過程，溶岩流，噴煙と火砕流，爆風，津波が個別のテーマとして取り上げられ，さらに詳細で具体的な解説がなされる．

(1) 噴火現象の性質と解析方法

　マグマの蓄積，上昇，噴出，地表への堆積を含む一連の噴火過程は，すべてが重力の影響下で進行する．これらの噴火現象の大半は流れを伴い，その解析は流体力学に基礎をおく（表 3.1.1）．ただし，流れを流体力学で直接扱わず，適当な相互作用で結ばれた粒子群の運動で近似する手法もある（青木・森口，2007）．噴火現象には，質点や弾性体の力学が解析の基礎になるものもある．

　マグマの蓄積はその圧力を増加させ，周囲の岩石に弾性歪を生む．マグマがさらに浅部に移動すると，圧力や歪も変化する．発生する圧力や歪は，深

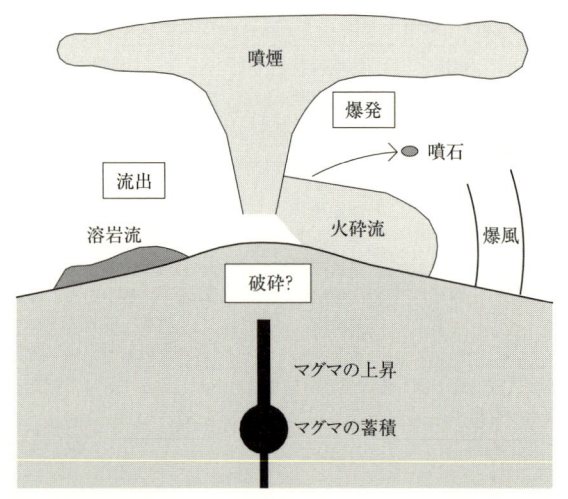

図 3.1.1 噴火現象の模式図
　地下を上昇してきたマグマは，破砕されて噴霧流として爆発的に噴出する場合には，噴煙や火砕流を生み，噴石や爆風を生ずる．破砕されずに気泡流の状態で流出すると，溶岩流や溶岩ドームとなる．

部からの供給量，マグマ溜りの容量，浅部への移動経路や移動量がわかれば計算できる．地下の状態は多くの場合不明なので，数値シミュレーションは，地表で観測される地殻変動や重力のデータを解析して，マグマの分布や移動を知る手段として使われる．

　流体力学に基礎をおく噴火現象のほとんどで，流れは気体，液体，固体の2つ以上を含む混相流になる．その中で重要なのは気体の挙動で，気体が全体の体積にどの程度の割合をしめるかによって，混相流は2つの形態を取る．一つは液体や固体の内部に気泡が分散する気泡流で，例として破砕される前のマグマや，それが噴出する溶岩流が挙げられる．もう一つは，気体にマグマの破片などが浮遊する噴霧流で，噴煙や火砕流がその例である．気体は液体や固体より圧縮性や流動性が著しく高いので，気泡流と噴霧流の間で流れの様相は異なり，気泡流も圧縮性が無視できない．気泡流は液体マグマの高い粘性のために層流になるが，気体が流動性を支配する噴霧流は乱流状態にある．

地下のマグマは，深さにほぼ比例する高い圧力を受けており，上昇過程で著しく減圧されて，均一な流れから気泡流に変わる．爆発的な噴火では，気泡流はさらに噴霧流に変化する．上昇に伴う大きな圧力変化は，気泡の著しい膨張を招くので，気体成分の大半がマグマに留まると，マグマは破砕されて爆発的に噴出せざるをえない（図 3.1.1）．マグマが溶岩として穏やかに流出するのは，マグマから気体成分が大量に抜け出したためである．この気体成分の離脱は上昇速度と相互に影響し合うので，噴火の爆発性を定量的に評価するには，上昇過程の数値シミュレーションが必要である．

　火口から噴出した噴霧流は，浮力を獲得すると噴煙として上昇を続け，浮力を獲得できないと火砕流として水平に広がる（図 3.1.1）．この噴霧流はマグマ起源の粒子を内部に含むので，その分だけ重くなるが，一方で粒子の熱で空気が膨張して，全体の密度を軽くする．噴煙と火砕流の分岐は，この 2 つの効果の兼ね合いで決まる．噴霧流は，渦を伴う乱流混合によって周囲から大気を取り込み，その量が浮力の大きさを決定付ける．そこで，噴煙や火砕流のシミュレーションでは，乱流混合をどう扱うかで基本的な手法が決まる．

　噴火が瞬間的な爆発を伴う場合には，噴石（火山弾）や爆風が生じる．火口から飛び出す噴石の運動は，空気抵抗を考慮した重力下の質点の力学で計算される．爆発の圧力など，噴石を発射する条件は，噴石の軌跡の計算によって落下地点の距離から求められる．爆風は，圧縮された状態が，弾性波や衝撃波として高速度で伝播する現象である．その解析には，粘性よりも弾性的な圧縮性が重要になる．数値シミュレーションは，爆風の届く範囲や各地点で生ずる圧力の大きさを見積るために必要である．

(2) 地表の現象と地下の現象

　溶岩流，噴煙，火砕流など，地表や上空で発生する噴火現象は，その動態が直接観察でき，写真やビデオに記録できる．また，風圧や空気振動の観測から物理的な変動が，赤外映像などから温度が見積れる．噴出物や火山ガスが採取されれば，噴出する物質の種類や化学組成も決められる．これらの情報は，数値シミュレーションの入力データとして，また結果の妥当性を判断

する材料として活用できる．

　溶岩流や火砕流など，地表に沿う重力流を解析する上で，地形は最も基本的な情報である．流れの開始点が決まれば，流路は地形の情報だけからかなり正確に推定できる．シミュレーションの役割は，流路をさらに精密化し，流れが各地点に到達する時間と，最終的におおう地面の範囲を予測することである．到達時間は流れの流動性に，最終的な到達範囲は流体の噴出量や噴出速度に強く依存する．溶岩流については，粘性流動に冷却の効果を加えることによって，現実にかなり近い計算結果が得られる．火砕流については，混相流の性質，とくに粒子の浮遊や分離を表現するのが難しく，定量的な解析手法が確立されていない．火砕流の最大到達距離の見積りには，実効的な摩擦係数を持つ剛体の運動で火砕流を近似する単純なモデルが，今でも用いられる．

　噴煙は，噴出時の初速度が周辺大気の抵抗で緩和された後は浮力で上昇し，浮力が釣り合う最高高度で水平に広がる．浮力の大きさは周囲から取り込む空気の量で決まるが，その量は，噴煙と大気の相対速度に比例するという経験則で，よく近似される．噴煙の最高高度は，周辺大気の温度との兼ね合いで決まり，噴煙の横方向への広がりは風に影響される．風のないときに定常的に上昇する噴煙は，二次元の定常モデルで詳しく解析されてきた．空気の取り込みの経験則を使わずに，三次元のシミュレーションで乱流混合を扱うことも可能になった (Suzuki *et al.*, 2005)．風の効果は，噴煙の流れに風速を重ね合わせる方法で計算でき，噴出物の降下速度に経験式を使うことで，降灰の分布も見積れる．

　地下でマグマがどう蓄積し，どう上昇して噴火を起こすかについては，直接的な情報が少ない．また，地下の現象は物理機構にも不明な部分が多い．地震，地殻変動，地熱，電磁気などの観測データは，これらに関連する情報を含むが，マグマの分布や移動について，またその物理機構について直接語るわけではない．観測データと地下の状態の間は数値シミュレーションで結び付ける必要があり，噴火の性質や時期の予測とも関係させて，その研究が重視されるようになった (Neuberg *et al.*, 2006)．噴火の爆発性は，地殻変動が加速的に進行するかどうかで予測できるという研究もある (Nishimura, 2006)．

(3) 今後の展望

 噴火現象の数値シミュレーションは,通常は現象ごとに個別に行われるので,現象をまたがる条件を適切に設定できない.たとえば,噴煙の高度や溶岩流の到達距離は,火口から噴出される物質の速度と量に大勢が支配されるが,噴煙や溶岩流のシミュレーションの枠内では,これらは完全に未知である.この不確定さは,計算の精度を高める上でも,計算に予測能力を持たせる上でも決定的な制約となる.それを避けるには,地下のマグマの上昇から地表への噴出までを一体化して扱い,たとえば,マグマ上昇流の計算で得られる流出量を,噴煙や溶岩流の計算に受け渡せばよい(図 3.1.2).この結合は定常状態のモデルでは難しくないが(Woods, 1995),多くの噴火現象で非定常性は無視できない.

 噴火現象はミクロな素過程を含む.たとえば,気泡核の形成は原子レベル

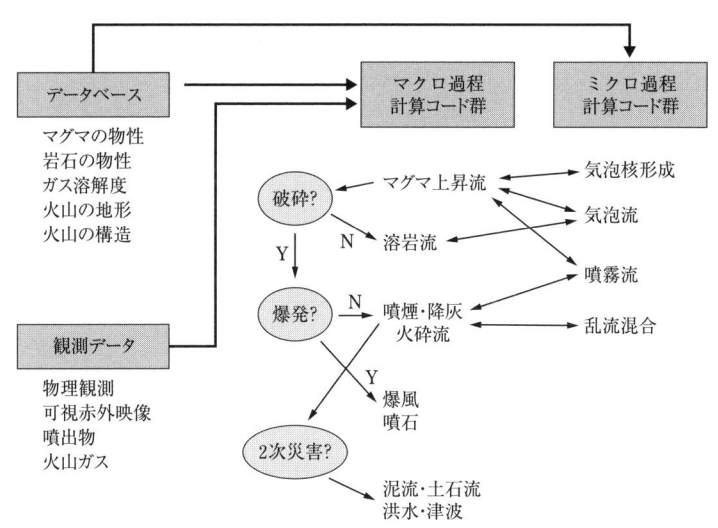

図 3.1.2 想定される噴火シミュレータの構成と動作
　データベースや観測データから情報を受け取り,ミクロ過程の計算コードと連結しながら,マクロ過程の数値シミュレーションが進められていく.マグマ上昇流の計算結果を受けて,地表現象の計算コードが選択され,噴火の展開が予測される.

の問題で，その解析には分子動力学的な手法が適用される（高木ほか，2007）．重要なのは，ミクロな素過程がマクロな状態と相互作用しながら進行することである．たとえば，気泡の膨張やマグマからの離脱は，マグマの上昇に伴う減圧によって誘発されるが，その効果は上昇速度への影響として上昇過程に返される．マクロな状態はミクロな構成要素で表現できるから，ミクロな過程を基礎とする大規模計算をすれば，このような相互作用はそこに自動的に含まれるはずだが，このような計算は途方もなく膨大な計算時間と記憶容量を必要とする．現実的な対処方法は，ミクロな過程とマクロな状態について別々に計算プログラムを開発し，シミュレーションの実行時に，それをうまく結合することであろう．

いずれの問題の解決にも，噴火現象に関係する複数のプログラムを結合して，現象全体のシミュレーションを実行することが必要になる（図3.1.2）．このような統合的なシミュレーションのシステムを，仮に噴火シミュレータと呼ぼう．個々の現象には固有のタイムスケールがあるので（表3.1.1），計算プログラムの結合は現実には簡単ではない．しかし，プログラム間の結合によって，観測データなどの情報は噴火現象全体と関係付けられ，シミュレーションに含まれる不確定な要素が最大限に制約できるようになる．噴火シミュレータができれば，個々の現象の関係が明確になり，噴火現象の体系的な理解が進むし，防災上も噴火の発生から災害の要因までを一貫して予測できるようになる．噴火シミュレータの開発に向けて，関連した情報の収集も始まった（中西ほか，2007）．

噴火シミュレータの心臓部は，プログラム群を適切に結合し管理する機能である．素過程などの記述には，最新の研究成果を反映できるようにすべきだから，管理機能には高い融通性が求められる．マグマの物性，火山の地形，マグマ溜りの位置などの条件を，シミュレーションの実行時に容易に設定するためには，基礎的な情報をデータベースとして保持し，必要に応じて外部から取り込む機能も重要である（図3.1.2）．火山の状態をリアルタイムで反映させるには，外部の観測データとリンクする必要も出てくる．そこで，噴火シミュレータは，単なるプログラムの集合体を超えて，多様な機能を持つ有機的なシステムになるだろう．

コンピュータの進歩は著しく，その性能は 10 年で 1000 倍に向上するという．自然科学のあらゆる分野で，コンピュータによる数値シミュレーションの役割は今後ますます高まるだろう．噴火現象についても，数値シミュレーションをうまく活用することが，研究の発展や防災への応用の鍵となる．

3.2 マグマの上昇過程

井田喜明

(1) マグマの上昇と噴火

マグマの上昇から噴火にいたる過程は，次のように理解される（図 3.2.1）．地下深部から供給されるマグマは，マグマ溜りに十分な量が蓄積されると，地表に向けて上昇を開始する．上昇過程でマグマは減圧され，それまで溶解していた揮発性成分が徐々に発泡して，マグマ中に気泡を作る．上昇とともに気泡の量が増え，気体の各部分も膨張するので，マグマ全体の体積は急速に増大し，それに見合うだけマグマの上昇も加速される．気泡の膨張がマグマの液体部分で支え切れなくなると，マグマは破砕され，液体や固体の破片が気体と混じりあって火口から爆発的に噴出する（図 3.2.1 左）．しかし，上昇途上で気体成分が顕著に抜け出すと，マグマは破砕されずに液体状態のまま溶岩として噴出する（右）．

このような噴火過程のイメージは，あくまでも理想化されたものであり，現実の噴火の詳細や支配機構は，多くの点で不明である．上昇の開始，気体成分の発泡やマグマからの離脱，マグマの破砕などについては，それを支配する物理機構に諸説がある．噴火は既存の山頂火口で起こったり，山腹に新しい上昇通路を作ったりするが，その理由や支配要因はよくわかっていない．地下のマグマの状態に関する情報も不足している．噴火に伴う地震活動や地殻の膨張・収縮，地震波を使った地下のトモグラフィー，噴出したマグマの化学・鉱物組成やマグマ混合の証拠などから，多くの火山で地下のマグマの位置や性質が議論されるが，どれも信頼性が高いとはいえない．

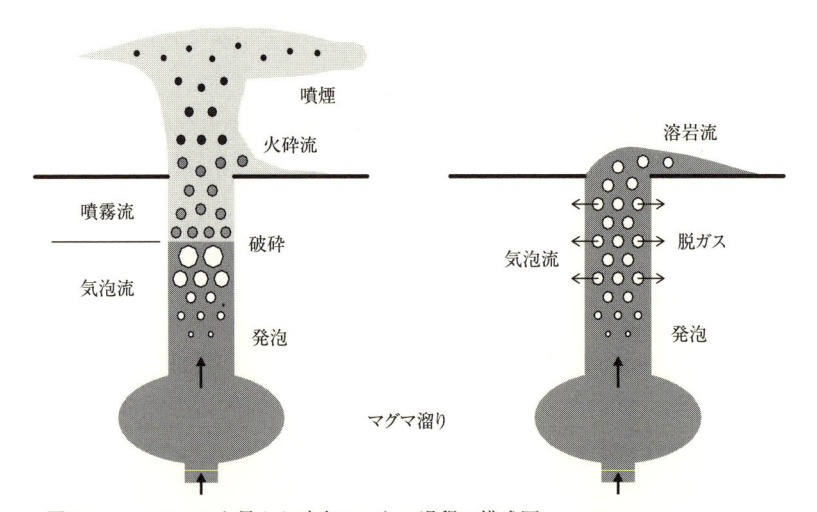

図 3.2.1 マグマの上昇から噴火にいたる過程の模式図
　　気体成分の大半が上昇過程でマグマに留まる場合は，上昇流は破砕を受けて気泡流から噴霧流に変わり，火口から爆発的に噴出する（左）．気体成分が上昇過程で大量にマグマから抜け出す場合は，マグマは気泡流のまま溶岩として噴出する（右）．

　そのために，マグマ上昇過程のシミュレーションは，具体的な火山の具体的な噴火について，噴火発生の可能性や噴火の性質を詳細に予測する目的にはまだ使える段階にない．もっと一般的に，地表で観察される多様な噴火現象と，地下の状態や条件を結び付ける目的で使われることが多い．その際に，マグマ溜りや上昇経路については，通常は単純な幾何学的な形状が仮定される．シミュレーションの多くは，理想化された状況の中で，噴火に関与するさまざまな要素の関係を探るために使われるのである．

(2) 気泡流と噴霧流

　マグマには，融解した岩石からなる液体に加えて，冷却のために固結した鉱物の結晶や，減圧によって発泡した水蒸気などの気体が含まれる．そこで，地表に向かって上昇するマグマは，液相，固相，気相を含む混相流となる．流れの性質を決める上で，気相の役割はとくに重要である．気相のしめる体積があまり大きくない状態では，気相は液相や固相の間に気泡として分散し，

マグマの流れは気泡流になる（図 3.2.1）．圧力がさらに下がって，気相の体積が大きな割合をしめるようになると，連続した気相の中に液体や固体の粒子が浮遊する状態となり，マグマは噴霧流に変わる．

気泡流から噴霧流への転移は，マグマの破砕によって不連続に引き起こされる．破砕を受けたマグマの液体部分（固相も含む）は，壊れてばらばらになり，代わりに気相が連結して流れを満たす．破砕の物理機構としては，応力や変形速度などを重視する複数の考えがある．最近は，液体マグマの温度が下がり，流動性が落ちた非晶質の状態になって破壊されるとする考え（Alidibirov and Dingwell, 1996）が注目を集めている．経験的には，気相の体積がマグマ全体の 70-80% に達すると破砕が起こることが知られており，マグマ上昇流のシミュレーションでは，この経験則を破砕の条件として使うことが多い．

気泡流は液体の流れ，噴霧流は気体の流れなので，2 つの流動性には大きな差がある．噴霧流は低圧力下で実現され，多量に含まれる気相の膨張のために，流れは上昇とともに強く加速される．地表に噴出するときには，気泡流は溶岩として穏やかに流出するのに対して，噴霧流は爆発的に勢いよく噴出して，噴煙や火砕流になる（図 3.2.1）．このように，噴火の性質は，噴出する状態が気泡流か噴霧流かによって，すなわち上昇過程でマグマが破砕を経験するかどうかによって，大きく異なる．

気泡流中の気泡，噴霧流中の固体粒子や液滴は，大きさが十分に小さければ，まわりの流体とほぼ一緒に移動する．そこで，マグマ上昇流のシミュレーションでは，液相や固相と気相の間の速度差を無視して，全体を一つの流体として扱うことが多い．しかし，運動の差を完全に無視すると，噴火の爆発性の違いが表現できない．深部でマグマに溶解していた揮発性成分が上昇過程で完全に保持されると，地表の圧力でマグマの体積は気相にほぼ完全にしめられるので，噴出するのは必然的に噴霧流になる．非爆発的な噴火が起こるのは，気泡流中の気相が液体部分と異なる運動をして，マグマから離脱するためである．

気泡流の状態で，マグマが気相の微小な通路を含んでいれば，気相はそこを浸透流として移動できる．浸透流は気相の圧力勾配で駆動され，その移動

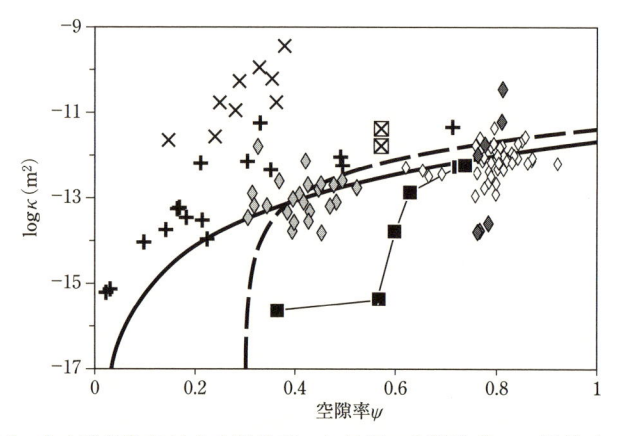

図3.2.2 火山噴出物に対する浸透率 κ と気相の体積分率 ψ の関係 (Rust and Cashman, 2004)
　溶岩ドームや軽石の試料を用いた測定データを，試料を採取した火山や浸透率を測定した研究者ごとに異なる記号で示す．実線は，式 (3.2.1) を用いて $n=3.5$ で $\psi_c=0$ とした関係，破線は $n=2$ で $\psi_c=0.3$ とした関係を表す．

しやすさは，気相の流量と圧力勾配の間の比例定数，すなわち浸透率によって表現される．一般に，浸透率 κ は，マグマ中に気相がしめる体積の割合（気相の体積分率，マグマの空隙率）ψ とともに増加する．マグマの浸透率は，各種の噴出物を用いた実験によって推測され，理論的な考察とも合わせて，次の関係を満たすと考えられる（Rust and Cashman, 2004）（図3.2.2）．

$$\kappa = C(\psi - \psi_c)^n \quad (\psi > \psi_c) \quad \kappa = 0 \quad (\psi < \psi_c) \tag{3.2.1}$$

ここで C, n, ψ_c は定数である．測定データにはばらつきが大きいが，データを説明する組み合わせとして，$n=2$ で $\psi_c=0.3$ や $n=3$ で $\psi_c=0$ などがよく使われる．

(3) シミュレーションの基礎方程式

　マグマ上昇流のシミュレーションは，粘性流体の力学に基礎をおく．マグマは粘性率がきわめて大きな流体なので，その流れは浮力，圧力勾配，粘性抵抗の釣り合いでほぼ決まる（図3.2.3左）．加速度に比例する慣性項は，噴出間近に実現しうる高速度の状態を除いて無視できる．粘性抵抗のために，

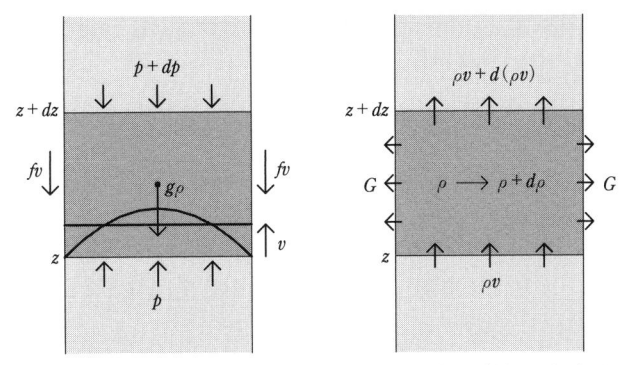

図 3.2.3 マグマ上昇流が満たすべき運動量（左）と質量（右）の保存則
それぞれは式（3.2.2）と式（3.2.3）で表現される．流速は流れの中心で最大，周囲の岩石との境界で0になるが，シミュレーションでは断面にわたる平均値vで代表させることが多い．

流速はまわりの岩石との境界でゼロになり，流れの中心付近で最大になる．とくに，粘性率が一定の場合には，ポアズイユ流として知られるように，流速の分布は二次曲線になる．通路の断面にわたる流速の平均値をvとして，慣性項を無視すると，運動方程式（運動量保存則）は次のように書ける．

$$\frac{\partial p}{\partial z} + g\rho + fv = 0 \tag{3.2.2}$$

ここで，pは圧力，ρは密度である．流速，圧力，密度は，鉛直上向きにとった座標zと時間tに依存する変数である．重力加速度gは定数とみなされる．もう一つの定数fは，通路の境界から働く粘性抵抗の効果を表す摩擦係数で，流体の粘性率に比例し，通路の断面積に反比例する．噴霧流の場合は，fには粒子が壁に衝突して運動量を失う効果も含まれる．

通路の断面積が一定なら，密度は次の質量保存則を満たす（図3.2.3右）．

$$\frac{\partial \rho}{\partial t} = -\frac{\partial}{\partial z}(\rho v) - G \tag{3.2.3}$$

この方程式に従って，深部の状態はマグマの上昇とともに上に伝わる．気相がマグマから抜け出す効果を表現するために，式（3.2.3）の右辺には脱ガス率Gの項を加えた．Gの具体的な表現は，たとえば気相が浸透流で抜ける場合には，式（3.2.1）を用いて書くことができる．このように気相がマグマ

中を移動する場合には，気体成分についての質量保存則も独立に考慮する必要があり，それは式 (3.2.3) と類似の形をとる．

マグマの密度は，気相の体積分率 ψ を用いて，次のように表現できる．

$$\rho = \psi \rho_g + (1-\psi) \rho_m \tag{3.2.4}$$

ここで，ρ_g と ρ_m は気相と液体部分（固相も含む）の固有の密度である．平衡状態では，マグマに溶解しうる気体成分の重量は溶解度によって決まり，それは圧力とともに減少する．そこで，マグマの上昇とともに溶解度が下がり，それを上まわって溶解していた気体成分は気相となる．気体成分が過飽和の状態で溶解し続けることもあるが，シミュレーションでは，平衡状態を仮定して ψ を求めることが多い．ρ_g と ρ_m もそれぞれの状態方程式を満たすので，マグマの密度は，式 (3.2.4) から圧力の関数として決まる．そこで，(3.2.2)，(3.2.3)，(3.2.4) の3方程式から，3つの変数 v, ρ, p が求められるのである．

上の考察では温度の変化は無視してきた．現実にはマグマと周囲の岩石の間には大きな温度差があり，マグマは上昇過程で冷却を受け，一部が固化して，密度や粘性率が変化する．温度の変化はエネルギー保存則を用いて評価される．ところが，熱の移動はマグマの内部では閉じず，考慮すべき範囲は周囲の岩石にも及ぶ．岩石の熱伝導率は低いので，熱は岩石の間を移動する水蒸気や熱水によって運ばれる可能性も高い．これは新たな不確定さを計算に持ち込むことになるので，マグマ上昇流のシミュレーションで温度変化が厳密に扱われることは少ない．

(4) 定常流モデル

噴火が状態をあまり変えずに持続する場合には，マグマの上昇はほぼ定常状態にあるとみなすことができる．マグマ上昇流の定常解は，時間的な変化に関する情報は含まないが，噴火の性質や支配要因について，概略を理解するのに役に立つ．

定常状態では，式 (3.2.3) も時間微分を含まないので，流れは座標 z だけの関数となる．式 (3.2.4) により密度 ρ は圧力 p の関数となるので，式

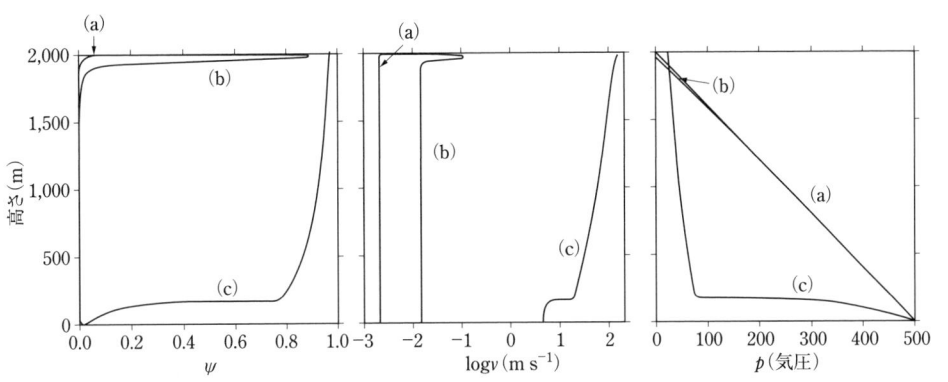

図 3.2.4 定常的なマグマ上昇流の計算例 (Woods and Koyaguchi, 1994)
　気相の体積分率（左），流速（中），圧力（右）を深さ（マグマ溜りからの高さ）の関数として示す．マグマ溜りは 2 km の深さにあり，その圧力は同じ深さの地殻の圧力より 1 気圧ほど高いと仮定されている．3 つの解のうち，(a)と (b) は地表で圧力が 1 気圧になり，(c) は流速が音速に達して衝撃波を生む．

(3.2.2) と式 (3.2.3) は p と流速 v の分布を決める連立微分方程式とみなせる．変数 p と v は，通路の下端で値を設定すると，式 (3.2.2) と式 (3.2.3) を積分して，上端の地表まで z の関数として計算できる．しかし，こうして得られる解は，一般に地表で要求される境界条件を満たさない．そこで，下端の p はマグマ溜りの圧力を表現するように固定し，下端の v を可変にして得られた解の中から，地表の境界条件を満たすものを選び出す．

　図 3.2.4 は，このような操作で得られた解の例である (Woods and Koyaguchi, 1994)．3 枚の図は，気相の体積分率，上昇速度，圧力を深さの関数として示す．この計算では，マグマ溜りは 2 km の深さにあり，その圧力は同じ深さの地殻の圧力より 1 気圧ほど高いと仮定されている．また，気相はマグマから通路を囲む岩石を通して離脱し，その移動を支配する岩石の浸透率は，地表から指数関数的に減少して，深さ 1 km 付近でほぼ無視できる大きさになると仮定されている．摩擦係数 f には，溶岩ドームを形成するような高粘性マグマに対応するものが使われている．

　マグマ上昇流の圧力が地表で大気圧（1 気圧）に一致すれば，それは地表で要請される境界条件を満たす．このような解は，マグマ溜りの同じ圧力に対して 2 つ見付かり，それを図 3.2.4 では (a)，(b) と表記する．地表で許

される境界条件にはもう1種類ある．それはマグマの噴出速度が音速に達する場合で，この場合には衝撃波が発生して，上昇流の圧力に不連続が生ずる．図 3.2.4 で (c) と表記するのがこの解である．(c) は気相の体積分率が大きく，噴霧流で噴出すると考えられるので，爆発的な噴火を表す解である．一方，(a) では気相の体積分率が地表まであまり大きくならず，マグマは上昇過程で破砕の条件を満たさない．そこで，(a) は穏やかな溶岩の流出を表現する．(b) の解釈は微妙である．気相の体積分率は浅部で 80%を超えるが，その後下がるので，地表には溶岩として噴出すると解釈できる．しかし，一度破砕を経験した後は，計算結果からはずれて噴霧流であり続ける可能性もある．

流速の分布で示されるように，マグマ溜りから流出するマグマの速度は，解 (a)，(b)，(c) の間で桁が異なる．流速が大きくなるほど，上昇にかかる時間は短くなるので，十分な量の気相が抜けられず，噴火の爆発性が高まるのである．マグマ溜りの圧力がさらに大きくなると，流速も増大し，ついには爆発的に噴出する解しか存在しなくなる．流速はマグマの噴出率と対応するので，このような計算結果から，噴火の支配要因としての噴出率の重要性がしばしば主張される．

(5) 非定常なマグマの上昇

活動が活発な火山でも，マグマは常時噴出するわけではなく，噴火の発生は短期間の活動期に限定される．マグマの蓄積過程にあると思われる静穏な時期を経て，噴火は大抵突然始まる．その後，ときには噴出点や様式を変えながら盛衰し，最終的に終息する．このような噴火現象の発生や推移を表現するには，マグマ上昇過程のシミュレーションに時間変化を含ませる必要がある．

ある時刻 t で，圧力 p と気体成分の量が座標 z の関数として設定されると，式 (3.2.2)，式 (3.2.4)，気体と液体の状態方程式，溶解度の式を用いて，流速 v，密度 ρ，気相の体積分率 ψ の空間分布が計算できる．そこで，式 (3.2.3) と気体成分に関する質量保存則から，これらの変数の分布を次の時間ステップで計算できる．この操作を繰り返すことで，適当な初期分布から

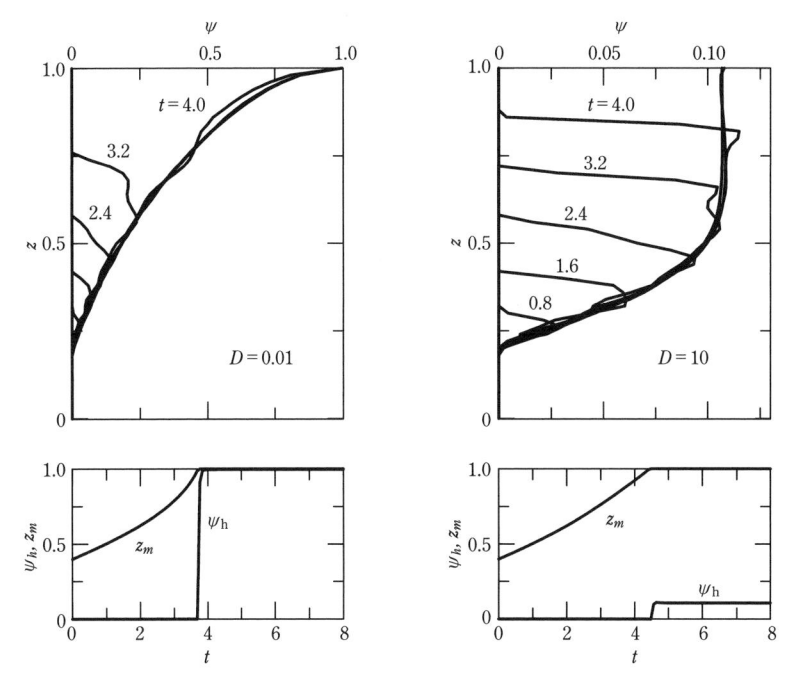

図 3.2.5 非定常なマグマ上昇流の計算例 (Ida, 2007)
脱ガス係数 D が小さい場合（左）と大きい場合（右）について，上段は，気相の体積分率 ψ の分布が時間 t とともにどう変わるかを追う．z はマグマ溜りから上向きに地表までとった座標である．下段は，マグマの先端の位置 z_m と，噴出時の気相の体積分率 ψ_h を時間の関数として示す．D, z, t は無次元化されている．

出発して，マグマの上昇過程を時間的に追跡することが可能になる．その際に，境界条件として，通路の上端と下端で p の値を，また下端で流入する気体成分の量を設定する必要がある．境界条件は時間とともに変化させてもよく，たとえば，下端の圧力がマグマの流出とともに下がるように設定して，終息にいたる上昇過程の変化を計算することができる．

計算の一例を図 3.2.5 と図 3.2.6 に示す (Ida, 2007)．通路の中心から端にかけてマグマの流速に差があるが（図 3.2.3），この計算では，それが気泡の膨張の差を通して圧力勾配を生み，水平方向の浸透流の原因になると考える．式（3.2.3）の脱ガス率 G は，式（3.2.1）に従って ψ の関数になり，その比

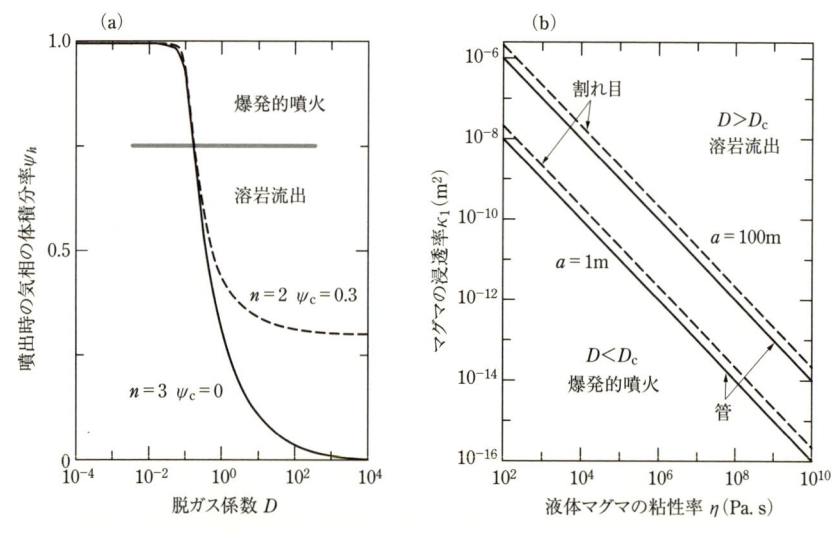

図 3.2.6 脱ガス係数 D による噴火の爆発性の判定 (Ida, 2007)
　　左図は，噴出時の気相の体積分率 ψ_h と D の関係．2つの曲線は，式 (3.2.1) の定数 n と ψ_c の異なる組み合わせに対応する．D は無次元化されている．右図の横軸は液体マグマの粘性率，縦軸は大きな ψ に対する浸透率である．爆発的噴火と溶岩流出を区画する境界は，通路の形状（管状や板状）と太さ（$2a$ が直径や幅）によって移動する．

例定数 D（これを脱ガス係数と呼ぶ）は，浸透率の大きさを表す C や，液体マグマの粘性率に比例する．

　図 3.2.5 は，D が相対的に小さい場合（左）と大きい場合（右）の計算結果である．上段は，気相の体積分率 ψ の深さ分布を時間 t の経過とともに追い，下段は，マグマ先端の位置と噴出時の ψ の値を t の関数として示す．ここで，座標 z は下端と上端の間が1になるように規格化され，t や D も適当に無次元化されている．この図から，噴火の開始に向けてマグマの状態がどう変化するかが読み取れる．D が小さい場合（左）には，マグマが上昇して圧力が下がるにつれて，ψ は1に向かって著しく増加し，マグマの先端も加速しながら地表に達する．噴出するのは気相が体積のほとんどをしめる噴霧流である．それに対して，D が大きい場合（右）には，各深さで生じる気相はすぐにマグマから抜き取られ，ψ は地表付近でも大きな値にならない．地表には気泡流が溶岩として噴出する．

図3.2.6 は，左図に噴出時の ψ の値が D とともにどう変化するかを示す．この値は D が1付近になると顕著に下がり，噴火のタイプは爆発的な噴出から非爆発的な溶岩の流出に移行する．この関係は，式（3.2.1）の n や ψ_c, マグマ溜りの圧力や供給される気体成分の量などにも多少依存するが，大勢は変わらない．そこで，噴火の爆発性は，D の大きさで判断できる．D の定義を考慮すると，マグマの浸透率と粘性率が小さい領域で噴火は爆発的になり，大きい領域で非爆発的になると予測される（図3.2.6 右）．噴火の爆発性を区画する境目は，通路の大きさや形状に依存する．

以上のように，マグマ上昇流のシミュレーションを用いて，噴火の性質に関する理解が着実に進んでいる．

3.3 溶岩流

宮本英昭

溶岩流とは，地殻を構成している物質が溶融した状態で地表を流動する現象である．とくにケイ酸塩が構成物質であるものを指すことが多いが，泥水や氷，硫黄酸化物などで構成される流体も，泥溶岩流，氷溶岩流，硫黄溶岩流などと呼ばれることがある．溶岩流の流動性が低いと，形成される地形のアスペクト比は小さくなるが，その比が小さい場合は溶岩ドームと呼び区別することもある．以下では，火山の噴火に伴ってケイ酸塩マグマが地上に流出し，比較的高い流動性を保ったままで低地へ流下する現象について考えることにする．

3.1節で議論した通り，溶岩流の流動を決定付ける最も基本的なパラメータは地形と流出するマグマの特性（総量・流出率など）である．前者は噴火前の観測で求められ，後者は前節で議論したモデルなどから有益な情報が得られる．しかしながら，後者は溶岩の流動様式によっても左右される場合があるため，溶岩の流動を正確に推定するには，以下で述べる流動モデルだけを考えるのでは不十分であり，マグマ上昇過程を組み合わせた統合モデルの構築が必要であると考えられている．

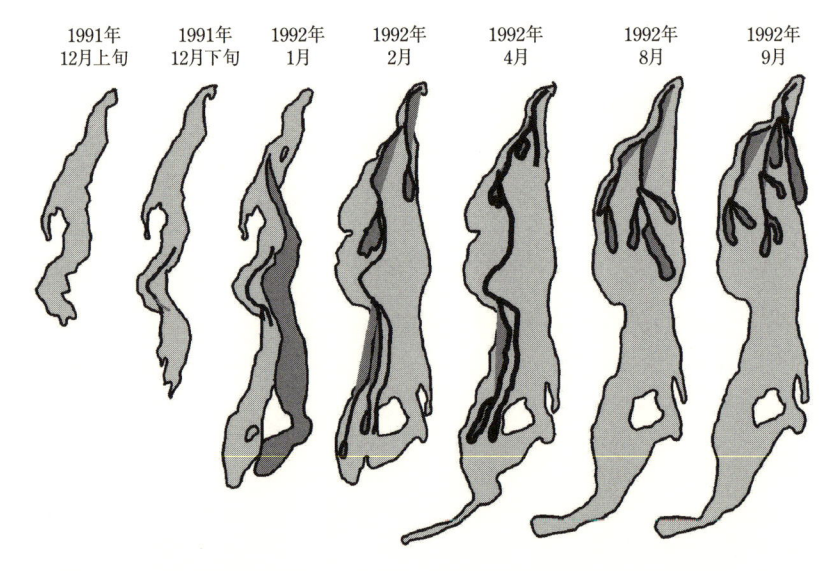

図 3.3.1 溶岩流の形成の例—シチリア島エトナ山の 1991-1993 年噴火（Calvari and Pinkerton, 1998 より改変）
　太い線は溶岩チューブで，濃い色はその時点で活動的であった部分．段階的に溶岩流が成長していることがわかる．

(1) 溶岩流の流動形態

　溶岩流は一見すると，マグマが単に粘性流体として流動しているように見える．しかし粘性流体は流出時間が経過するにつれて被覆する面積が連続して増加するのに対し，溶岩流の場合はしばしば段階的ともいえる発達をすることが知られている（図 3.3.1）．すなわち，ある部分が活発に流動していたとしても，その部分は流動と停止を繰り返したり，完全に停止して他の部分に追い越されたりしながら，全体として徐々に被覆面積が成長していく場合が多い．こうした段階的な成長は，噴出率の時間変化に対応しているだけではなく，冷却・固化の影響にもよるものであり，これが単なる粘性流体と異なる特徴といえる．

　溶岩流にはいくつかの流動様式が存在するが，これが組成などで簡単には決まらないことも，流動の予測を難しくしている．たとえば玄武岩質溶岩を

図 3.3.2 （左）パホイホイ溶岩流（ハワイ島プウオオ溶岩，J. R. Zimbelman 氏撮影）と（右）アア溶岩（シチリア島エトナ山，筆者撮影）

考えると，地質学的にはパホイホイ溶岩流，アア溶岩流，塊状溶岩流という3つの流動形態（このほかに，とくに水と接触相互作用が生じることにより，他の形態も持ちうることが知られている）に分類されることが多いが，とくに前者2つ（図 3.3.2）は物理的にはまったく異なった挙動を示す．しかも同一の溶岩流であっても，この2種類の流動形態が混在するケースがしばしばある．さらに溶岩の内部構造として，たとえば溶岩チューブが形成されると（図 3.3.1），火口から驚くほど遠くまで溶岩流の流動性が保たれたまま運ばれるため，物理的には噴火口が移動したと考えた方が適切な場合すら存在する．このように溶岩流は複雑な挙動を示すため，一つの理論モデルで挙動を説明することは難しい．

(2) シンプル流れと複合流れ

溶岩流の成長が連続的である場合や，段階的であってもその一部を連続的な流動部分と定義できる場合，その一つの流動単位をシンプル流れ（simple flow）と呼ぶと，理論的に見通しがよくなる．シンプル流れが複数個集まって全体像を形成したものは，複合流れ（compound flow）と呼ぶ．複合流れは，全体的には一つの流体のように振舞うことが多いため，最終的な形態だ

けを見ると，この2つのタイプの流動様式は似通って見える．そのため，このような地質学的な調査では必ずしも重要視されない分類が，モデル化の観点からは最も注意を払うべき点の一つとなる．

シンプル流れになるか複合流れになるかを決定付ける最も重要な要素は，冷却に伴う表面の固化による影響である．固化した部分が成長すれば流動を妨げるが，内部応力によって固化した部分が破壊され，成長できないかもしれない．こうした関係を直接議論するのは難しいが，固化した部分が単純に成長すると仮定して，流動に対する固化による抵抗力と粘性による抵抗力とを大雑把に比較すれば，固化した部分の効果が卓越する可能性のある時間スケールを求めることができる．粘性による抵抗力 $F_{(粘性)}$ は，粘性を η，溶岩の長さを L，厚さを H，速度を U，時間を t とすれば，$F_{(粘性)} \sim \eta UL/H \sim \eta L^2/(Ht)$ と見積ることができる（以下，記号「$\sim$」は「およそこの程度」を意味する）．簡単のため溶岩が水平面上を重力によって同心円状に広がっているものとすると，密度を ρ，重力加速度を g，流出率を q として以下の式を導くことができる．

$$F_{(粘性)} \sim \left(\frac{\rho^3 g^3 \eta^2 q^4}{t^2} \right)^{1/5} \tag{3.3.1}$$

ここで固化した部分の熱拡散係数が κ で，これが実効強度 σ を保ちながら均質に成長する場合，この抵抗力が $F_{(固化)} \sim \sigma \kappa^{1/2} t^{1/2}$ で表せると仮定する．するとこの形から，ある時点で粘性力が主たる抵抗力でなくなることがわかる．そのときの大まかなタイムスケール t_c は，式（3.3.1）と比較することで以下のように求めることができる．

$$t_c \sim \left(\frac{\rho^{3/5} g^{3/5} \eta^{2/5} q^{4/5}}{\sigma \kappa^{1/2}} \right)^{10/9} \tag{3.3.2}$$

ここに玄武岩質の溶岩流として典型的な値（$\rho = 2500$ kg m^{-3}, $q = 10$ m^3, $\eta = 100$ Pa s, $\sigma = 10000$ Pa, $\kappa = 10^{-6}$ m s$^{-1/2}$）を入れて計算すると，およそ1時間という時間スケールが得られる．これは乱流などで表面がかき回されたりしなければ，噴火後数時間程度で固化による影響が無視できなくなることを示唆していると解釈できる．

すると噴火後に上で求めた時間スケールの数倍程度が経過すれば，流体の

先端部の流動が停止するかもしれない．そのときも噴火が継続しているのであれば，行き場をなくした流体部分の影響で，流れのどこかで膨張（インフレーション）や破砕が生じ，流れの途中で新たな火口とも言えるものが形成されるであろう（図 3.3.1 参照；これが複合流れの形成される一つの機構であると考えられている）．このような新たな流れが形成されることを適切に考慮していない場合は，数時間程度の溶岩流の流動がうまくモデルで再現できたとしても，そのモデルで数日間以上の流動を再現できるとは限らないことに注意が必要である．

(3) 流動モデル

上で議論したよりも短い時間スケールを考える場合や，冷却に従って表面に成長する殻が常に自動的に破壊されるという，いわゆる自己破砕条件（autobrecciation）が成立することがわかっているときは，溶岩流をシンプル流れとみなすことができるので，大雑把には連続体として取り扱うことができる．この場合溶岩流は，重力に従って流動する，いわゆる重力流（gravity current）の一種となるので，その運動方程式は一般に速度（ベクトル）を u，時間を t，応力を τ，圧力を P，外力を F として，

$$\rho\left(\frac{\partial u}{\partial t}+u\cdot\nabla u\right)=\nabla\cdot\tau+\nabla P+F \tag{3.3.3}$$

と書くことができる（それぞれのパラメータは場所・時間的に変化する）．ここで便宜上，左辺を慣性項，右辺第一項を散逸項，第二項と三項を重力項と呼ぶことがある．この式を三次元で解くことは数値的困難を伴うので，ある程度単純化してモデル化される場合が多い．とくに慣性力と粘性力の比であるレイノルズ数（$Re=\rho UH/\eta$）やビンガム数（$B=\tau H/\eta U$）は，単純化の際の指標となる（ここで U は平均速度，H は平均的な厚さを意味する）．

溶岩ドームを形成するような遅くて厚い流れの場合には，レイノルズ数は 10^{-10}〜10^{-4} といった非常に小さな値となる．それに対して斜面を流れる溶岩流の場合は，10^2 を超えるほど大きくなる場合もある．限界レイノルズ数に近付くほど大きくなると，土石流や洪水流の解析と同様に，乱流の効果を考慮する必要が生じる．また慣性力と重力との比で表されるフルード数（Fr

$=U/(gH)^{1/2}$ が1を超えるような場合は，射流として別に取り扱う必要がある．

　レイノルズ数が限界レイノルズ数やビンガム数よりも十分に小さい場合は，慣性の効果が小さいと近似できる．ビンガム数が1よりも十分に小さいときは，より粘性流体的に挙動することとなり，重力と粘性のバランスが重要となるが，逆にビンガム数が1よりも十分に大きいときは，降伏応力と重力のバランスが重要となる．それぞれについて，冷却や固化の効果を考慮しない場合の代表的なモデルを以下に紹介する．

　まずビンガム数が小さい場合は，溶岩流がニュートン流体（図3.3.3）であると仮定して $\tau = \eta \nabla u$ が成立すると考えられる．レイノルズ数が十分に小さければ流れが層状であると仮定できるため，式（3.3.3）に傾斜 a と自重による駆動力の効果を考慮しながら垂直方向に積分することで，平均流速 U を，

$$U = \frac{1}{3\eta} \rho g h^2 \left(\sin a - \frac{\partial H}{\partial x} \right) \quad (3.3.4)$$

と求めることができる．この式は，実際に流動中の溶岩流の粘性を求める際にも用いられているし，疑似三次元で数値的に解くことも数学的には比較的容易である．しかしながら溶岩流の流動を観察した研究によると，この近似が成立するのは，たとえば噴火口に近い溶岩チャネル内などに限定されるようである．

　高温の溶岩は粘性流体として近似できても，流動とともに揮発性物質が発泡したり，表面の固化部分が流体部分に取り込まれたりすることにより，溶岩流全体としては一般にビンガム数が大きくなる場合が多い．その結果非ニュートン的に振舞うことになるが，多くの場合ビンガム流体（図3.3.3）としてうまく近似できることが知られている．ビンガム流体とは，ある応力（降伏応力）より大きな応力に対しては，歪速度と応力の関係が直線状になるという特徴を持つ流体である（図3.3.3）．そこでまず，ビンガム流体が斜面方向にゆっくりと流動する条件について考えてみる．

　斜面方向を x 軸，それに垂直な厚さ方向を z 軸とした二次元平面で考えると，流体の内部で受ける剪断応力は h を厚さとすると $\rho g h \partial u / \partial z$ で見積ることができる．この形から，流体の表面付近では剪断応力が小さくなること

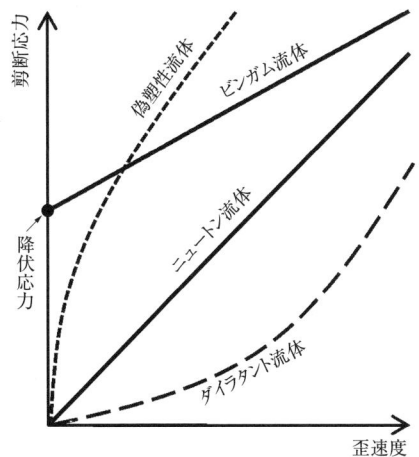

図 3.3.3 流体モデルの特性

がわかる．剪断応力が降伏応力 σ_s よりも小さい場合は，ビンガム流体の仮定から歪がなくなる．すなわちその部分は粘性流動せずに，いわば板状の「ふた」として移動することがわかる．剪断応力が最大となる底面部分においても，その値が降伏応力よりも小さな場合は流動しない．この条件となる限界の厚さを h_s と書くと，

$$h_s = \frac{\sigma_s}{\rho g \sin \alpha} \tag{3.3.5}$$

となり，これが流動が停止する条件と考えることができる．

さてこの流体が横方向へどれほど広がっているかを考えるためには，斜面上で傾斜と垂直な方向（y 軸）への流動を考える必要がある．駆動力は重力による圧力差であるため，上と同様に底面での最大剪断応力が降伏応力と釣り合う条件は，

$$\rho g h \frac{\partial h}{\partial z} = \sigma_s \tag{3.3.6}$$

となるので，これを解くと，

$$h = \sqrt{\frac{2\sigma_s}{\rho g}(W-z)} \tag{3.3.7}$$

を得ることができる．すなわち幅が W の溶岩流は，中心部で最も厚くなり，その厚さは $(2\sigma_s/\rho g)^{1/2}$ であることがわかる．この式は厳密には正しくなくて，たとえば剪断応力は実際には傾斜方向の厚さ変化がない場合であっても，$\rho g h \partial [\sin^2 a + (\partial h/\partial z)^2]^{1/2}$ と書く方が適切である．しかし傾斜がそれほど大きくない場合は，ゆっくりと流れた比較的シリカの量が多い溶岩流や結晶度が高い溶岩流の形状を，この式でうまく再現できることが知られている．

ビンガム数がそこまで大きくない場合は，粘性力も降伏応力も同時に考慮する必要がある．この場合，ビンガム流体の定義を厳密に式（3.3.3）へあてはめると数学的に煩雑となることから，上の場合と同様にシンプルシアーと呼ばれる近似が暗に用いられる場合が多い．すなわち流体内部の速度勾配は斜面鉛直方向が卓越すると仮定され，たとえば y 軸方向の速度勾配は無視できるものとして取り扱われる．この場合，上の議論と同様に溶岩流底面において剪断応力が最大になるため，これが降伏応力よりも小さな場合には，溶岩流が流動しないことになる．するとこの限界の厚さ h_s は，たとえば傾斜方向においては $hs = \sigma_s/(\rho g \sin a)$ と書くことができるので，平均流速 U は以下のように書くことができる．

$$U = \frac{\rho g \sin a h_s^2}{3\eta}\left[\left(\frac{h}{h_s}\right)^3 - \frac{3}{2}\left(\frac{h}{h_s}\right)^2 + \frac{1}{2}\right] \quad (3.3.8)$$

この式を疑似三次元的に解くことで，低レイノルズ数・低ビンガム数の流体の流動を求めることができる．この手法は粘性も降伏応力も広い範囲で計算することができ，実際式を変形しておけばビンガム数が非常に小さい場合であっても安定して計算できるので，広く用いられている（図3.3.4）．

(4) 熱モデル

上のどのモデルを用いるとしても，粘性や降伏応力は温度に強く依存することが知られているため，溶岩流の温度構造を適切にモデル化して流動モデルとカップリングすることは，重要な要素となる．溶岩流の冷却は，とくに高温の液体部分からの熱放射，固化した部分での熱伝導，空気中における熱対流の3つのプロセスが主だったものと考えられており，どの効果が支配的

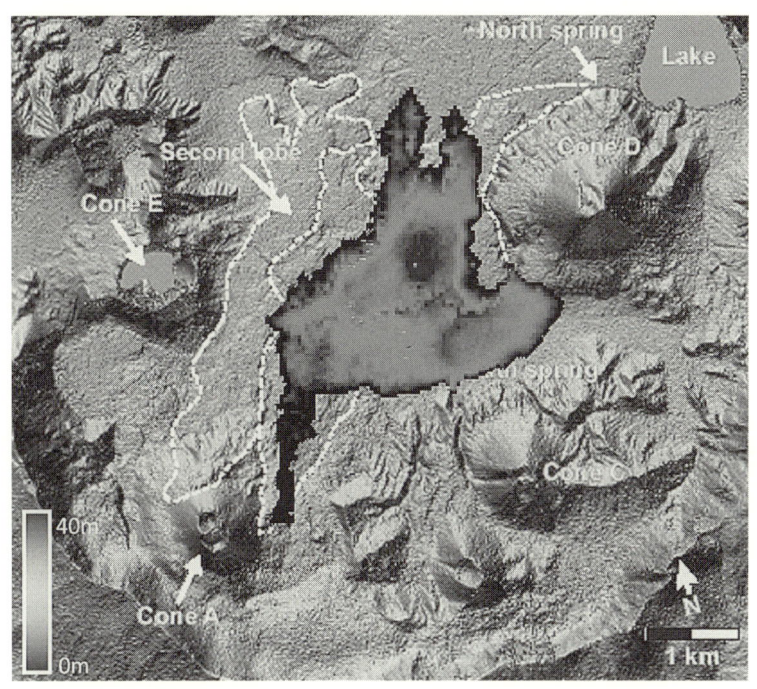

図 3.3.4 溶岩流数値計算の例—アラスカオクモック火山, 1997 年噴火
最初のローブ（右側の白点線）を, ビンガム流体のシンプル流れモデルを用いて再現した計算結果が濃淡で示されている. 地形的な制約があるためにそれなりに形状が再現できるが, このように比較的小さな流れであっても, 実際は複合流れを考慮しない限り細部まで再現できない.

となるかは状況によって異なる. 溶岩流出直後の噴火口付近においては, 高温の溶岩が大気へと露出したまま流下するため, 絶対温度の 4 乗で熱を損失する熱放射の効果が大きい. しかし表面を固化した溶岩がおおい始めると, その面積に応じて熱放射の効率は減少し, 熱伝導によって内部の熱を外側へと伝える効果が卓越する. その際, 固体部分の熱伝導が冷却の効果を決める場合もあれば, 大気の対流による表面部分の冷却や, 溶岩内部の対流による熱的混合が重要となる場合もある. こうした研究に加えて, 降水の効果が大きいとする報告や, 地表面や地下に存在する水の気化熱が重要とする報告もある.

もちろん一般にパラメータの数を増やしてもモデルの精度が上がるわけではないので，系を決定付ける重要な効果から順にモデルへと導入することが適切であると考えられる．しかしながら，それではどの効果が重要であるかというと，個別の事例においては大きく変化する可能性も指摘されており，こうした点を考慮するために結晶化の潜熱や揮発性物質の気化熱，乱流散逸による発熱や固体部分の取り込みによる冷却など，さまざまな効果を考慮できるモデルも開発されて研究が進められている．

(5) 単純化モデル

　実際の溶岩流は首尾一貫して同程度のレイノルズ数・ビンガム数で流動するわけではない．たとえば噴火口が山腹に存在し，噴火後の溶岩が斜面を流下する場合を考えると，噴火口付近においては，最も高温で粘性の低い流体部分が急勾配の斜面を流れるため，流速が増してレイノルズ数が大きくなる．しかしこの溶岩が低地に到達すると，低温かつ高粘性となって勾配のない低地に堆積し，レイノルズ数は格段に小さくなる．こうした現象を精密にかつ統一的に解くことを考えると，数学的にはやはり式 (3.3.3) に立ち戻り，三次元的にこれを解く必要があるように見受けられる．しかし熱モデルやそのほかの要素における不確定性を現実的に評価すると，重要度の高い最小限の効果を少しずつ付加していって，目的に合ったモデルの構築を目指す方がよいのかもしれない．

　とくに防災の観点から考えると，最も重要な地形的拘束の効果が考慮された上で，高い数値安定性を保ちながら短時間で計算が終了するモデルこそ，現実的に必要なものとする考え方もある．そこで最も単純な仮定として，溶岩流の速度が十分に遅く，しかも時間や場所による変化がないものと仮定し，さらに粘性などによる散逸すらないものとすれば，式 (3.3.3) で残るは重力項のみとなり，

$$\nabla P + \boldsymbol{F} = 0 \tag{3.3.9}$$

を満たすことになる．つまり流体の内部圧力と外力（傾斜などによる駆動力）とが釣り合う状態になるというもので，傾斜がそれほど大きくない場合

は，下記のように近似的に書くことができる．

$$\nabla P + F \sim \rho g \left(\sin a - \frac{\partial H}{\partial h} \right) \sim \rho g \left(-\frac{\partial Z}{\partial x} - \frac{\partial H}{\partial x} \right) \sim -\rho g \frac{\Delta (Z+H)}{\Delta x} = 0 \quad (3.3.10)$$

これは大雑把にいえば，「高きから低きに流れて淀みに溜まる」ということであり，比較的短い時間スケールでのシンプル流れの挙動については有用な近似である場合が多い．とくに火山の斜面にある谷地形を流れる場合は，この近似が驚くほどうまく流路を再現できることが知られている．数値的手法として，高い安定性を持つセルラーオートマトン法による解析が行われており，ある程度の成功をおさめている．こうした手法は，計算量が非常に少ないという利点があり，とくに瞬時に流路の予測値がほしい場合には現実的な手法ということができるかもしれない．

(6) 今後の課題

溶岩流は，物性が時間的に変化する多相系の流体が地表を三次元的に流れるという複雑な現象である．この挙動を正確に推定するには，三次元多成分多相系で熱と流動と破壊とをカップリングした数値モデルを構築し，十分に小さな空間解像度と時間解像度で計算する必要があるのかもしれない．しかしながら，たとえこのような数値モデルを用いても，計算に必要となるパラメータは多岐にわたり，そのすべてについて適切な値を決めることは，これまでの観察や実験によるデータだけでは事実上不可能である．そのような複雑なモデルは，一般に数値不安定性など，数学的な問題が生じる場合が多いことを考えると，むしろ不都合が多くなるのかもしれない．その意味で，モデルの一部分だけを盲目的に複雑にすると，対象とする現象を支配する物理と数値的誤差とのバランスが崩れて，かえってモデルの精度が落ちる可能性がある．

溶岩流のモデル化は防災工学から差し迫った要請があることと，現象の全体像を定量的に理解する上で有益であることから，活発に研究が行われているとはいえ，現状では，すべての溶岩流の流動を正確に再現できるモデルは存在しないことに留意し，モデルの適用範囲を十分に理解した上で，現象に適用するための適切なモデルを選択する必要がある．

3.4 噴煙と火砕流

小屋口剛博・鈴木雄治郎

爆発的な噴火では，火道中で膨張し加速された細粒火砕物と火山ガスの混合物が，数百 m s^{-1} の速度で火口から噴出し，噴煙や火砕流を形成する．本節では，噴煙や火砕流のダイナミックスを支配する物理を復習し，これらの現象に関する数値シミュレーションの現状について整理する．

(1) 基礎となる物理

火山噴煙は細粒火砕物と火山ガスと空気の混合物である．この混合物が大気より低密度の場合，浮力によって大気中を上昇し，噴煙柱を形成する．一方，混合物が大気より高密度の場合，高温かつ高密度を保ったまま火山の斜面を流れ下り，火砕流となる．以上のように，噴煙や火砕流のダイナミックスを理解する鍵は，噴煙と大気の密度の大小関係にある．この点についてもう少し詳しく考えよう．

爆発的な噴火では，ほとんどの火砕物が数 mm 以下の粒径まで破砕されているので，噴煙全体の運動に比べて個々の火砕物粒子と気相の相対速度は無視できるほど小さく，また火砕物粒子と気相は瞬時に熱平衡に達する．このとき，火砕物＋火山ガス＋空気の混合物の密度 ρ の逆数（比体積）は，

$$\frac{1}{\rho} = \frac{\{n_a + n_v(1-n_a)\}RT}{p} + \frac{(1-n_a)(1-n_v)}{\rho_l} \quad (3.4.1)$$

で表される．ここで，p は圧力，ρ_l は火砕物の密度，R は混合物のガス定数，T は混合物の温度である．n_a は火砕物＋火山ガス＋空気の混合物中の空気の重量分率，n_v はマグマ（火砕物＋火山ガス）中の火山ガスの重量分率である．右辺の第一項は単位質量の混合物において気体（火山ガス＋空気）がしめる体積を表し，第二項は単位質量の混合物において火砕物がしめる体積を表す．

式（3.4.1）の関係から，マグマの性質，大気の性質，空気と噴出物の混合比を与えることによって噴煙の密度を求めることができる（図 3.4.1）．噴煙

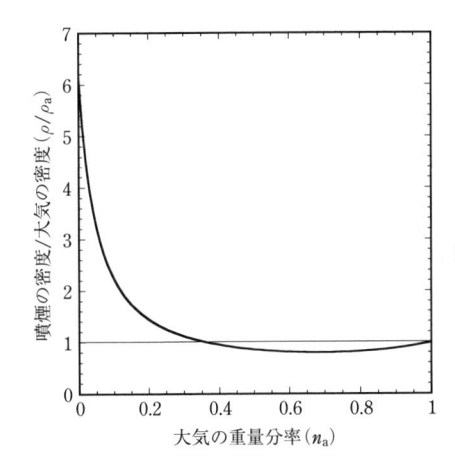

図 3.4.1 噴煙と大気の混合による密度変化

密度については，同じ高度の大気の密度によって規格化した．大気温度 300 K，マグマの温度 1000 K，マグマ中の火山ガスの重量分率 0.03 という値を用いた．

の密度は，火口から噴出した時点，つまり空気の重量分率が 0 のときには空気の密度の数倍から十倍程度の値を持つ．周囲の空気と混合すると，空気が熱せられることによって膨張し，式 (3.4.1) 右辺第一項の値が著しく増加する．その結果，噴煙全体の密度が大気の密度以下まで低下する．このように，空気と噴出物の混合比が変化することによって，噴煙と大気の密度の大小関係が変化することが，噴煙柱や火砕流という多様な運動様式をもたらす原因となる．すなわち，噴煙のダイナミックスを理解する鍵は，噴煙と空気の混合過程を再現し，噴煙が大気中で獲得する浮力を正確に見積ることにある．

(2) 一次元定常噴煙柱モデル

噴煙と空気の混合過程は，高レイノルズ数流れの乱流ジェットおよび乱流プルームという流体力学的問題の観点から理解することができる．一般に，均質な静止流体（噴煙の場合，周囲の空気）中で上昇する乱流ジェット・乱流プルームは，「局所的な上昇速度に比例する速度で周囲の静止流体を取り込む」という著しい性質を持つ（Morton et al., 1956）．この性質は「エントレインメント仮説」と呼ばれ，また，その比例係数は「エントレインメント係数」と呼ばれる．実験的に得られているエントレインメント係数を用いることによって，噴煙のダイナミックスを支配する噴煙と空気の混合過程を記

述することができる．これまでに，このエントレインメント仮説に基づいて一次元定常噴煙柱モデルが定式化され，噴煙柱の構造，火砕流の発生条件，噴煙柱高度などについて多くの知見が得られてきた（たとえば Sparks, 1986; Woods, 1988）．以下では，一次元定常噴煙柱モデルの結果に基づいて，噴煙柱のダイナミクスと火砕流の発生条件を概観しよう．

　図3.4.2には，噴煙柱の構造の概念図と一次元定常噴煙柱モデルによる上昇速度，密度の鉛直分布のシミュレーション計算結果を示した．火道中で膨張し加速された火砕物と火山ガスの混合物は，数百 m s^{-1} の速度の乱流ジェットとして噴出する．この時点で，火砕物と火山ガスの混合物は，空気の数倍から十倍程度の密度を持つ．したがって，火口から吹き上げられた噴煙は，下向きの浮力を受け急減速する．この領域を「ガス推進域」と呼ぶ．ガス推進域の噴煙は，上昇運動に伴う渦によって周囲の空気を取り込む．取り込まれた空気は火砕物からの熱によって瞬時に温められて膨張し，噴煙全体の密度が急速に減少する．もし，火口噴出時の運動量を完全に失う前に十分な空気を取り込み，噴煙が大気より低密度になれば，噴煙は浮力によって大気中を上昇する（図3.4.2の実線の結果）．この領域を「対流域」と呼ぶ．周囲の大気の密度は高度とともに減少するので，上昇した噴煙は高層大気で再び周囲の大気と同じ密度となる．ここで噴煙は上向きの運動量を失い，水平方向に広がる「傘型噴煙」となる．以上が，高層大気まで到達する噴煙柱のダイナミクスの概要である．

　図3.4.2の破線は，初速度が小さくガス推進域で十分に空気を取り込む前に上向きの運動量を失った場合の結果である．この場合，噴煙は崩壊して火砕流となる．図3.4.2の結果から，噴出率を固定したまま初速度をパラメータとして連続的に減少させた場合，噴煙の到達高度が不連続に変化して，噴火様式が噴煙柱を形成するタイプから火砕流が発生するタイプに変化することがわかる．

　浮力によって上向きの運動量を得るタイミングは大局的にはマグマの噴出率と大気の取り込み率の比率によって決まる．噴出率は火口の径と初速度の増加に伴って大きくなるため，図3.4.2のように噴出率を固定し初速度を小さくすることは，火口の径を大きくすることに相当する．噴出率が火口の径

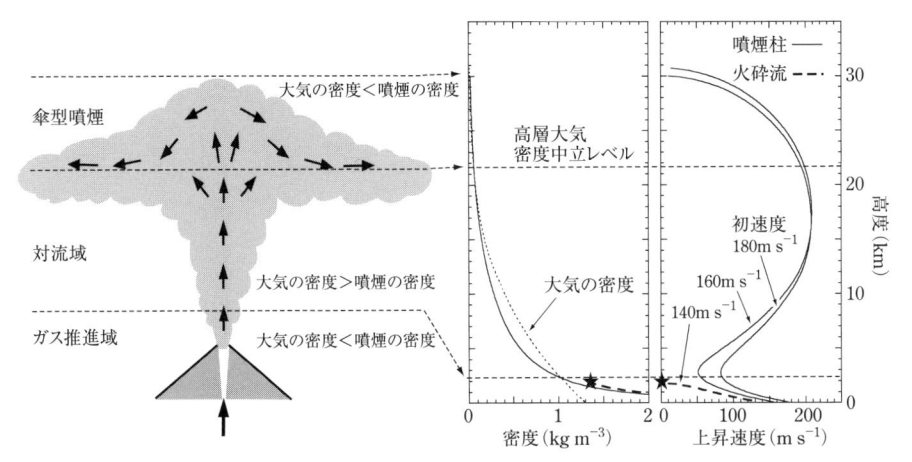

図 3.4.2 プリニー式噴火の噴煙柱の概念図と一次元定常噴煙モデル（Woods, 1988）による噴煙柱の密度と上昇速度の鉛直分布に関する計算結果
　　星印は火砕流の発生を表す．噴出率を 5×10^8 kg s^{-1} に固定して，初速度を 180 m s^{-1} から 140 m s^{-1} まで変化させた．マグマの温度 1000 K，マグマ中の火山ガスの重量分率 0.03 および中緯度地域の大気構造を用いて計算した．

の 2 乗に比例する一方，噴煙のまわりから空気を取り込む率は噴煙の径の 1 乗と上昇速度に比例する．したがって，火口直上の噴煙の径が火口の径程度であるとすると，火口の径が増加するにつれて，噴出率に対し相対的に空気の取り込み率が減少し，火砕流を発生しやすい条件になる．火砕流の発生条件は，火口の径などの地質学的条件に加えて，火口噴出時の密度が小さいかどうか，つまりマグマ中の揮発成分量や温度などのマグマの性質にも依存する（式 (3.4.1) を参照）．

　図 3.4.2 の結果を見ると，ひとたび高層大気まで噴煙柱が成長した場合，その到達高度は火口での初速度にあまり依存しないことがわかる．噴煙のダイナミックスは，「安定に密度成層していた大気を乱流で取り込み，マグマの熱エネルギーによって持ち上げて位置エネルギーを獲得する過程」である．したがって，エントレインメント仮説が成り立つ場合，噴煙の到達高度，あるいはより一般的に，噴煙の規模に関するあらゆる量（噴煙柱の体積流量や傘型噴煙の拡大率）は，マグマからの熱の供給率によって決定され，ほかの条件にあまり依存しない．具体的には，マグマの噴出率 $\dot{m}$ (kg s^{-1})，マグマ

と大気の温度差 ΔT (℃) を用いて，到達高度 H (m) を，

$$H \sim 50(f\dot{m}\Delta T)^{1/4} \tag{3.4.2}$$

によって概算することができる (Morton *et al.*, 1956). ここで f は，マグマから大気への熱交換の効率を表し，マグマの破砕の程度が増加するにしたがって 0 から 1 に増加する．式 (3.4.2) の関係があるという事実は，噴煙の規模や運動からマグマの噴出率などの火口における条件を推定することが可能であることを意味する．実際，一元定常噴煙柱モデルについては，大気密度成層や湿度の垂直分布の影響，外来水の蒸発の効果，水蒸気の凝縮による潜熱の効果を入れた洗練された数値モデルが開発され，野外観測結果から火口における噴火の条件を定量的に推定することが可能な段階に達している (たとえば，Koyaguchi and Woods, 1996).

(3) 傘型噴煙と火砕流の水平方向の拡大

先にも述べたように，爆発的噴火で形成された噴煙柱は，高層で再び大気と同じ密度を持ち，その高度で傘型噴煙として水平に拡大する (図 3.4.2). この傘型噴煙の水平方向の運動の駆動力は，「重力流」というメカニズムで説明される (Holasek *et al.*, 1996). 噴煙は，大気という密度勾配を持った場において，密度が釣り合ったレベル（密度中立レベル）である厚みを持って貫入する．このような状況では，噴煙内に水平方向に圧力勾配が生じ，それが傘型噴煙の水平方向の運動を駆動する．直感的には，厚み h を持った円柱が密度中立レベルで上下につぶされることによって同心円状に水平方向に広がる現象と考えればよい（図 3.4.3a）.

「一定の密度勾配を持つ静止流体の密度中立レベルで一様な密度の流体が同心円状に拡大する流体運動」に対して次元解析を適用すると，傘型噴煙の拡大則を求めることができる．すなわち，傘型噴煙の体積 V が Q をパラメータとして時間とともに $V=\pi r^2 h = Qt^a$ で増加するとき，傘型噴煙の先端の位置 r が，

$$r \sim C_1 N^{1/3} Q^{1/3} t^{(a+1)/3} \tag{3.4.3}$$

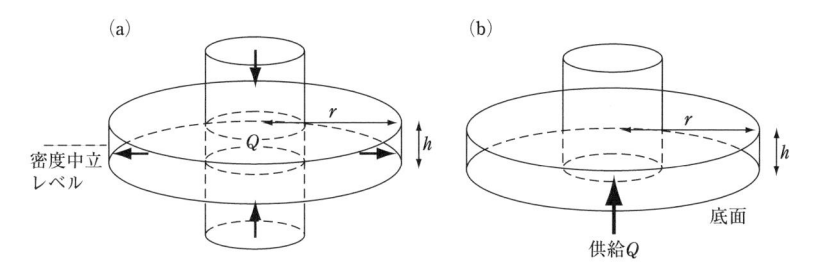

図 3.4.3 噴煙の傘型域および火砕流の拡大の概念図
(a) 傘型域では，一定の密度勾配を持つ静止流体の密度中立レベルで一様な密度の流体がつぶれることが原動力となる．(b) 火砕流は均質な静止流体の底面で高密度の流体がつぶれることが原動力となる．

のように変化するという関係を得る．ここで，Nは大気の密度成層を特徴付ける量であり，ブラント・バイセラ振動数と呼ばれる．C_1 は，実験によって 0.6-0.7 程度の定数であることが知られている．傘型噴煙の拡大は人工衛星画像などによって直接観測することが可能である．また，降下火砕物の大部分はこの傘型噴煙からもたらされる．したがって，傘型噴煙の拡大様式に関する観測結果や降下火砕堆積物の性質に式 (3.4.3) の拡大則を適用することによって，Qt^a に相当する量を推定し，さらに先の噴煙柱モデルを合わせて用いることによって，火口における噴火条件を推定することが原理的に可能である．

傘型噴煙と同様，火砕流の水平方向の拡大についても重力流という流体力学的問題として理解することができる．ただし，火砕流の場合，大気より高密度の流体が地表面を流れる点が傘型噴煙と異なる．火砕流と大気の密度差が十分大きい場合，その運動は均質な静止流体の底面で高密度の流体がつぶれるという運動に近似される（図 3.4.3b）．次元解析より，その拡大則は，

$$r \sim C_2 \left(\frac{\Delta \rho g Q}{\rho_\mathrm{a}} \right)^{1/4} t^{(a+2)/4} \tag{3.4.4}$$

で与えられる．ここで ρ_a は大気の密度，$\Delta \rho$ は大気と火砕流の密度差，g は重力加速度である．C_2 は，実験によって 0.8 程度の定数であることが知られている．

以上のように，傘型噴煙や火砕流の水平方向の拡大の概要は，重力流とい

う流体力学的問題として定式化され，次元解析に基づいて半定量的拡大則を得ることができた．しかしながら，これらの拡大則が傘型噴煙や火砕流の運動の全貌を記述するわけではない．たとえば傘型噴煙は，重力流による拡大に加え，風に流されることによって水平方向に移動する．噴出率の大きい噴火においては，重力流による駆動力が大きいため，風の影響を無視することができる．一方，小さい噴出率の噴火では，重力流による拡大速度が小さく，風の影響が支配的になる．また，火砕流の運動は谷などの地形に強く支配される．さらに，流走途中に周囲の空気を取り込んだり高密度の火砕物を堆積することによって，火砕流の密度は減少する．火砕流の一部あるいは全体が大気より低密度になると，その部分は浮力によって上昇する．この現象は「灰神楽（はいかぐら）」と呼ばれ，火砕流の運動を特徴付けるものである．これらの効果や現象を考慮に入れ，さらに，火砕流の発生，傘型噴煙の拡大，噴煙柱のダイナミックスを統一的に理解するためには，以下に述べる多次元非定常噴煙モデルに基づく解析が必要となる．

(4) 多次元非定常噴煙モデル

火山噴煙に対する多次元非定常モデルでは，式 (3.4.1) のような噴煙と大気の混合比と密度の関係を考慮した上で，流体方程式を直接解くことによって噴煙のダイナミックスが再現される．モデルによっては，火砕物と気相の分離や大気中の水蒸気の凝縮の影響が考慮されている（たとえば Valentine and Wohletz, 1989）．

多次元非定常モデル開発の難しさの一つは，乱流混合を定量的に再現する点にある．一般に多次元非定常噴煙モデルを用いて流体方程式を直接解く場合，モデル定式化における制約から，先に述べたエントレインメント仮説をアプリオリに仮定することができない．その上で乱流混合を定量的に再現するためには，①乱流の三次元的揺らぎを再現するために三次元座標系を用いること，②高いレイノルズ数を実現するための高空間分解能の計算手法を適用すること，という2つの条件を満たすことが本質的に重要である（Suzuki et al., 2005）．噴煙と大気の混合過程こそが噴煙のダイナミックスを決定する主要因であることを考慮すると，これらの条件を満たすことは噴煙のダイナ

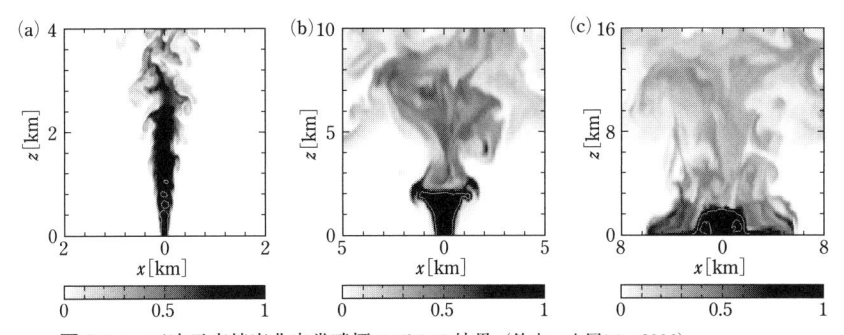

図 3.4.4 三次元高精度非定常噴煙モデルの結果（鈴木・小屋口，2006）
濃淡はマグマ（火砕物＋火山ガス）の重量分率を表す．(a) 噴煙柱の形成（火口径：138 m），(b) 中間状態（776 m），(c) 火砕流の発生（1232 m）．

ミックスを定量的に再現する上で決定的である．一方，そのためには非常に大規模な計算を実行する必要があり，それがモデル開発の障害となってきた．

近年，コンピュータ技術が急速に進展したことによって，上の条件を満たし，乱流混合を定量的に再現する三次元非定常噴煙モデルの結果が得られるようになった（Suzuki *et al.*, 2005）．これらの計算結果では，噴煙柱の形成，火砕流発生，傘型噴煙の拡大など，噴煙のダイナミックスの基本的性質が再現されている（図 3.4.4）．火口の径が小さい場合（138 m；図 3.4.4a），噴出した噴煙は外縁部から周囲の大気と混合し，浮力を得て噴煙柱を形成する．一方，火口の径が大きい場合（1232 m；図 3.4.4c），噴煙柱形成に必要な空気を取り込む前に運動量を失い高濃度の火砕流を発生する．火砕流は，その上面で空気を取り込み，灰神楽を形成する．三次元非定常噴煙モデルでは，噴煙柱形成と火砕流発生の中間状態における流れの性質についても明らかになった．すなわち，火口径が 776 m の中間状態では，火口直上で空気の取り込み率が低い高濃度・高密度噴煙による噴水のような構造が形成され，その構造の上部で生じる大規模な渦によって多量に空気が取り込まれ，そこで密度が急減少することによって噴煙柱が形成される（図 3.4.4b）．

三次元非定常噴煙モデルは，噴出率の時間変化に伴う噴煙の到達高度の変動や風の影響など，一次元定常モデルで記述できなかった一般的条件の噴火現象を解析する基本的ツールとなる．同時に，これらのモデルを「無風かつ定常的噴火」の条件に適用することによって，先に述べた一次元定常モデル

におけるエントレインメント仮説や火砕流・傘型噴煙の拡大則などを検証することも可能である．

(5) 今後の課題

ここまでに述べたように，噴煙と火砕流については，一次元定常噴煙柱モデルや重力流モデルに基づいて，そのダイナミックスを支配する物理の概要，火砕流の発生条件，噴煙柱の到達高度，火砕流や傘型噴煙の拡大則について理解が進んできた．また，これらの現象を統一的に理解するための多次元非定常噴煙モデルの開発が進んだ．多次元非定常噴煙モデルについては，噴煙のダイナミックスの最も本質的な物理過程である乱流混合と混合物の密度変化について定量的に再現できるようになった．

噴煙と火砕流のダイナミックスについては，いくつか本質的な課題も残っている．たとえば，火砕流のダイナミックスについては，「何がその最大到達距離を決定するのか」という基本的問題が未解決である．火砕流の到達距離は，大局的には，固体粒子同士や底面における摩擦によってエネルギーが散逸し火砕流が停止すること，大気との混合や堆積作用によって低密度になり火砕流全体が灰神楽として上昇すること，という2つの要因で決まると考えられるが，いずれの要因が支配的であるかについては未だ決着がついていない．この問題を解決するためには，重力流と大気との乱流混合，火砕物間の衝突・摩擦，火砕物の分離・堆積作用などの効果を定量的に再現するモデルが必要となる．

噴煙や火砕流については，目視観測，リモートセンシング，堆積物など多様な手段の野外観測が可能であり，今後，野外観測結果との定量的な比較に基づいた実証的なモデル開発が進むことが期待される．その場合，上に述べた乱流混合や火砕物の分離・堆積作用の効果に加えて，特に比較的規模が小さい噴火の噴煙について，風の影響，外来水の影響，水蒸気の凝縮による潜熱の効果を考慮した三次元非定常噴煙モデルの開発が必要となる．

3.5 火山性爆風

齋藤 務

　エネルギーがごく短い時間内に大気中に解放されると，周囲の媒体を圧縮する圧力波を生じるが，エネルギーが十分大きい場合，この圧力波はやがて衝撃波となり，音速を超える速さで周囲に広がっていく．この三次元的に伝播する衝撃波背後では，圧縮波のみならず膨張波や第二衝撃波を生ずるなどして複雑で非定常な流れ場が現れる．この三次元的に広がりながら伝播する衝撃波およびそれが誘起する流れ場を含めて「爆風」と呼ぶことがあり，また衝撃波が遠方まで伝播して音のレベルまで減衰したものを「空振」と呼んでいる．1986年に伊豆大島で三原山が噴火した際，神奈川県の住宅で雨戸がカタカタと音をたてて揺れたという報告があるが，これなどは空振によるもので，噴火のエネルギーが数十 km 以上も大気中を伝わってきたことを示す．爆風の規模や振舞いは，噴火の際どのようにエネルギーが解放されたかということと密接に関係しているので，これらを調べることによって噴火のメカニズムを研究する上で有益な情報が得られると期待されている．

　火山噴火に伴う地表現象として現れる爆風は，その規模によっては大きな災害を引き起こすが，最近では2004年の浅間山噴火によって建物の窓ガラスが割れるなどの被害が報告されている．本節では爆発的火山噴火に伴う衝撃波の発生と伝播，さらにはこれらの研究を基にした爆風災害の分布予測について数値解析する方法を紹介する．

(1) 爆風の発生と伝播

　初めに，観測の尺度に比べて小さな体積に閉じ込められた高圧気体が瞬時に解放される際に生じる衝撃波，およびその背後に誘起される流れの一般的な特徴を述べておく．図3.5.1は，10気圧の空気を充填した球状の容器が瞬間的に取り除かれて，周囲の大気中に衝撃波が発生し伝播していく様子を計算したものである．同図 a から d の縦軸は大気圧で無次元化した圧力，横軸は容器の半径 r_0 で無次元化した距離である．図3.5.1a は初期状態で，球

の内部に 10 気圧の空気が充填されている様子を示している．同図 b は容器が取り除かれた直後（$r_0 = 1$ m の場合 1.8 ms 後に相当）の様子で，周囲の大気中に不連続な圧力の跳びとして衝撃波（第一衝撃波）が発生し，また球の中心に向かって膨張波が伝播して，その背後で圧力が急速に減少している様子がわかる．この圧力低下は管の中などでの一次元的膨張に比べて大きく，やがてこの過剰に低下した圧力を回復させる第二衝撃波が原点に向かう波として誕生する（図 3.5.1c）．第二衝撃波は原点で反射した後，第一衝撃波を追う形で大気中を外側に伝播していくが，この第二衝撃波により，第一衝撃波背後の膨張波によって負圧になった圧力はほぼ大気圧にまで回復する．このように，爆風は第一，第二衝撃波およびその間の膨張波によって，N 字型の圧力分布を保ちながら大気中を伝わっていく（図 3.5.1d）．

　以上のことから，火口から離れた地点で圧力を測定すると，第一衝撃波による急激な圧力上昇と，それに引き続いての連続的ではあるが大きな圧力低下を記録し，次に第二衝撃波によって圧力がほぼ大気圧にまで急激に回復する様子を観測することになる．図 3.5.1e は爆源から 3 r_0 の距離で観測される圧力を，横軸に特性時間（$r_0 = 1$ m の場合 3.6 ms）で無次元化した時間をとって表示したものである．このような圧力変化の様子は火山噴火に限らず，超音速飛行に伴うソニックブームや雷鳴などでも見られる球状衝撃波の一般的な特徴となっている（Glass, 1974）．

(2) 数値シミュレーションの方法

基礎方程式

　大気中を伝播する爆風の振舞いは，空間を小さな計算セルに区切り，質量，運動量，エネルギーの保存則をたて，時間の進行に合わせて順次数値的に解いていくことによってシミュレーションすることができる．その基礎方程式は三次元空間では，たとえば以下のような偏微分方程式の組で表現することができる（Anderson et al., 1984）．

$$\frac{\partial}{\partial t}\rho + \frac{\partial}{\partial x}(\rho u) + \frac{\partial}{\partial y}(\rho v) + \frac{\partial}{\partial z}(\rho w) = 0 \qquad (3.5.1)$$

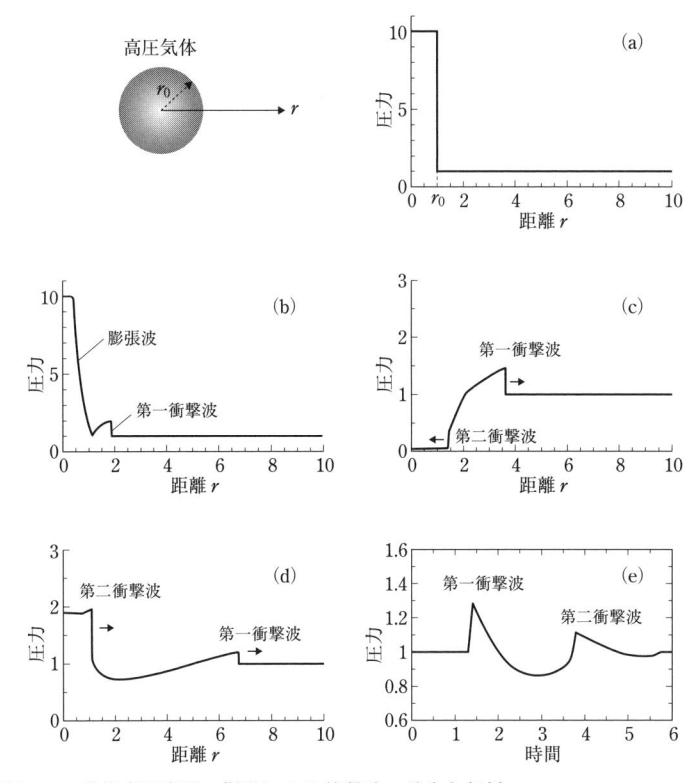

図 3.5.1 球状高圧容器の爆発による衝撃波の発生と伝播
$r_0 = 1$ m のとき，(a) $t = 0$（初期状態），(b) 1.8 ms，(c) 6.1 ms，(d) 12 ms における圧力分布．(e) $r = 3r_0$ における圧力履歴．

$$\frac{\partial}{\partial t}(\rho u) + \frac{\partial}{\partial x}(\rho u^2 + p) + \frac{\partial}{\partial y}(\rho v^2) + \frac{\partial}{\partial z}(\rho w^2) = 0 \tag{3.5.2}$$

$$\frac{\partial}{\partial t}(\rho v) + \frac{\partial}{\partial x}(\rho u^2) + \frac{\partial}{\partial y}(\rho v^2 + p) + \frac{\partial}{\partial z}(\rho w^2) = 0 \tag{3.5.3}$$

$$\frac{\partial}{\partial t}(\rho w) + \frac{\partial}{\partial x}(\rho u^2) + \frac{\partial}{\partial y}(\rho v^2) + \frac{\partial}{\partial z}(\rho w^2 + p) = 0 \tag{3.5.4}$$

$$\frac{\partial}{\partial t}E + \frac{\partial}{\partial x}(u(E+p)) + \frac{\partial}{\partial y}(v(E+p)) + \frac{\partial}{\partial z}(w(E+p)) = 0 \tag{3.5.5}$$

式 (3.5.1) が質量保存，式 (3.5.2)，(3.5.3)，(3.5.4) が x, y, z 方向の運動量保存を，そして式 (3.5.5) がエネルギーの保存則を表している．記号 p, ρ は気体の圧力と密度，u, v, w はそれぞれ x, y, z 方向の速度成分を，E は単位体積の気体の内部エネルギーと運動エネルギーの和である．上記5つの方程式には6個の未知数が含まれているので，これらを求めるためには関係式が不足している．そこで未知数と方程式の数を合わせて解を求めるために気体の状態方程式を用いるが，最も簡単かつ広範囲で成り立つものとして，気体の内部エネルギーに関する状態方程式 $e=p/(\gamma-1)\rho$ を用いる．ここで e は気体の単位質量あたりの内部エネルギー，また γ は気体の比熱比で空気では 1.4 である．これによって6番目の関係式

$$E = \frac{p}{\gamma-1} + \frac{\rho}{2}(u^2+v^2+w^3) \qquad (3.5.6)$$

を得て方程式系を閉じることができる．

数値計算法

式 (3.5.1)～(3.5.6) を基礎方程式として，計算領域に分布させた格子点あるいは計算セル上での解を計算機で求めていくことになるが，粘性および熱伝導を無視した微分方程式系では衝撃波は不連続面となり，境界条件として扱わなくてはならない．しかしながら，衝撃波は計算領域内にあって，その位置も強さも流れによって変化するため，これを境界条件として計算を進めることには困難が伴う．

この問題を回避して，衝撃波も数値計算の解として求めるように工夫したものが衝撃波捕獲法と呼ばれる計算法であり，有限差分法 (Finite Difference Method; FDM) を用いたものでは，数値粘性と呼ばれる人工的な粘性項を衝撃波に付加して，不連続面が数個の計算格子で捉えられる程度に平滑化する方法がとられる．また，基礎方程式系を積分形で表現すると，その弱解として衝撃波のような不連続解を許すことができるので，これを計算セルに適用するのが有限体積法 (Finite Volume Method; FVM) である．FDM, FVM ともにこれまで数多くの方法が開発されているが，筆者らはこれまで主に空間，時間ともに二次の精度を持つさまざまな数値解法 (Harten, 1983;

Toro, 1992）を用いて，超音速流れの数値計算を行ってきた．

　大気には粘性があるため，地表など固体壁面上を流れるとき，流速が壁面でのゼロから主流速度まで急速に変化する境界層を生ずる．爆風による大気の流れでは，この境界層厚さは流れの尺度に比べて小さく，計算機能力の制限により計算格子の最小間隔が 10 m 以上である現状では，この境界層を正確に表現することができない．したがってこれまでほとんどの場合，前出の粘性および熱伝導を無視した基礎式（オイラー方程式）を採用している．しかしながら数 m の空間解像度での数値解析では，粘性・熱伝導を考慮にいれた基礎方程式（ナビエ・ストークス方程式）を解く必要があると考えられる．

地形と数値格子

　地表を伝播する衝撃波は，山や谷などの複雑な地形によって反射や回折を繰り返し，平面を伝播する場合とはかなり様相を異にする．山肌などでは反射して圧力は上昇し，また山の尾根を回りこむ際には膨張波を伴って圧力が低下するなどである．したがって爆発的火山噴火による爆風の発生と伝播をシミュレーションするためには，地表形状を考慮する必要がある．

　地形を考慮した計算空間を作成するために，地形図から等高線を読み込み，平面に正方状に配置した格子点の標高を補間によって求める計算プログラムを開発して地形を再現していたが，最近ではかなり詳細な数値地図が作成されるようになり，比較的簡単に入手できるようになっている．

噴火モデル

　噴火の際どのようにエネルギーが解放されるかを仮定し，計算の初期条件および境界条件として組み込んで，さまざまな噴火形態に対する爆風伝播の様子を計算することができる．この噴火モデルについて，代表的なものを以下に紹介する．

　①高圧容器モデル：図 3.5.2a に模式的に示すように，火口に相当する位置に大気より高圧の気体を詰めた容器があり，この容器の壁がすべて瞬間的に取り除かれた場合に相当する噴火モデルで，火口に一定のエネルギーが蓄積していて，これが一気に解放される場合に相当する．

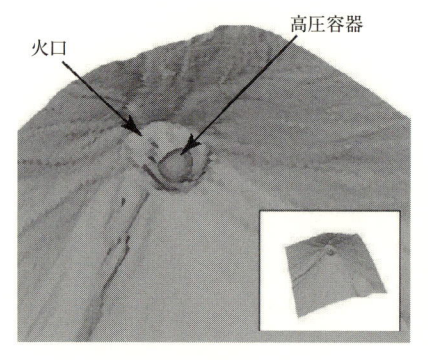

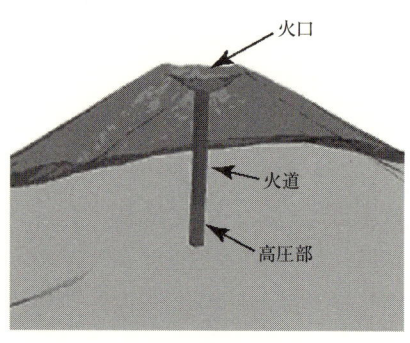

(a) 高圧容器モデル　　　　　(b) 衝撃波管モデル
図 3.5.2　代表的な噴火モデル

②噴流モデル：火口を噴出口として高温の火山性気体が流速を持って噴出するとした場合の噴火モデル．

③衝撃波管モデル：図 3.5.2b に示すように，火口に続く火道の形状を想定して計算セルを配し，その最深部の一定体積部分に高圧気体を封入して，計算の開始とともにこの高圧気体を解放する噴火モデル．超音速流れの実験で衝撃波を発生するために用いられる衝撃波管と同じ動作原理によって，火道内で衝撃波が発生して，これが火口から大気中に伝わっていく．

高圧容器モデルは単純で，実際の火山噴火の様子からはかけ離れているように思われる．一方，衝撃波管モデルは火道形状も計算に反映できる点から，最も実際に近い噴火モデルということができる．しかしながら，一般に火道形状に関する情報はほとんど得られない上に，その火道形状が衝撃波およびそれに伴う流れに大きな影響を与えることから，数値解析によって火道形状を推測するなどの特定の目的を除いて，推測の域を出ないままに火道を計算に加えてもあまり意味があるとはいえない．一方，噴流モデルは，噴火の継続時間，噴出気体の温度，圧力などある程度の情報が得られれば，これらを計算に反映させることが比較的容易である点で，いちばん現実的な噴火モデルということができる．

図 3.5.3 は同じ量のエネルギー（3.2×10^{15} J）が解放されるとしたときの高圧容器モデルと噴流モデルによる衝撃波伝播の様子を，火口を含む垂直断面

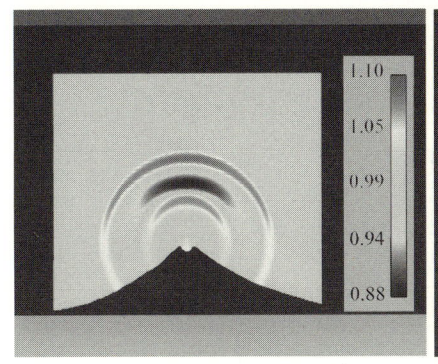

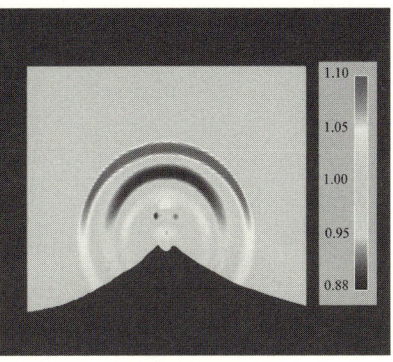

(a) 高圧容器モデル　　　　　　　(b) 噴流モデル

図 3.5.3　噴火後 8 秒の爆風圧力分布の比較
数値は大気圧で正規化した圧力．（カラー図はカバー袖を参照）

上に表示して比べたものである（カバー袖のカラー図を参照）．図 3.5.3a は火口に 2500 気圧，直径 300 m の球状気体を仮定した高圧容器モデル，図 3.5.3b は直径 110 m の火口から 694 m s^{-1} で，気体が 1 秒間噴出したとする噴流モデルで，どちらも噴火 8 秒後の圧力分布を示している．これらの噴火条件は，2 つの噴火モデルの違いを比較するため任意に選択したもので，実際の噴火データをもとに決めたものではないが，噴流モデルでは火口から上空に向かって圧力分布に強い指向性が現れている．

図 3.5.4 は噴火後 4 秒経ったときの流速ベクトルを表示したもので，2 つのモデルによって発生する渦の様子の違いを示している．同図 a では，火口近くに渦が発生しているが，これは爆風によって誘起された気流が火口壁に沿って流れることによって生じたもので，地形に依存して発生した渦である．同図 b は噴流モデルの場合で，火口上空に強い渦が発生していることがわかる．この渦は地形効果によるものではなく，高速噴流と大気の干渉により生じるもので，図 3.5.3b でも圧力の低い点として現れている．このように噴火モデルの違いにより，大気中での波動および流れの様子は大きく異なり，災害対策上重要となる地表での圧力についても，場合によっては 10 倍程度の違いを生じることが報告されている．

3.5　火山性爆風

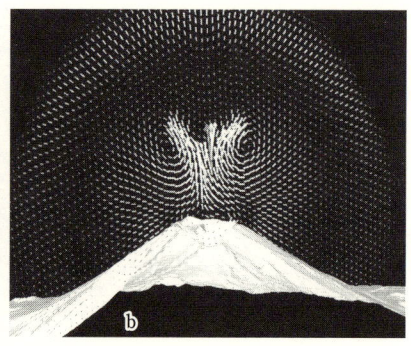

図 3.5.4　噴火後 4 秒における流速分布
(a) 高圧容器モデル，(b) 噴流モデル．

(3) 数値計算の例

　前節で述べた方法で，爆発的噴火による衝撃波伝播の様子を計算した例を紹介する．図 3.5.5 は 1991 年 6 月 8 日の雲仙普賢岳の噴火によって発生した衝撃波を地表の圧力分布で示したものである（谷口ほか，1994）．この噴火では，爆発地点より 2.7 km 離れた垂木台地に置かれたブラストメータによって過剰圧 0.28 bar の衝撃波の発生が確認されている．衝撃波は三次元的に広がって伝播する際に減衰するが，この噴火の場合，衝撃波が火口から 30 m 付近まで広がった時点ではその伝播速度のマッハ数はおよそ 5 であったと計算される．噴火気体の物性がわからないので詳しいことはいえないが，仮に噴火気体の比熱比が 1.3 で，音速が大気中の音速の 2 倍であったとすると，前述の高圧容器モデルを想定した場合，初期圧はおよそ 700 気圧と推定される．

　火山観測の技術は急速に進歩しているが，火山現象に関する多くの情報が得られるようになれば，ここで示したような数値計算と組み合わせることによって，火山噴火のメカニズムの解明に大きく貢献するものと期待できる．

(4) 数値シミュレーションによる火山防災

　爆風の数値計算が火山噴火のメカニズムを研究する手段の一つとして有効であることは前節に示した通りであるが，数値シミュレーションの結果を火

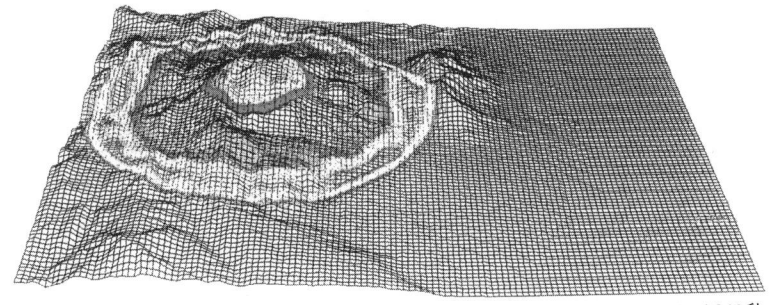

$t = 4.346$ 秒

図 3.5.5 雲仙普賢岳の噴火シミュレーションにおける地表面の圧力分布

表 3.5.1 爆風強度と災害(谷口, 1993)

I_b(爆風強度指数)	Δp(過剰圧:bar)	被害
0	0.001	騒音
1	0.0022	歪のある大きな窓ガラスが割れることがある
2	0.0046	歪のある小さな窓ガラスが割れる
3	0.01	窓ガラスが破損
4	0.022	屋根,家屋に軽微な損傷
5	0.046	窓ガラスが粉砕,ときに窓枠も外れる
6	0.1	樹木の枝が折れ,ときに倒れる.家屋の一部破損
7	0.22	樹木の90%が倒れる.鋼鉄,アルミ板の湾曲
8	0.46	鉄,木の柱が倒れる.家屋全壊,車両完全破壊
9	1.0 以上	煉瓦壁,オイルタンクなどの圧壊

山噴火の爆風災害予測に役立てることも可能である.爆風による災害の程度は,衝撃波波面における過剰圧の大小や,それが継続する時間にわたっての積分値(インパルス),さらには圧力波形そのものなど,さまざまな要因に依存することが知られているが,火山噴火に対してはこれらの詳細な情報を得ることが難しい.このため災害の種類と程度を,爆風通過時の最大過剰圧に関連付けた谷口らの研究結果を基にして,爆風災害の分布を予測する試みがなされている.表 3.5.1 はさまざまな爆風災害に対するデータ(Clancy, 1977;殿谷, 1983)をもとに作成された爆風強度とその災害の対応表(谷口, 1993)である.

先にも述べたように,衝撃波およびその背後の流れは地形による複雑な反射,回折によってその強さを変えるため,災害予測の観点からは地形の影響を考慮することが必須となる.図 3.5.6 は仮想的な岩手山の噴火に対して行

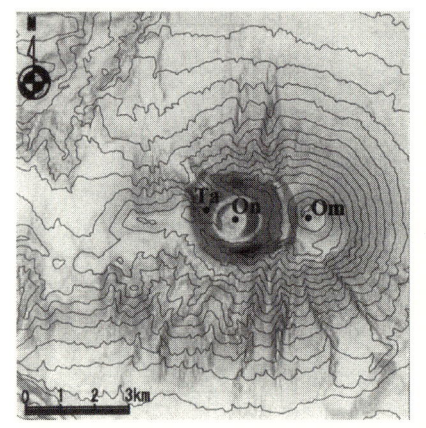

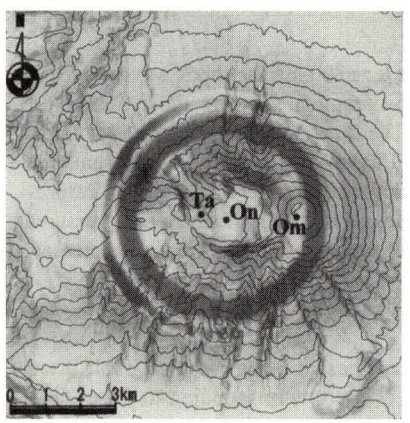

図 3.5.6　岩手山の仮想的噴火の数値シミュレーション
噴火後 0.09 秒（左）および 0.23 秒（右）での地表の圧力分布.

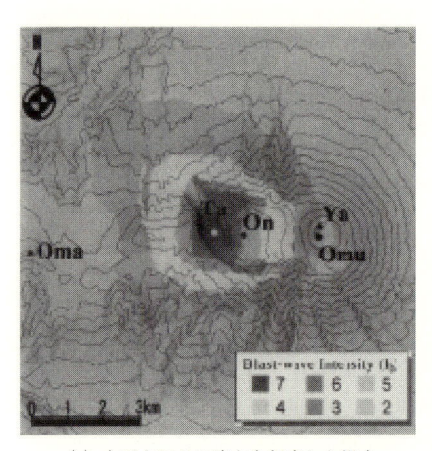

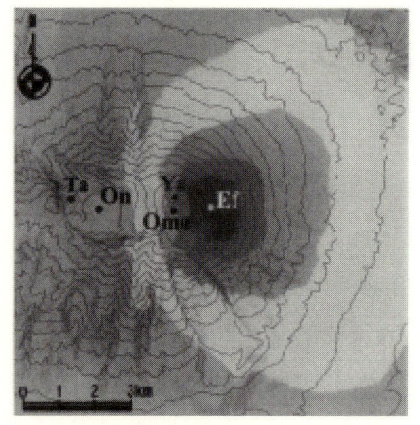

(a) 大正火口での噴火を想定した場合　　(b) 東側斜面での噴火を想定した場合
図 3.5.7　岩手山の仮想的噴火に対する災害分布予測図

った爆風伝播シミュレーションによって得られた地表の圧力分布であり，地形との干渉によって生じた圧力分布の不均一が明瞭に現れている（Saito et al., 2001）.

図 3.5.7 は地表の各点で観測される最大過剰圧から表 3.5.1 に基づいて予想される災害分布を 2 つの異なる噴火地点を想定して示したものである（Saito et al., 2001）. 想定した噴火地点に対し，過去に噴火した際の噴火エネルギー

量を火口の大きさから推定して，圧力容器モデルを使って計算した．このよう006な災害分布予測図は，防災上有効な情報として利用することができる．

3.6 火山性津波

今村文彦・前野　深

　火山噴火は沿岸域や浅海底でも頻繁に発生しており，それに伴う給源付近での急激な水位変動は，しばしば大規模な津波を引き起こしている．その結果，周辺部で局所的に大きな波高が生じ甚大な被害を出すことがある．火山噴火に関連した津波の発生要因を分類すると，①火砕流・岩屑流・泥流・溶岩流など火山性流れの海域への突流入，②カルデラ陥没・山体の沈降，③マグマ水蒸気爆発に伴うウォータードームの形成・崩壊，④衝撃波やベースサージの海水面への衝突などがある．

　このうち，火山体崩壊に伴う岩屑流と津波については，国内では北海道駒ケ岳，雲仙眉山，渡島大島，海外ではハワイ島，ストロンボリ火山がよく知られており，また近年では，スフリエールヒルズ火山やストロンボリ火山で火砕流が海へ流入し，津波が発生している．カルデラ陥没による津波については，巨大噴火の発生頻度がそもそも低いため，当然それによる津波の発生頻度は低い．しかしながら，低頻度であるがいったん発生すると多大な被害を出している．3万人以上の犠牲者を出した1883年インドネシア・クラカタウ火山の噴火や，最古の青銅器文明であるミノア文明の滅亡に影響したと考えられている紀元前1600年のエーゲ海・サントリーニ火山の噴火，国内では南九州の縄文文化に壊滅的被害を与えた約7300年前の鬼界カルデラの噴火などが実例として挙げられる．クラカタウ噴火に倣えば，沿岸域では30 m超の津波により激甚的な災害が引き起こされる可能性がある．

　一方で，火山性津波の発生過程が何らかの地球物理学的手法により直接観測されることはまれであり，津波発生メカニズムは基本的には遠方での津波観測データ（波高・波形），文献，地質痕跡により間接的に議論される．したがって，発生メカニズムの理解には，検潮所での観測データ，映像などに

よる直接観測に加えて,津波の物理データや堆積物・痕跡の収集を行い,インバージョンなどの解析が不可欠である.これにより得られる発生源に関する物理量や津波の定量データは,現象の科学的理解を深めるだけでなく,災害発生予測の高精度化にも大きく貢献することが期待される.

本節では,火山性津波発生の代表的メカニズムとして,とくにカルデラ陥没と火砕流の水域への流入現象を対象として,水理学的モデルに基づいた津波の発生過程や規模,噴火の発生源の状態や災害の広がりを推定する手法について紹介する.

(1) カルデラ陥没に伴う津波

規模の大きい津波を発生させる可能性が最も高い現象は,カルデラ陥没である(図3.6.1).その理由は,ほかの発生プロセスと比較して,その波源の面積と鉛直変位量が大きいために津波の発生効率が高く,波高の大きなしかも長い周期の津波が発生しやすいと推定できるためである.ここでは,鬼界カルデラ噴火とサントリーニ噴火を事例に挙げながら,カルデラ陥没による津波の発生・伝播過程について述べる.

まず,カルデラ陥没過程をモデル化する場合には,沈降体積,沈降速度などの情報(パラメータ)が必要である.このとき,発生時の急激な水位変化のために,通常の数値計算方法では伝播初期に大きな数値振動が生じてしまう.この処理のためには,連続の式に人工粘性を導入する必要がある.また,鉛直スケールが水平スケールに比べて大きくなる場合もあり,従来から伝播モデルに用いられてきた長波理論近似が適用できない場合もあるので注意が必要である.したがって,カルデラ陥没に伴う海水の動きを長波近似で扱う妥当性を検証した上で,推定される津波の規模が,周辺の島々の沿岸域に影響を及ぼすような大規模なものであったのかを見極めることが,数値解析を行う上で重要である.

カルデラ陥没と津波発生の条件

クラカタウ型カルデラは,多量の珪長質マグマの急速な排出と引き換えに,山体がマグマ溜りに落ち込んで形成される.そのカルデラ崩壊に伴う津波は,

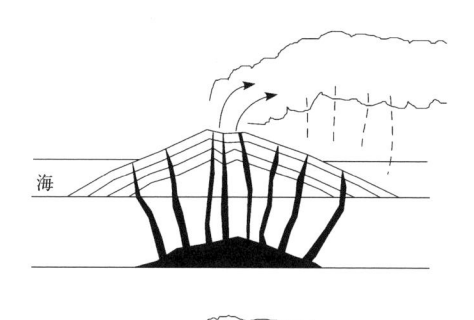

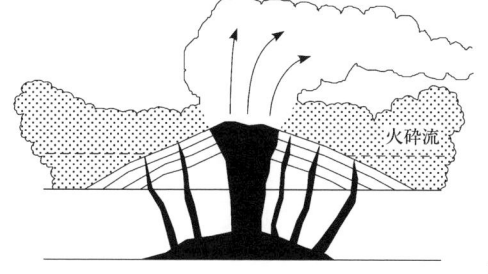

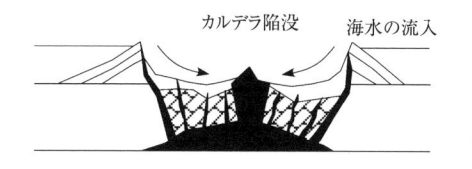

図 3.6.1 カルデラ噴火による津波の発生過程

カルデラ崩壊とともに，中央部の空洞部分に周辺海域からの海水が流入することによって津波が発生する．火砕流の海への流入により津波が発生する可能性もある．

一般的な断層運動と比較すると，局所的に非常に大きな地形変化が急激に起こることにより生じるといえる．

　津波を再現するには，当時の噴火前後の地形データが必要である．約7300年前の鬼界カルデラ噴火の場合，噴火前後の地形変化の詳細は明らかでないが，噴火直前に安山岩質テフラを噴出した山体が現存しないことや，噴火初期の降下軽石がカルデラ内でかつ陸上起源と考えられることなどから，噴火直前には火山島が存在していたと推定される．現地形，重力モデル，総噴出量などを考慮した場合，カルデラ底は500-750 mの深度まで落ち込む可能性があり，体積の収支より，噴火前の火山島の標高は最大で800 m程度と見積られる（Maeno et al., 2006）（図3.6.2a, b）．一方，サントリーニ火山噴火の場合，Heiken and McCoy（1984）が復元した地形と現在の地形との

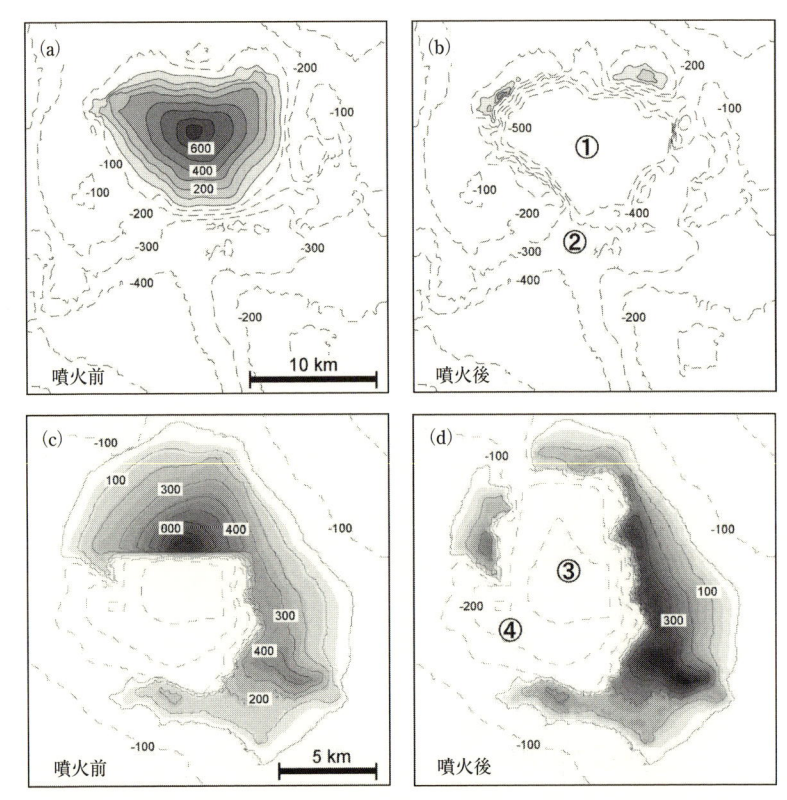

図 3.6.2 鬼界カルデラ（a, b）とサントリーニ火山（c, d）におけるカルデラ噴火前後の地形（Maeno *et al.*, 2006；青木ほか，1997）
　　（b）の①，②，（d）の③，④は数値計算による波形出力地点（図 3.6.4 のグラフ①〜④と対応する）．

比較により，島の北部では標高 400 m 以上の山体が崩壊し，水深 200-300 m の海底となったと推定されている．これは 1883 年のクラカタウ火山噴火とほぼ同規模である（図 3.6.2c, d）．

　カルデラの崩壊速度はよく知られていないために，自由落下による 10 数秒のオーダーから等速度 12 時間程度までの陥没時間を仮定する．計算開始時には噴火前地形を用い，崩壊時間（速度）に応じて地形を変化させ，ある時間で噴火後の地形にいたる．この影響は連続式に取り込み表現する．

津波の発生・伝播モデル

　数値モデルには，非線形長波理論の基礎式 (3.6.1)～(3.6.3) をもとにしたスタガード蛙跳び (Leap-Frog) 法による津波計算法を用いる．

$$\frac{\partial \eta}{\partial t} + \frac{\partial M}{\partial x} + \frac{\partial N}{\partial y} = 0 \qquad (3.6.1)$$

$$\frac{\partial M}{\partial t} + \frac{\partial}{\partial x}\left(\frac{M^2}{D}\right) + \frac{\partial}{\partial y}\left(\frac{MN}{D}\right) + gD\frac{\partial \eta}{\partial x} + \frac{gn^2}{D^{\frac{7}{3}}} M\sqrt{M^2+N^2} = 0 \qquad (3.6.2)$$

$$\frac{\partial N}{\partial t} + \frac{\partial}{\partial x}\left(\frac{MN}{D}\right) + \frac{\partial}{\partial y}\left(\frac{N^2}{D}\right) + gD\frac{\partial \eta}{\partial y} + \frac{gn^2}{D^{\frac{7}{3}}} N\sqrt{M^2+N^2} = 0 \qquad (3.6.3)$$

ここで，η：水位，$M=u(\eta+h)$，$N=v(\eta+h)$：流量，h：静水深，$D(=\eta+h)$：全水深，u：x方向の流速，v：y方向の流速，g：重力加速度，n：マニングの粗度係数 (=0.025) である．

　陥没過程については，噴火前地形で出発し，崩壊時間経過後に噴火後地形になるように，その間は直線的に地形を内挿して表現する．すなわち，カルデラ内部においては，連続の式 (3.6.1) を式 (3.6.4) のように修正し，$h_{caldera}$ を時間 t の関数として線形的に変化させる．

$$\frac{\partial(\eta - h_{caldera})}{\partial t} + \frac{\partial M}{\partial x} + \frac{\partial N}{\partial y} = 0 \qquad (3.6.4)$$

この連続式を導入し，遡上を考慮することにより，地形変化に応じて陥没孔に水塊が流入する様子を表現できる．

　一方，カルデラ外では，式 (3.6.4) において $h_{caldera}=0$ とする．津波の伝播過程については，一般的には線形理論の基礎式が用いられるが，火山体近傍ではおおむね 200 m 以下の浅い水深であるため，全領域に対して非線形浅水長波モデルを用いる必要がある．

　海水はカルデラ崩壊により形成された空隙へ流入するが，この際に海水が陥没部の対岸に反射するか，または水塊同士が衝突して鉛直上向き方向に大きな加速度や流速が生じる可能性があり，従来の津波数値モデルでは精度の点で問題が生じる．そこで長波近似を用いないナビエ・ストークス方程式の MAC 法による直接計算と従来の浅水理論による計算を比較し，この影響度

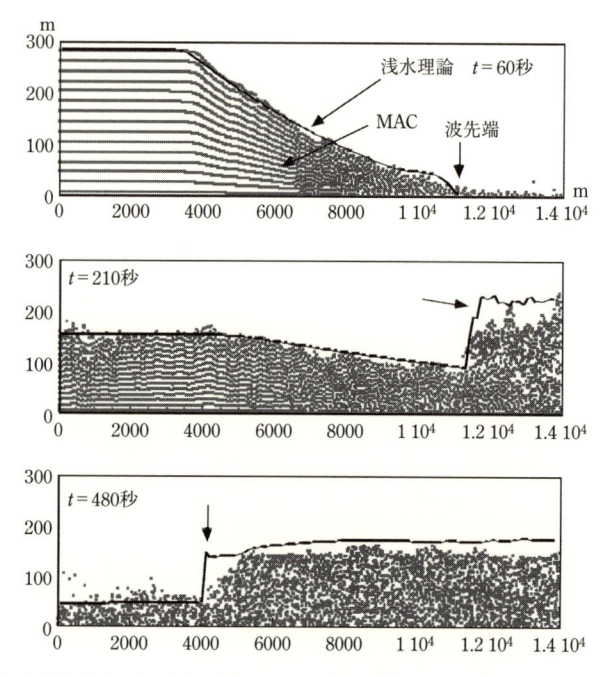

図 3.6.3 浅水理論モデルと三次元 MAC との比較（倉吉ほか，1997；青木ほか，1997）

　　周辺海域から流入する海水がカルデラの中部まで伝わり，そこで集中（反射）し周辺部へ戻っていく過程である．水塊の衝突時には三次元性が高いと思われるが，その後は混合され，浅水理論でも再現性は高い．MAC は三次元での流動をシミュレーションできるが，計算時間が膨大になる．

を評価した（倉吉ほか，1997）．

　MAC 法と浅水理論による計算結果の比較を図 3.6.3 に示す．代表地形を参考に，一次元伝播問題として計算領域の左部分に 300 m（深さ）×7 km（水平距離）の水塊を置き，瞬時に水塊が右空間部に流入するという条件を設定した．双方の空間格子間隔は 50 m である．実線で示された浅水理論の結果は，先端部での安定条件のために若干丸みを帯びるが，右側壁面に衝突後は先端の勾配が大きいまま伝播している．ここで人工粘性を外すと，先端部での振動が大きくなり発散にいたる．MAC 法の結果と比較すると，水位は若干高い値を示すが全体的には良好な一致を示しており，浅水理論でもか

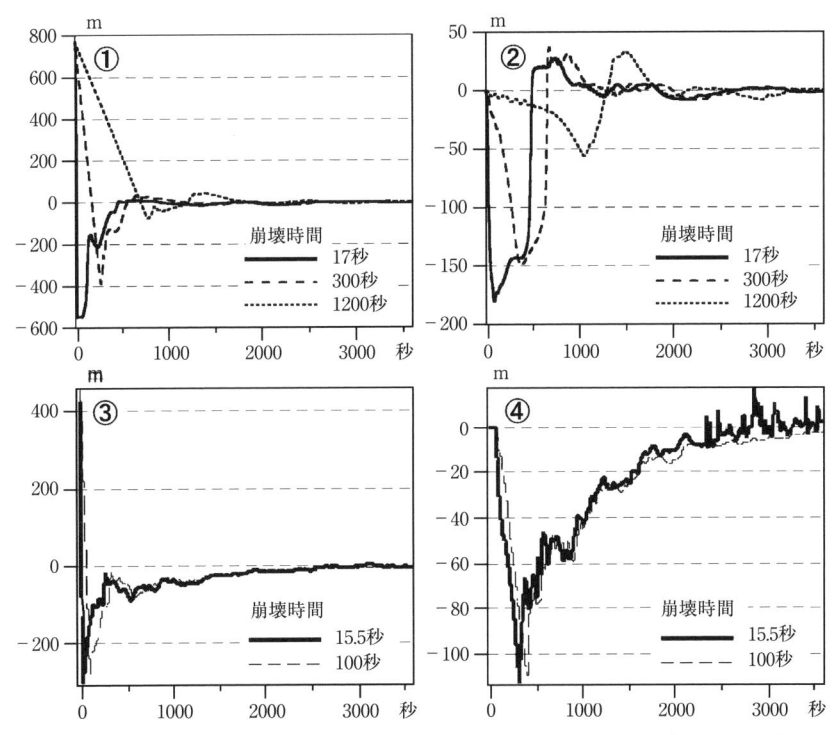

図 3.6.4 鬼界カルデラとサントリーニ火山の代表的地点における,カルデラ崩壊時の水位変化とその崩壊速度との関係（Maeno *et al.*, 2006；青木ほか，1997）
①,②が鬼界カルデラ,③,④がサントリーニ火山で,それぞれ図 3.6.2 中の地点①〜④に対応する.とくに,崩壊過程において水位の低下に差が見られるが,その後はあまり大きくない.水位の低下が短時間で大きいほど,短周期の津波が発生しやすくなる.

なり良好に再現できると考えられる.ただし,空間格子間隔が粗い場合には壁面での格子において水位の平均化が行われ,そこでの水位上昇が過小評価される場合もある.その結果,連続式は満たされても流速値が小さくなり波高が低下するので注意が必要である.

津波の発生と伝播過程の再現結果

　鬼界カルデラ噴火とサントリーニ火山噴火の津波シミュレーションにおける代表的地点の津波波形を図 3.6.4 に示す.両者に共通する結果として以下

の事項が挙げられる．まず，崩壊時間が短いほど第一波の引きが大きく，引き続く押し波の波高が増大することである．ただし，浅い水深の地点では，水位の低下する中で海底が露出した状態になり，位相の違いが若干生じるが，波高については陥没時間に依存せずにほぼ同じ結果となる．海水はカルデラ陥没域に流入するために島および周辺部の水位は低下し，その後海水同士や島の斜面への衝突により押し波が形成される．また，6-10分程度の振動が見られるが，増幅することなく静水位に回復する．この時間はカルデラ内にて推定される基本振動周期である．また，カルデラは外海とつながり開放条件となっているため，固有振動は増幅することなく水位が落ちついたものと考えられる．

図3.6.5には，鬼界カルデラ噴火のカルデラ陥没による津波伝播過程を再現した結果を示す（カバー裏のカラー図を参照；Maeno et al., 2006）．カルデラ崩壊の地点から同心円状に伝播する津波の挙動が示されている．海底地震による津波と違い，波周期が短く，沿岸に到達後に反射した波動が複雑であることが特徴である．

(2) 火砕流による津波の発生

地震による山体崩壊や，豪雨に伴う斜面崩壊など，密度流の水域流入現象は必ずしも火山噴火の付随現象に限定されない．従来から，そのような非火山性イベントに伴い発生する土石流などが水域に流入するケースについて，理論的および数値的解析，水理実験などが行われており，現象を支配する物理量の推定が行われている．比較的密度が低い火山性の密度流（火砕流や火砕サージ）についても，土石流など高密度の流れと同様に単純化した手法や考え方に基づきモデル化が行われる場合が多い（Waythomas and Watts, 2003; Pareschi et al., 2006）．その中で，実存の海底地形を考慮した津波データを算出するためには，初期条件としての流れによるインパクトの精密なモデル化，浅水理論による津波数値計算とのカップリングが重視されるべきで，その点に関しては，密度流を浅水理論で表現し，この現象を密度流同士の相互作用とみなした二層流モデルによる解析（Imamura and Imteaz, 1996; Kawamata et al., 2005; Maeno and Imamura, 2007）が，現時点では最も有用な数値解析手法

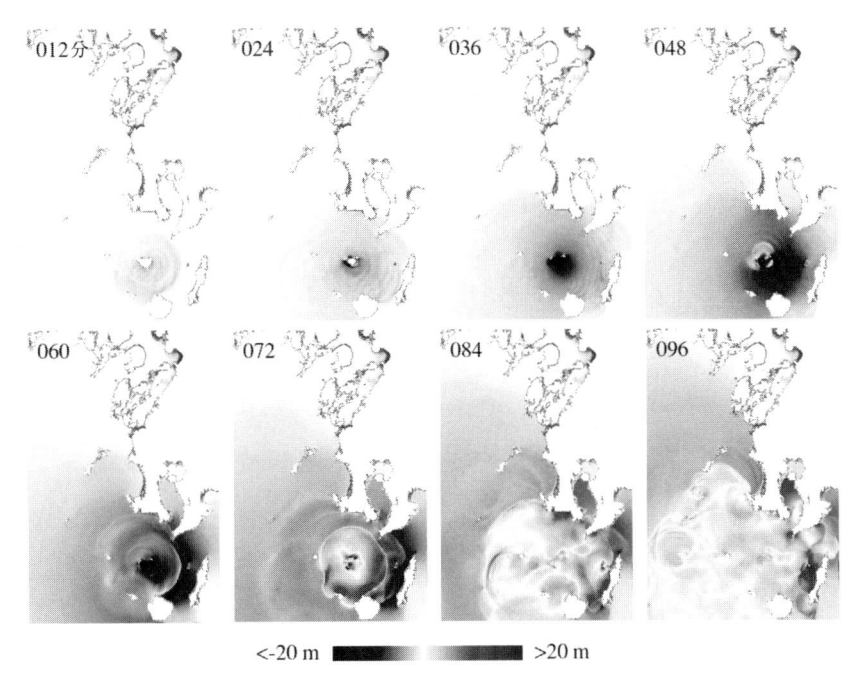

図 3.6.5 7300 年前鬼界カルデラ噴火時のカルデラ陥没により発生したと考えられる津波の計算例(Maeno *et al.*, 2006)
標高 800 m の既存山体が,1 時間かけて深度 500 m まで陥没したときの津波発生・伝播過程.12 分ごとの出力結果.(カラー図はカバー裏を参照)

の一つといえる.以下,その解析方法と主な結果を紹介する.

二層流モデル

　密度流の水域流入により発生する津波の場合,単層モデルで扱うことができなくなる.とくに,濃密な火砕流基底部は先端で海水と混合し,乱泥流に移行する.乱泥流のみを対象とする場合には,物質が海底斜面を滑り降りる過程と,そのために海面に起こる波を同時に計算できる相互作用モデルを用いる(Jiang and LeBlond, 1992;松本ほか,1998).そこでは,二層に分かれた流体の基礎方程式が必要となる.二層流モデルでは,まず長波近似を仮定し,二層界面での力学的および運動学的条件を用いて,各層間で積分する.すると,一次元伝播問題での連続の式,運動方程式は,それぞれ,上層について

は式 (3.6.5), (3.6.6), 下層については式 (3.6.7), (3.6.8) のように導かれる (Imamura and Imteaz, 1996). 変数の定義・座標などについては図 3.6.6 に示した.

$$\frac{\partial (\eta_1 - \eta_2)}{\partial t} + \frac{\partial M_1}{\partial x} = 0 \qquad (3.6.5)$$

$$\frac{\partial M_1}{\partial t} + \frac{\partial}{\partial x}\left(\frac{M_1^2}{D_1}\right) + gD_1 \frac{\partial \eta_1}{\partial x} - INTF = 0 \qquad (3.6.6)$$

$$\frac{\partial \eta_2}{\partial t} + \frac{\partial M_2}{\partial x} = 0 \qquad (3.6.7)$$

$$\frac{\partial M_2}{\partial t} + \frac{\partial}{\partial x}\left(\frac{M_2^2}{D_2}\right) + gD_2\left(\alpha \frac{\partial D_1}{\partial x} + \frac{\partial \eta_2}{\partial x} + \frac{\partial h_1}{\partial x}\right) + \frac{\tau_x}{\rho_2} + \alpha INTF = DIFF \qquad (3.6.8)$$

ここで, 添え字の 1, 2 はそれぞれ上層, 下層での値であることを示す. h:水位変動, M:x 方向の線流量, $D(=h+\eta_1)$:全水深, h:水深, η_1:静水面からの水位変化量, η_2:火砕流の厚さ, g:重力加速度, ρ:密度, $\alpha = \rho_1/\rho_2$:密度比, τ_x/ρ:底面摩擦力, $INTF$:界面抵抗項, $DIFF$:水平拡散項.

下層の影響は界面の変化として上層の連続式に取り入れられ, 上層の影響は圧力として下層の運動の式に現れている. 二層流モデルにおいて重要なのは, 底面摩擦項, 水平拡散係数, 界面抵抗である. 底面摩擦項, 水平拡散係数は主に密度流（火砕流）モデルに, 界面抵抗は相互に関連している. 現在まで, 土石流などを対象にさまざまな研究がなされ, 底面摩擦項, 水平拡散係数, 界面抵抗のモデル化がなされ, その係数の定式化が試みられているが, 一般的に適用できるモデルは存在していない.

津波の発生・伝播計算は, 支配方程式 (3.6.5)～(3.6.8) を二次元伝播問題に拡張し, さらにそれをスタガード蛙跳び法を用いて差分化して行う. ただし, 摩擦項のみ計算安定のために陰的な差分スキームを用いるべきである. 格子間隔は津波の波長を十分に分割できるサイズ (10 m または 100 m オーダー) とする. また, 時間間隔は数値計算の安定条件を満足するように 0.1 秒, または 0.5 秒が適当であろう. 二層流数値モデル中の各抵抗係数値の一

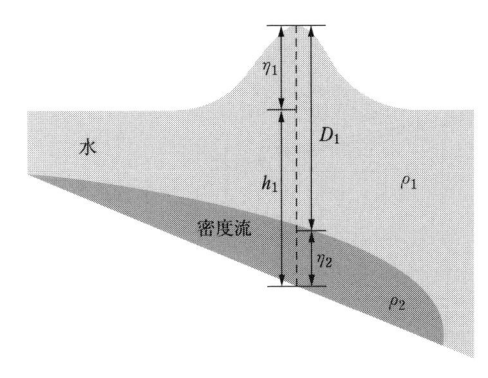

図 3.6.6　二層流モデル中の変数の定義

般現象へ適用できる定式化はいまだ成功していないが，どの項がどのような段階にどの程度に影響するかを評価することは重要であるため，各係数に対してパラメータスタディを行う必要がある．

津波の発生と伝播過程の再現結果

初めに，一次元水路における密度流の水域突入状況についての計算結果を図 3.6.7 に示す．この例では，密度流が流下開始 2 秒後まで陸上を流れ，その後水に突入し，水面を変化させつつ津波が発生する様子を再現している．密度流が水に突入する瞬間には，水面が押し上げられるだけでなく，界面抵抗により流量が抑制されて水位が低下する．この現象は，水理実験でも観察されている．密度流は水中を流下している最中も水を引っ張り，津波にエネルギーを供給する．この計算における抵抗係数値は，水理実験でのパラメータスタディに基づき決定されている．

次に，このモデルを鬼界カルデラ噴火に適用した結果を示す．図 3.6.8 には，地質学的に妥当と考えられる初期条件として，既存山体の山頂部から 1250 kg m^{-3}（$a = 0.8$）の密度流 10 km^3（火砕流基底部の比較的高密度の部分）を，サイン関数に従い最大噴出率 10^8m^3 s^{-1} で噴出させた場合の計算結果を示した．火砕流は山体をほぼ同心円状に駆け下り海に突入し，海底に広がっていく．火砕流先端部の速度変化は，既存の水理実験の結果をもとに設定した係数値に依存している．海水は火砕流により押し上げられることによ

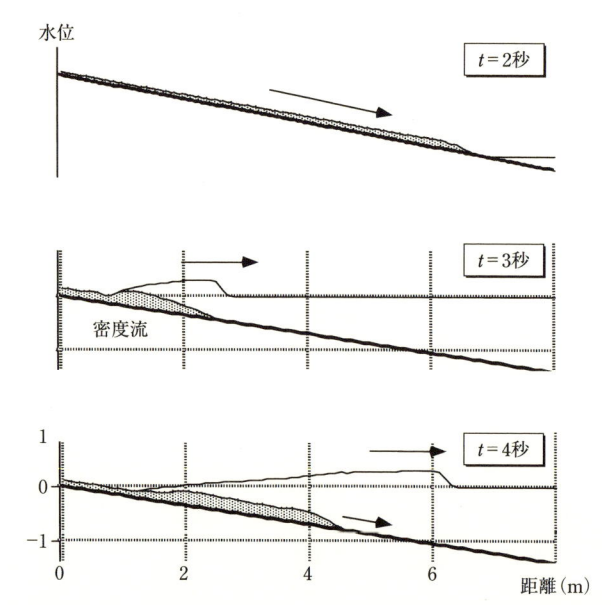

図 3.6.7 一次元水路での密度流の水域突入現象を再現した計算結果
流下開始 2, 3, 4 秒後のスナップショット.

り，まず押し波が伝播する．引き続き，火砕流との間の界面抵抗により海水が深部に引きずり込まれることにより発生した負の波が伝播していく．火砕流噴出後，津波は約 18 分で薩摩半島沿岸に達し，そのときの波高は約 20 m になる．津波の波高は密度流の噴出率（または水への流入率）に強く依存し，1 桁低い噴出率 $10^7 \mathrm{m}^3 \mathrm{s}^{-1}$ のときには，津波波高は約 8 m まで減少する.

火山性密度流の水域流入現象においては，密度流の性質（流入率・密度構造，流入角度）と津波の規模（波高・波長）との関係を規定する要因にはまだ不明瞭な点が多い．そのため，単純な系を用いてこれらの関係をできるだけ明確にしておく必要があるだろう．また，粒子濃度が比較的低く，運搬粒子が乱流により支持されているような流れに対しての浅水理論近似は可能であるが，たとえば溶岩ドームの崩壊に伴う火砕流では，水域に流入すると考えられる濃密な流れの基底部は，主に粒子衝突による分散圧により支持されている可能性が高い．したがって，このような粒子流に近い流れに対する浅

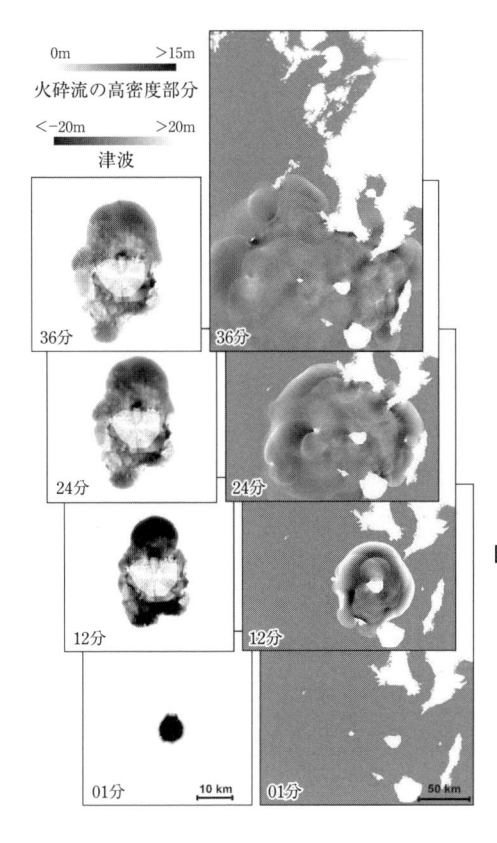

図3.6.8 鬼界カルデラ噴火時の火砕流突入により発生した津波発生過程の計算例（Maeno and Imamura, 2007）
左図は火砕流が流走面に沿って拡散していく様子で，12分後以降は，水中火砕流として海底を流走する．右図は津波の発生・伝播過程を示している．先行する強い押し波が特徴的である．

水理論近似は，物理的には正しくはない．そのため，高粒子濃度の流れの場合，水理実験をもとに仮定した摩擦抵抗係数や乱流拡散係数を用いて，いわば強引に浅水理論近似しているという現状は，十分に理解しておく必要がある．この浅水理論近似により生じる実際の流れとの差異に関する問題は，今後さらに検討すべきである．

(3) 今後の課題

従来，地震に原因した津波に関する研究では，水流や水波の挙動についてのかなり確立した理論に基づき議論が行われている．そこでは，流体力学・水理工学（河川・海岸工学）の分野に加えて，津波堆積物を取り扱う堆積学の分野が中心となり進められていた状況があった．しかし，火山性津波発生

の初期条件の設定や伝幡特性の把握には，どうしても火山学的な洞察が必要であり，そこがこの研究の重要な要素でもある．火山学的に妥当な初期条件に基づき，この現象に関する水理実験や数値解析を行い，それらの結果と実際の地質学的データや文献史料とを照合するなどし，各分野の枠を超えて追究し明らかにしていく必要がある．そして，津波計算に受け渡すべきパラメータや物理量を，その追究の過程で明示していくことにより，最終的に統合化されたモデルを目指す必要がある．

　津波の発生場に対する制約は，基本的には沿岸域における噴火堆積物や津波堆積物の分布となろう．しかし，実際に火山近傍の浅海域において，海底堆積した噴出物の分布や構造，構成物を詳細に明らかにすることも重要であり，今後の課題といえる．さらに，数値解析結果と，実際の噴火による堆積物とを比較することにより，水中火砕流や津波の挙動，さらには，噴火の推移やダイナミックスに新たな制約が与えられる可能性もある．また，津波波高・波形データ，文献，地質痕跡に基づくデータを充実させるとともに，たとえば，津波発生過程の映像記録や地球物理学的観測データを得るためのシステムを確立するなど，現象に直接的にアプローチできる手法を開発する必要がある．火山性津波の研究は，新しいアプローチとして火山学の発展にも寄与できると考えている．

第3章文献

Alidibirov, M. and Dingwell, D. B., 1996, Magma fragmentation by rapid decompression. *Nature*, **380**, 146-148.

Anderson, D. A., Tannehill, J. C. and Pletcher, R. H., 1984, *Computational Fluid Mechanics and Heat Transfer*. Hemisphere Publishing Corporation, New York.

青木克彦・今村文彦・首藤伸夫，1997，紀元前1400年サントリーニ島火山性津波の再現実験．海岸工学論文集，**44**, 326-330.

青木尊之・森口周二，2007，個別要素法による溶岩流シミュレーション．文部科学省科学研究費特定領域研究「火山爆発のダイナミックス」平成18年度研究成果報告書，5, 241-242.

Calvari, S. and Pinkerton, H., 1998, Formation of lavatubes and extensive flow field during the 1991-93 eruption of Mount Etna. *J. Geophys. Res.*, **103**, 27291-27302.

Clancy, V. J., 1977, Diagnostic features of explosion damage. 高圧ガス保安協会，36pp.

Glass, I. I., 1974, *Shock Waves & Man*. The University of Toronto Press, 169 pp.

Harten, A., 1983, High Resolution Schemes for Hyperbolic Conservation Laws. *J. Comput. Phys.*, **49**, 357-393.

Heiken, G. and McCoy, F., 1984, Caldera development during the Minoan eruption, Thira, Cyclades, Greece. *J. Geophys. Res.*, **89**, B10, 8441-8462.

Holasek, R. E., Woods, A. W. and Self, S., 1996, Experiments on gas-ash separation processes in volcanic umbrella plumes. *J. Volcanol. Geothermal. Res.*, **70**, 169-181.

Ida, Y., 2007, Driving force of lateral permeable gas flow in magma and the criterion of explosive and effusive eruptions. *J. Volcanol. Geotherm. Res.*, **162**, 172-184.

Imamura, F. and Imteaz, M. A., 1996, Long waves in two-layers: governing equations and numerical model. *Sc. Tsunami Hazards*, **13**, 3-24.

Jiang, L. and LeBlond, P. H., 1994, Three-dimensional modeling of tsunami generation due to submarine mudslide. *J. Phys. Ocean.*, **24** (3), 559-572.

Kawamata, K., Takaoka, K., Ban, K., Imamura, F., Yamaki, S. and Kobayashi, E., 2005, Model of tsunami generation by collapse of volcanic eruption: the 1741 Oshima-Oshima tsunami. *In Tsunamis: case studies and recent development* (Satake, K., ed.), Springer, 79-96.

Koyaguchi, T. and Woods, A. W., 1996, On the formation of eruption columns following explosive mixing of magma and surface-water. *J. Geophys. Res.*, **101**, 5561-5574.

倉吉一盛・今村文彦・首藤伸夫, 1997, 波状段波先端部でのMAC法による解析. 土木学会東北支部技術発表会, 220-221.

Maeno, F., Imamura, F. and Taniguchi, H., 2006, Numerical simulation of tsunamis generated by caldera collapse during the 7.3 ka Kikai eruption, Kyushu, Japan. *Earth Planets Space*, **58**, 1-12.

Maeno, F. and Imamura, F., 2007, Numerical investigations of tsunamis generated by pyroclastic flows from the Kikai caldera, Japan. *Geophys. Res. Lett.*, **34**, L23303, doi:10.1029/2007GL031222.

松本智裕・橋　和正・今村文彦・首藤伸夫, 1998, 土石流による津波の発生・伝播モデルの開発. 海岸工学論文集, **45**, 346-350.

Morton, B. R., Taylor, G. I. and Turner, J. S., 1956, Turbulent gravitational convection from maintained and instantaneous sources. *Proc. Roy. Soc.*, **A234**, 1-23.

中西無我・新村裕昭・小屋口剛博, 2007, 「噴火シミュレータに向けて」のデータベース. 文部科学省科学研究費特定領域研究「火山爆発のダイナミックス」平成18年度研究成果報告書, 5, 257-259.

Neuberg, J. W., Tuffen, H., Collier, L., Green, D., Powell, T. and Dingwell, D., 2006, The trigger mechanism of low-frequency earthquakes on Montserrat. *J. Volcanol. Geothem. Res.*, **153**, 37-50.

Nishimura, T., 2006, Ground deformation due to magma ascent with and without degassing. *Geophys. Res. Lett.*, **33**, L23309, doi:10.1029/2006GL028101.

Pareschi, M. T., Favalli, M. and Boschi, E., 2006, Imapact of the Minoan tsunami of

Santorini; simulated scenarios in the esastern Mediterranean. *Geophys. Res. Lett.*, **33**, L18607, doi:10.1029/2006GL027205.

Rust, A. C. and Cashman, K. V., 2004, Permeability of vesicular silicic magma: inertial and hysteresis effects. *Earth Planet. Sci. Lett.*, **228**, 93-107.

Saito, T., Eguchi, T., Takayama, K. and Taniguchi, H., 2001, Hazard predictions for volcanic explosions. *J. Volcanol. Geotherm. Res.*, **106**, 39-51.

Sparks, R .S. J., 1986, The dimension and dynamics of volcanic eruption columns. *Bull. Volcanol.*, **48**, 3-15.

Suzuki, Y. J., Koyaguchi, T., Ogawa, M. and Hachisu, I., 2005, A numerical study of turbulent mixing in eruption clouds using a three-dimensional fluid dynamics model. *J. Geophys. Res.*, **110**, doi:10.1029/2004JB003460.

鈴木雄治郎・小屋口剛博, 2006, 火口近傍の噴煙ダイナミクスに関する3次元数値シミュレーション. 月刊地球, **28**, No.4, 204-209.

高木 周・津田伸一・松本洋一郎, 2007, 気泡核の生成・成長過程の分子動力学解析. 文部科学省科学研究費特定領域研究「火山爆発のダイナミックス」平成18年度研究成果報告書, 5, 189-192.

谷口宏充, 1993, 火山性爆風と災害. 文部省科学研究費自然災害特別研究「火山災害の規模と特性」（代表者 荒牧重雄）報告書, 223-232.

谷口宏充・齋藤 務・木下利博・高山和喜・藤井直之, 1994, 火山性爆風の数値シミュレーション. 火山, **39**, 257-266.

殿谷敬文, 1983, ガス爆発の効果. 爆発（安全工学協会編）, 海文堂, 197-233.

Toro, E. F., 1992, Weighted Average Flux Method Applied to the Time-Dependent Euler Equations. *Phil. Trans. Roy. Soc. London*, **341**, 499-530.

Valentine, G. A. and Wohletz, K. H., 1989, Numerical models of Plinian eruption columns and pyroclastic flows. *J. Geophys. Res.*, **94**, 1867-1887.

Waythomas, C. F. and Watts, P., 2003, Numerical simulation of tsunami generation by pyroclastic flow at Aniakchak Volcano, Alaska. *Geophys.Res.Lett.*, **30**, 1751, doi:10.1029/2003GL017220.

Woods, A. W., 1988, The fluid dynamics and thermodynamics of eruption columns. *Bull. Volcanol.*, **50**, 169-193.

Woods, A. W. and Koyaguchi, T., 1994, Transitions between explosive and effusive eruptions of silicic magma. *Nature*, **370**, 641-644.

Woods, A. W., 1995, The dynamics of explosive volcanic eruptions. *Rev. Geophys.*, **33**, 495-530.

第4章 火山災害の予測と軽減

4.1 噴火予知と火山防災

井田喜明

(1) 火山災害の種類と対応策

　火山の噴火には，穏やかに溶岩を流し出す噴火があり，爆発とともに黒い噴煙を上げたり，爆風を生じたりする噴火がある（図1.1.3参照）．これらの噴火によって，溶岩から大小の火砕物（火山砕屑物；火口から砕かれて噴出する物質）まで，さまざまな物質が噴出する．火砕物の内，大きなものは噴石として砲弾のように火口から飛び出す．火山灰など相対的に細粒な火砕物は，空気と混合して噴煙として上昇したり，火砕流として山腹を流下したりする．噴火にはしばしば地下水や海水が関与して，様式を一層複雑にする．

　このような噴火の多様性に対応して，火山災害も多様である（井田，1998）．ここでは，要因や基本的な性質に基づいて，火山災害を表4.1.1の4つに大別する．この内，「噴出物の浮遊や降下」による災害は，一般に被災の及ぶ範囲が広く，影響は火山やその周辺ばかりでなく，ときには全世界に及ぶ．ただし，その直接的な効果で人命が失われる可能性は低い．「噴出物などの流れ」による災害は，流れが地形に依存するために，襲われる範囲が限定されるが，一度襲われると人命や建造物が壊滅的な被害を受けることが多い．「物理的な衝撃や変動」による災害は，圧力などの変動が空気や地中を伝播するために起こるもので，とくに衝撃波を伴う爆風は強い破壊力を持つ．噴

表 4.1.1　火山災害の分類

災害要因	原因となる火山現象	主な災害の内容	災害の特徴	対応*
噴出物の浮遊や降下				
噴石	爆発	死傷，建造物の破壊	被弾すると被害	A
降下火砕物	噴煙の上昇と広がり	建造物や農地の荒廃	広域に影響	B
火山灰の浮遊	噴煙の上昇と広がり	航空機の飛行障害	広域に影響	B
成層圏の微粒子	噴煙の上昇と広がり	気温の降下	全世界に影響	B
噴出物などの流れ				
溶岩流	溶岩の流出	建造物や農地の破壊	低速，壊滅的	B
火砕流	火砕物の流出	生命や建造物の破壊	高速，壊滅的	A
泥流・土石流	火砕物の噴出や堆積	生命や建造物の破壊	高速，壊滅的	A
岩屑なだれ	山体崩壊	居住地の流失	高速，壊滅的	A
火山ガス	火山ガスの噴出	呼吸困難，窒息死	滞留による場合も	C
物理的な衝撃や変動				
爆風	爆発に伴う衝撃波	建造物や樹木の倒壊	強い破壊力	A
爆発音	爆発に伴う音波	窓ガラスなどの破損		A
地震	マグマの活動	建造物の破壊	山腹にも震源	C
地殻変動	マグマの活動	建造物の破壊	遅い進行	C
二次災害				
津波，洪水	山体崩壊など	居住地の流失	広域大災害	A
疫病，飢饉	大噴火による荒廃	集団的な死亡	広域大災害	B

＊Aは原因となる火山現象の発生前に対応する必要があるもの，Bは発生後でも対応できるもの，Cは災害が噴火の発生に必ずしもよらないものを表す．

　火が誘発する津波，洪水，飢饉などによる「二次災害」は，噴火が直接もたらす災害よりもはるかに大規模で深刻なものになることがある．国の内外で発生した大災害には，二次災害を伴ったものが多い．

　被災はどの時点で対応すれば防げるかについて，表 4.1.1 では「対応」の欄で A，B，C の 3 つに区分する．A に分類される災害は，現象が始まってからでは防げないものである．たとえば，火砕流は通常数分以内に山麓まで流下するので，発生を確認してからただちに行動しても，居住地が襲われる前に避難を完了させるのは難しい．このような災害には，現象の発生前に対応する必要がある．それに対して，B は現象の発生後でも対応が可能な災害である．たとえば，溶岩流は山麓に達するまでに通常数時間以上かかるので，建物などは被災するにしても，人命の損傷は避けられることが多い．噴火開始後は住民や社会が防災に関心を強めるので，このような災害は相対的に対応しやすい．C は災害要因が噴火の発生に必ずしもよらないものである．た

とえば，火山ガスは噴火の静穏時にも火口や噴気地帯から放出され，窒息死などの原因となる．

　火山災害への対応方法の典型は，噴火の事前の予測とハザードマップに見られる．噴火「予知」という用語は，予測の中でも対象となる噴火がはっきりしている場合に使われることが多く，火山の活動の高まりに対応して，噴火の時期，性質，規模，推移などを予測することを指す．火山を監視して活動状態を評価し，活動の展開を見通す目的で，日本では気象庁を中心に，噴火予知のための観測と評価の体制が組まれている．ハザードマップは，各火山で予想される火山災害の種類と発生場所を地図などにまとめたものである．平時には防災計画の策定や火山地域の土地の利用に用いられ，緊急時には立ち入り規制や住民の避難を判断する材料となる．どちらも噴火や災害の予測を基礎にするが，噴火予知は直面する個別の噴火への短期的な対応を重視し，ハザードマップは可能性のある噴火全般にわたる長期的な対応を問題にする．予測を防災に有効に活用するためには，防災行動の指針を的確に定め，噴火や災害に関する知識を広く普及しておくことも重要である．

　以下に，噴火予測と防災対応についてさらに詳しく解説する．

(2) 噴火予測

　噴火を予測する最も単純な方法は，過去の経験からの類推をそのまま適用するものである（図4.1.1 ①）．以下にその例を上げよう．この火山は過去に爆発的な噴火を繰り返してきたから，次の噴火も爆発的なものになるだろう．最近の噴火の発生間隔から見て，数年後には次の噴火が起こるだろう．火山性地震や火山性微動が顕著に頻発し出したから，噴火の時期が近付いている．

　このような経験主義的な予測は，現在でもよく使われる．ハザードマップは，通常は過去の噴火実績を集めて書かれ，噴火予知も，噴火のタイプなどの予測は経験に依存する部分が大きい．しかし，過去の事例は必ずしも将来にあてはまるとは限らない．噴火予知の研究が噴火の前兆現象を探すことを中心に進められた時代もあったが，前兆的な異常が噴火に結び付かないことも多い．経験の類推をそのまま適用するような予測には，明らかに限界がある．予測はあたる場合もあるが，あたるにしてもあたらないにしても，その

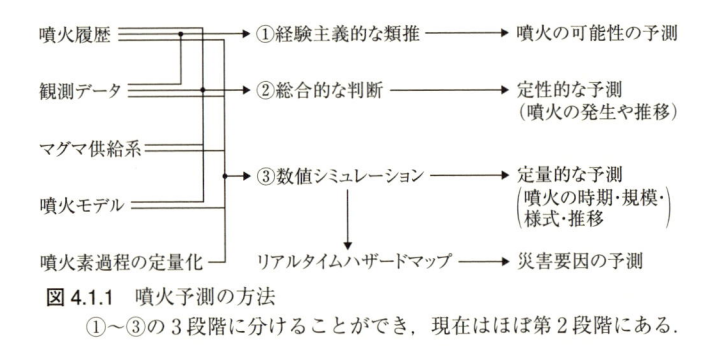

```
噴火履歴 ─┬──→ ①経験主義的な類推 ──→ 噴火の可能性の予測
観測データ ─┼──→ ②総合的な判断 ──→ 定性的な予測
マグマ供給系─┤                          (噴火の発生や推移)
噴火モデル ─┼──→ ③数値シミュレーション ──→ 定量的な予測
                         │              (噴火の時期・規模・
                         │               様式・推移)
噴火素過程の定量化 ─→ リアルタイムハザードマップ ──→ 災害要因の予測
```

図 4.1.1 噴火予測の方法
①〜③の3段階に分けることができ，現在はほぼ第2段階にある．

原因を究明することが難しく，発展性が期待できない．

　噴火予測の方法がさらに洗練されると，各種の情報を組み合わせて，できるだけ妥当な判断を得ようとする（図4.1.1 ②）．ただし，予測される内容は，「近い将来噴火が発生する可能性が高い」といったように，定性的である．現在の噴火予知は，基本的にはこの段階にある．噴火履歴や観測データなど，さまざまな情報を総合的につなぎ合わせることで，予測の信頼性は高まる．その前提として，噴火がどんな物理過程で起こるかが理解されていなければならない．物理過程のモデルを骨格にして，入手される情報を配列し，現在起きている現象や，これから起こりそうな現象を，総合的に推測するわけである．

　予測に用いられる噴火過程のモデルには，中心にマグマ溜りの概念がある．このモデルに従えば，マグマは地下深部から上昇してきて，マグマ溜りで重力的に釣り合って停止する．深部からの供給が続いて蓄積が進むにつれて，マグマは圧力を次第に高め，ついにはマグマ溜りからあふれて再び上昇を始める．上昇が始まると，溶解していた水蒸気などの発泡によって，マグマは膨張して上昇を加速し，地表に達して噴火を起こす．

　噴火現象のこのような理解は，必ずしも確立されておらず，むしろ作業仮説とみなすべきものである．噴火前にマグマ溜りの膨張があるかどうかについて，地殻変動の観測が実証的なデータを十分に蓄積するには，まだ時間が必要である．最近，有珠山，北海道駒ケ岳など北海道の複数の火山で，過去の地殻変動のデータを注意深く解析して，噴火前にマグマ溜りの長期的な膨

張が見出された例がある（森，2007）．また，過去の噴火の時期や噴出量，噴出物の化学組成の変化について，マグマ溜りの性質の解明を目的として，予測に役立てるための解析がなされた（中川ほか，2007）．

　噴火予測がさらに進歩した次の段階では，関連する情報が噴火過程の数値シミュレーションに集約され，噴火の発生や推移が定量的に予測されるようになるだろう（図 4.1.1 ③；第 3 章参照）．そのためには，噴火過程やマグマ供給系のモデルが，定性的な理解を超えて，定量的な解析に堪えるように強化される必要がある．マグマがどれだけ蓄積したら上昇が開始するのか，マグマの上昇速度はどれくらいなのか，脱ガスや冷却によって上昇はどれだけ減速されるのか，どんな条件でマグマは破砕され爆発的に噴出するのかなど，各種の問題が定量的に扱えるようになれば，流体力学などの基礎原理に基づいて，信頼性の高いシミュレーションで噴火過程を予測することが可能になる．だが，予測がこの段階に達するまでに，まだ多くの研究が必要である．

(3) 防災対応

　噴火予測に基づく防災の経験は世界中にあり，さまざまな成功や失敗の事例が知られている（岡田・宇井，1997）．防災に一番必要なのは，信頼性と精度の高い予測であるが，現実に得られる情報をいかに活用すべきか，噴火に対応して危機管理をどうすべきか，火山の活動が穏やかな平常時に何を準備すべきかなど，それ以外にも検討を要する問題は多い．図 4.1.2 に防災対応の流れを模式的に示す．

　火山の活動が高まったときに最初になすべきことは，噴火の可能性や想定される噴火の性質を予測し，災害の危険性を評価することである．この役割は日本では気象庁とその諮問機関である火山噴火予知連絡会が担い，検討結果は火山情報などの形で行政や住民に知らされる．危険性の判断は一刻を争うことが多いので，検討作業は迅速に進める必要がある．その作業では，各種の観測データを中心に多様な情報が整理され，さまざまな専門分野からの意見が集約されるが，それを能率的に進めるために「火山危機管理専門家支援システム」が開発された（小山・前嶋，2005；4.3 (1) 節参照）．

　火山災害の危険性に関する検討結果を受けて，行政をつかさどる市町村な

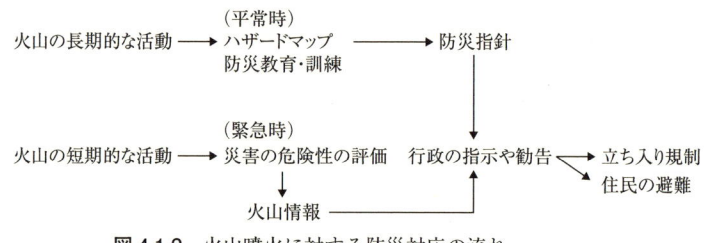

```
                              （平常時）
    火山の長期的な活動 ──→ ハザードマップ ──────→ 防災指針
                              防災教育・訓練                    │
                                                                │
                              （緊急時）                        ↓
    火山の短期的な活動 ──→ 災害の危険性の評価 ──→ 行政の指示や勧告 ──→ 立ち入り規制
                                    │                                   住民の避難
                                    ↓
                                 火山情報 ─────────┘
```

図 4.1.2 火山噴火に対する防災対応の流れ
平常時の準備を基礎に，緊急時の対応がなされる．

どは防災のための措置を講じ，住民や登山者などは自らの行動を律する．被災を避けるために行政が講じる主な措置は，立ち入り規制と避難である．被災の恐れのある場所が道路や無人の施設に限られるときは，観光客や登山者などの立ち入りを制限すればよいが，被災の可能性が居住地に及ぶ場合には，住民の避難が必要となる．避難は住民に大きな負担を強いるので，避難の指示や勧告を出すことは行政に重い決断となる．

災害を回避する適切な行動が，緊急時に迅速に取れるようにするためには，平常時に十分な準備をしておく必要がある．準備で最も重要なのは，ハザードマップの作成である．想定される噴火の規模や様式は一般に多様なので，ハザードマップの作成者は，そのどれに焦点を合わすべきかで悩むことが多い．規模の小さな噴火は高い頻度で起こるので，出遭う可能性が高いが，深刻な災害は規模の大きな噴火によって生じる．噴火が爆発的かどうかによって，対応方法も異なる．このような多様性に1枚の地図で対応するのは容易でない．最近では，そのときどきの火山の活動状況に応じて，必要な情報を電子的に取り出せるリアルタイムハザードマップの作成が検討されるようになった（4.2節（5）参照）．リアルタイムハザードマップは，噴火予測の数値シミュレーションと結合されて，将来は火山防災の強力な武器になるだろう（図4.1.1）．

ハザードマップに基づいて，行政は規制範囲や避難方法などを定めた防災指針を作成する．だが，それだけでは不十分である．緊急時に行政の防災担当者が迅速で的確な決断をするためには，専門知識や訓練が必要である．住民が協調して速やかに行動するためには，ハザードマップの内容が普及され，

十分に理解されている必要がある．この目的には，一般的な防災意識の啓発や防災教育に加えて，防災担当者や住民を対象に災害対策演習実験を行うことが有効である（吉川ほか，2007）．

ハザードマップは，長期的な土地利用計画などにももっと活用すべきであろう．災害への最善の対応策は，被災の可能性が高い場所に，居住地や重要な施設を作らないことである．予測情報が十分な信頼性で得られない現在，防災は規制や避難などの短期的な対応策になるべく頼らない方がよい．

4.2　火山ハザードマップと火山防災

中村洋一

　火山活動に関わるある現象が，生命・財産・各種の人間活動などに損害をもたらすことで火山災害が発生する．災害の規模は加害現象の特性と規模に依存している．一定地域で見ると小規模な災害ほど頻度が高く（発生間隔が短く），大規模ほど頻度が低い（発生間隔が長い）．災害が大規模になるほどその対策の費用や人的労力は飛躍的に増加するため，自然災害対策の費用対効果のバランスは難題である．自然災害は対象地域の自然環境（地形，地質，植生，気候，気象），社会環境（政治，経済，文化，歴史，教育），さらに時間的要因（季節，曜日，時刻）などが関わるため，発生する被害形態は多岐にわたる．このため，地域の効果的な防災体制の構築には，その地域の自治体はもとより，ときとしてその時点で国家が持つ社会基盤，科学技術基盤，住民意識などが総合的に関わることになる．

　火山災害をほかの自然災害と比較するとき，火山活動はマグマに起因する固有の特質が災害要因を特徴付けている．すなわち，①火山活動の発生場には地域性があり（活動場の特定性），②活動が数十年から数千年の周期をもって再現する傾向がある（活動の周期性）．さらに，③活動の多くは明瞭な前駆的現象があり（前駆現象の出現），④活動の継続時間が数日，数カ月，あるいは数年と長期化することも多い（活動の長期継続性）．また，活動の様式と規模がかなり多様のため，複数の現象が随伴したり，二次的現象が発

生して加害要因となることも多い（4.1 節（1）参照）．

本節では，火山災害の軽減のために，火山ハザードマップ（火山防災マップ，火山災害予測図）をどのように活用すべきかに着目し，わが国での火山防災対策の現況を検証する．さらに，ハザードマップを活用した今後の火山防災のあり方についても述べる．

(1) 火山ハザードマップ

火山防災のあり方が世界的に注目されたのは，1985 年 11 月 13 日の南米コロンビアのネバドデルルイス火山の噴火である．この活動の本格化による災害の可能性を危惧した INGEOMINAS（国立地質鉱山研究所）は諸外国の研究者の協力を得て，災害予測のマップを急遽作成して，行政など関係機関に配布した．しかし，行政関係者に十分な理解を得ることができなかったため，マップが有効に活用されることはなく，山麓のアルメロ市で約 2 万 5000 人が火山泥流の犠牲となった．この教訓から，翌年での IAVCEI（国際火山学地球内部化学協会）総会で，火山ハザードマップの作成と開発途上国の火山観測従事者研修の必要性についてのアピールが提出された．過去の火山災害の教訓と火山活動の持つ特質から，火山ハザードマップを活用した火山防災体制整備の取り組みが推奨された．火山国であるわが国でも，火山防災への本格的な取り組みが開始されることとなった（下鶴，2000）．

火山活動での災害要因となる現象の発生を予測して，その災害による危険程度を評価し，地域住民の災害時の避難対応のあり方について検討し，これらの情報を図示したものが火山ハザードマップ（volcanic hazard map）である．火山ハザードマップの訳語としては火山災害予測図が原義に近いが，わが国の場合ではさまざまな防災情報を付記した火山防災マップと同意語で使用することが多い．わが国で 1990 年代に公表されたマップの多くは，後述するような経緯があって，やや専門的な内容からなる火山噴火災害危険区域予測図，あるいは火山災害予測図であったが，最近では火山防災マップが多く作成されている．

(2) わが国での火山防災計画と火山ハザードマップ

　火山災害対策のための防災計画と火山ハザードマップがわが国で公表されるにいたった制度的な背景を以下に略述する（内閣府，2008など）．1961年に「災害対策基本法」が制定され，中央防災会議が国の「防災基本計画」を策定し，「防災業務計画」を指定の各行政機関が作成することとなった．都道府県および市町村は「地域防災計画」を作成する．これらの防災計画には，自然災害としては震災対策，風水害対策，火山災害対策，雪害対策が指定され，災害予防・事前対策，災害応急対策，災害復旧・復興対策を策定して公表することとなった．1973年の「活動火山対策特別措置法（活火山法）」では，避難施設などを整備し，降灰除去事業などを実施し，火山周辺地域の住民等の安全と生活等の安定を図ることとされた．さらに，火山噴火活動が発生した場合には，都道府県，市町村は災害対策本部を設置し，防災計画に基づき応急対策を実施する．国は必要に応じて内閣府を中心に非常災害対策本部または緊急災害対策本部を設置して，総合的な応急対策の推進にあたることとなった．

　わが国の地域防災計画の作成現況を見ると (Nakamura *et al.,* 2008)，活火山を持つ26都道県のうちで火山災害対策編を作成しているのは7都県で，ほかは一般災害対策編，風水害対策編で記載し，火山災害対策を取り上げて記載していないのも4県ある．過去に噴火災害を経験している火山近傍地域の自治体では火山災害対策の整備を進めているが，火山近傍地域のほとんどでは地域防災計画の火山編は未作成で，多くは一般災害編で記述するにとどまっている．また，火山災害発生後の復旧・復興計画の記述には不十分なものが多い．わが国の火山地域は観光地であることが多いが，観光客や別荘住民などの非定住者のための対策の記述も少ない（宇井，1997）．

　活火山の活動情報は火山噴火予知連絡会の検討をふまえて，気象庁から発表される．最近，気象庁は内閣府（防災担当）との検討の結果，活火山地域の自治体が噴火に伴う避難や登山規制などの防災対策と連携しやすくなるように，従来の火山活動度レベルに代えて，2007年12月から新たな「噴火警戒レベル（レベル1～5）」を発表し，火山活動に異常が見られたときは噴

表 4.2.1　火山学的マップ,行政資料型マップ,住民啓発型マップ（国土庁防災局,1992）

	火山学的マップ	行政資料型マップ	住民啓発型マップ
目的	起こりうる火山現象の確率,物理量などを,条件を変えて正確に示し,行政資料型,住民啓発型マップの作成に資する.	火山現象ごとの影響範囲,防災施設の分布,災害応急対策の手順などを示し,災害予防,災害応急対策などの防災対策に資する.	住民や観光客などに対して火山現象の及ぶ範囲,発災時の避難方法などをわかりやすく示し,防災意識の高揚を図る.
表示内容	過去の災害履歴,各災害要因ごとの影響範囲,予測の条件,堆積物などの厚さ,到達時間など	各災害要因ごとの影響範囲,予測の条件,危険度分類,防災施設,公共施設（役所,病院,学校,道路など）,情報伝達系統,指定地など	災害の影響範囲,予測の条件,避難施設（集合場所,避難場所,避難経路）,情報収集の方法,非常携帯品,噴火時の心構え
作成主体	原則として市町村またはその協議体（都道府県またはそれらの協議体）		

火予報・警報を気象業務法を改正して発表することとなった（山里,2008など）.したがって,噴火警戒レベルに対応した火山災害対策を地域防災計画に盛り込むことが求められることとなった.

(3) わが国での火山ハザードマップの作成状況

　ネバドデルルイス火山の 1985 年噴火の教訓から,国土庁（当時）は活火山防災対策検討会を 1986 年に設置して,活火山地域での災害危険区域予測図について検討することになった.雲仙普賢岳の 1991 年噴火を経験して,「火山噴火災害危険区域予測図作成指針」を公表した（国土庁防災局,1992）.この指針では,対象とする火山地域での災害実績図をまず作成して,それをふまえて可能性の高い災害要因ごとのシミュレーションを実施して,その結果から災害危険区域予測図を作成することを推奨した.また,火山噴火災害危険区域予測図に掲載すべき内容のガイドラインも示した.さらに「火山学的マップ（学術マップ）」,「行政資料型マップ（行政マップ）」,「住民啓発型マップ（広報マップ）」を作成して,このうちの広報マップを住民に公表することを推奨した（表 4.2.1）.この作業のために,活火山周辺地域の自治体あるいはそれらの協議体は,関係機関や専門家などからなる委員会を設置して,予測図の検討を進めることが推奨された（荒牧,2008 など）.

　わが国の火山ハザードマップの作成の状況を見ると（中村,2005）,大別し

表 4.2.2　わが国の火山ハザードマップの公表時期 (Nakamura et al., 2008；2008 年 4 月現在)

マップ作成時期	ランク A の活火山	ランク B の活火山	ランク C の活火山
1990 年度以前	北海道駒ケ岳（1983.11） 十勝岳（1986）		
1991 年度〜 1999 年度	雲仙岳（1991） 樽前山（1994.3），伊豆大島（1994.3） 三宅島（1994），桜島（1994） 浅間山（1995.3），阿蘇山（1995.3） 有珠山（1995.9） 薩摩硫黄島（1996），諏訪瀬島（1996）	草津白根山（1995.3） 霧島山（1996.3），秋田焼山（1996） 口永良部島（1996），中之島（1996） 岩手山（1998.10） 雌阿寒岳（1999.8）	
2000 年度以降		恵山（2001.2），鳥海山（2001.3） 新潟焼山（2001.3），磐梯山（2001.5） 岩木山（2002.2），吾妻山（2002.2） 蔵王山（2002.3），安達太良山（2002.3） 那須岳（2002.3），焼岳（2002.3） 御嶽山（2002.3），秋田駒ケ岳（2003.2） 鶴見岳（2003），富士山（2004.3） 九重山（2004.3），箱根山（2004） 鶴見岳・伽藍岳（2006.6）	アトサヌプリ（2001.12） 由布岳（2003） 倶多楽（2006.12）

マップの作成時期は，初版の公表された年度で区分．
鶴見岳（2003）と由布岳（2003）は同一マップで掲載し，伽藍岳は掲載なし．鶴見岳・
伽藍岳（2006.6）は同一マップに由布岳も掲載．

て 3 つの時期に作成が進められている（表 4.2.2）．1983 年に最初に北海道駒ケ岳で，次いで 1987 年に十勝岳で，北海道防災会議による災害予測図が作成公表された（第一世代，2 火山）．この後はしばらく作成されず，雲仙普賢岳 1991 年噴火後に前述の「火山噴火災害危険区域予測図作成指針」が公表され，国庫補助の「火山噴火警戒避難対策事業」の開始によって作成作業が進展した．その結果，雲仙岳，樽前山，伊豆大島，三宅島，桜島の災害予測図が作成公表され，その後に浅間山，草津白根山，阿蘇山，有珠山と続き，さらに霧島山，秋田焼山，岩手山，雌阿寒岳，および薩南諸島の火山での作成公表があった．これらの火山は気象庁による当時の常時精密観測と常時普通観測の対象火山である（第二世代，17 火山）．2000 年に三宅島と有珠山の噴火があって，これ以降に数多くの火山での発表が続いた（第三世代，19 火山）．この間にいくつかの火山地域では改訂版や統合版なども公表されて

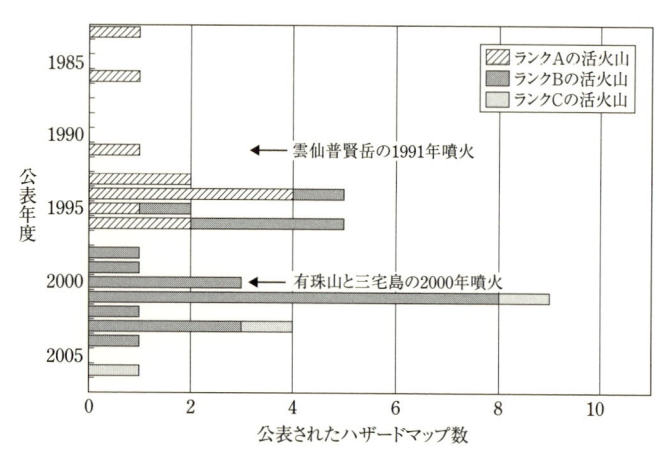

図 4.2.1 公表された火山ハザードマップ数の経年変化
マップの公表時期はそれぞれの活火山での初版年度で表示.

いる．これらの作成公表の経緯を見ると，雲仙普賢岳1991年噴火，および三宅島と有珠山の2000年噴火のような規模の大きな火山災害の発生が契機となって火山防災意識が高揚し，火山近傍地域自治体での作成公表が推進される傾向が明瞭である（図4.2.1）．

現在（2008年）までにマップが作成された火山を見ると，気象庁が定義した108活火山（北方領土の11火山を含む）のうち，38火山のマップが作成公表済みとなっている（表4.2.2）．気象庁の指定した活火山ランク（気象庁，2005）のランクAの13火山のうち12火山，ランクBの36火山のうち23火山，ランクCの36火山のうち3火山がそれぞれ作成公表済みで，総数では133マップと96の関係資料が公表されている（Nakamura et al., 2008）．これらのマップの作成は，国庫補助事業である火山噴火警戒避難対策事業，火山砂防事業，あるいはこの両者によって多くが実施されている．自治体が自らの事業でマップの作成公表をしたのは，恵山，アトサヌプリ，箱根山，倶多楽の4火山である．

公表された活火山ハザードマップの一部（初版や旧版など）が現在では入手困難となりつつあったため，発行自治体などの了解を得て，解説用資料を含めて高解像度デジタル画像での収録作業を日本火山学会の火山防災委員会

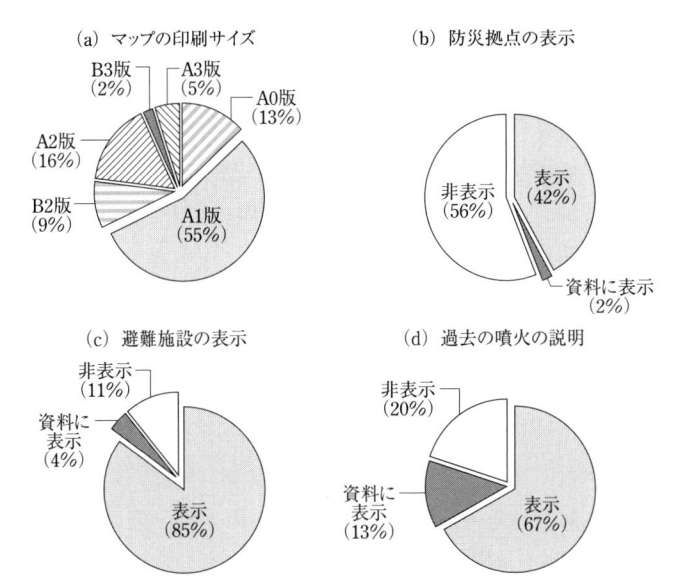

図 4.2.2 火山ハザードマップの内容の掲載状況（Nakamura et al., 2008 を加筆修正）
これまでに公表されたマップと関連資料による集計値.

と防災科学技術研究所とで実施した（中村ほか，2006）．さらに，同資料を防災科学技術研究所のインターネットで公開した*．これらをもとに，公表されたマップと関連資料の掲載内容の現況を概観する（図4.2.2）．

これまでに公表されたマップ（更新版を含めて）の約 3/4 がハンドブックなどの解説書や別資料を付している．印刷マップのサイズは A1 判が約半数と多く，次いで A2，A0，B2 判と大型サイズがよく採用され，小型では A3 判が多い．大型サイズは情報を多く盛り込めるが，一般家庭で広げて常時表示するにはやや難点がある．

国土庁の予測図作成指針で提案されている表示すべき項目（防災拠点，避難施設，公共・公益施設，行政界・規制箇所，行動指示情報等，火山現象の解説）の掲載状況を見た．①防災拠点が指定されているのは半分以下で，防災拠点として適切でない指定も一部見られた．②避難施設の情報がまった

---

* http://www.bosai.go.jp/library/v-hazard/

く記載されていないものもあった．これらは住民避難には重要な情報なので，早急な改善が望まれる．③気象庁公表の火山情報を解説しているものが多いが，この情報は前述のように最近になって更新されたので，情報の修正が必要とされる．④対象とする火山の過去の噴火活動実績の説明が，約2割で記載されていなかった．⑤噴火現象の解説は，泥流（土石流），降灰，火砕流，噴石，溶岩流の順で多く，ほかには岩屑なだれ，火山ガス，地震，水蒸気爆発，噴煙，津波などであった．⑥表示すべき項目の掲載で何らかの漏れが約半数あった．その多くはそれなりの理由があって検討の結果から掲載を割愛したようであるが改善が必要とされる．

　国土庁の作成指針では火山学的専門性が高い内容を推奨したため，わが国の初期の第二世代のマップはこれを反映して学術性の高い火山災害予測図が多く公表され，防災情報の記述に乏しかった．しかし，最近では，住民を意識した火山防災によく配慮したマップが公表されつつある．とくに，改訂版を作成している地域のマップや関係資料はよく工夫された優れたものが作成されて（第三世代），自治体のホームページで公開されることも多い．

　わが国では各自治体が地域防災の責任主体となっているため，一つの火山に対して近隣の複数自治体それぞれが地域防災体制を検討し，それぞれに地域防災計画やマップを独自に発行していることが多い．しかし，自然災害は行政区域と無関係に発生するので，住民避難の方策や意志決定などについては自治体間の緊密な連携での防災体制を構築することが必要で，そのためには広域的連携による防災協議会での検討が推奨されている（4.4節（1）参照）．しかし，複数自治体からなる火山防災協議会を設けて検討している火山地域は意外に少ない．わが国では火山が県境付近に位置することも多いが，複数県による協議会を国が主体となって設置したのは富士山の場合のみである．

(4) 諸外国の火山ハザードマップと火山防災体制

　海外で作成されている火山ハザードマップの内容は，それぞれの国で作成に関わった機関組織，さらに防災体制そのものが異なることもあって，かなり多様である．欧米の研究機関などで作成されたものは，わが国の学術マップに近いものが多い．行政や住民が活用することを想定して作成公表された

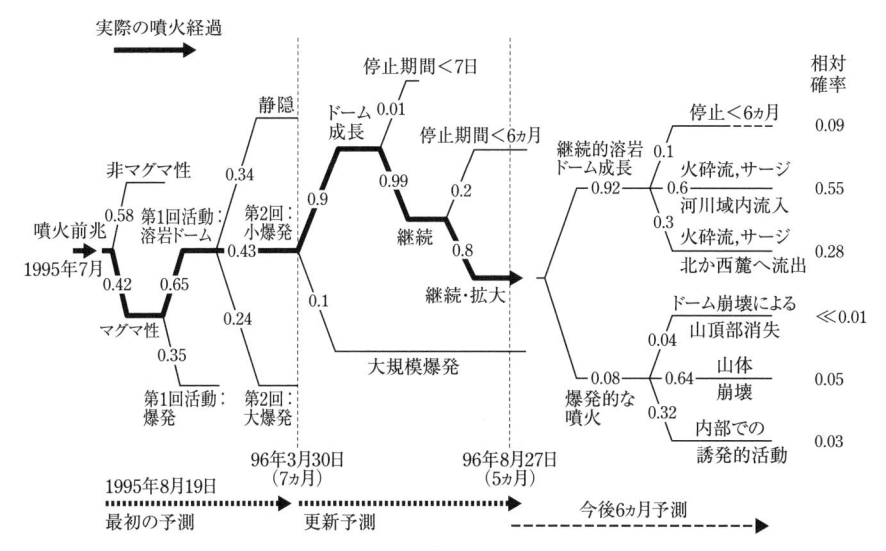

図 4.2.3 スフリエールヒルズ火山で作成された噴火イベントツリー (Aspinall, W. P., 2006, In: Mader *et al.* eds., *Statistics in Volcanology*, Special Publications of IAVCEI, 1, Geological Society, London, 15-30)
　噴火現象のイベント予測が確率値でそれぞれ示され，実際に経過したコースが太線で示されている．1996年8月27日時点から6ヵ月間の予測も示されている．

マップとしては，パプアニューギニアのラバウル火山，ニュージーランドのルアペフ火山，およびフィリピンのPHIVOLCS（フィリピン火山地震研究所）によるものがある．活火山を監視している機関が，火山観測の現況とともにハザードマップなどの防災情報をインターネットで公開していることも，最近では多くなっている．

　米国ではマップがよく整備されていて，多くがUSGS（米国地質調査所）によって作成されている．米国西海岸カスケード地域の活火山のマップの多くは，1970年代後半に公表された．セントヘレンズ火山1980年噴火によって，公表されていたマップの精度が確認されて注目された．この噴火を契機として米国内での活火山観測システムが整備され，新しい防災体制のあり方も検討され，火山活動の推移を定量的評価されたイベントツリー（event tree）によって危機管理する手法も提案された（Newhall, 1984）．ハワイのキラウ

エア火山では噴火頻度が高いこともあって観測機器がよく整備され,予知のためのデータがよく検証されているので,噴火活動の予知の精度が向上し,確度の高い災害予測がなされている.さらに,噴火頻度が低いが大規模活動の可能性のある,イエローストーンやロングバレー（超巨大噴火をした火山でスーパーボルケーノ（super volcano）と最近呼称されている）などの大規模カルデラを形成する火山での噴火予知と避難体制のあり方の検討にも着手している（Guffanti et al., 2007）.

フィリピンのピナツボ火山1991年噴火では,PHIVOLCSとUSGSによって噴火予測がなされて,災害予測マップも作成されてよく活用された.噴火後に発生したラハール（火山泥流,土石流）についても,噴火シナリオに対応させた災害予測のマップが作成されている（Newhall, 2000など）.パプアニューギニアのラバウル火山1994年噴火は,作成されたマップが住民避難に際して有効に活用された事例である.ニュージーランドのルアペフ火山の1995-96年噴火では,噴火の脅威などについての住民向けの明快なマップが公表された.モンセラート島スフリエールヒルズ火山の1995-97年噴火では,英国地質調査所と多国籍火山研究者によって観測システムと避難体制が整備された.さらに噴火シナリオと噴火のイベントツリーの作成（図4.2.3）,リアルタイム型の火山ハザードマップの作成,アラートレベルの設定,さらに観測データからの噴火の時期と様式や避難時期の確率的予知など,世界的にも先進的な噴火予知システムと火山防災体制が構築された.

火山噴火の航空機運航システムへの影響では,インドネシアのガルングン火山の1982年噴火,アラスカのリダウト火山の1989年噴火で,拡散した火山灰の影響を受けて飛行中の航空機エンジン停止事故が発生した.通常の航空機搭載レーダーでは火山灰映像は捕捉できず,目視では雲と識別しにくい.このため,火山灰拡散地域を回避するための早期警報システムと航空機運行のあり方が世界的規模で検討された.1995年に航空路火山灰情報センター（VAACs；Volcanic Ash Advisory Centers）が設立されて,火山噴火による火山灰拡散の実況や予測などの情報が世界の9カ所のVAAC（日本付近はTokyo VAAC）から航空・気象機関に公表され,その一部はインターネットで公開されている.

(5) これからの火山ハザードマップと火山防災体制

　火山ハザードマップ作成は防災体制の目標ではなく始まりであり，地域での効果的な火山防災体制の整備を進める際に地域防災計画とハザードマップが基本となる．新たな防災体制のあり方が自然災害の多い国々などを中心に世界規模で鋭意検討されつつある（UN/ISDR, 2004 など）．それらのうちで，わが国も含めて多くの火山国で早急な導入が期待されている，火山地域の脅威度・危険度の評価とリアルタイム型のハザードマップについて紹介する．

火山危険度評価

　火山災害は活動の様式や規模が多様のために加害要因もかなり多様で，対象火山地域での加害要因の抽出，さらにそうした要因ごとの危険度評価（リスクアセスメント）は重要な防災情報である．危険度評価は生命財産の損失の可能性評価で，危険度（risk）はある現象によって災害を起こす可能性のハザード（hazard），脆弱性（vulnerability），および価値（value）の積で算出される（UN/ISDR, 2004）．したがって，ハザードの規模と頻度，防災体制と施設の脆弱性，人口分布や社会基盤施設などが，地域の火山危険度を支配する．活動が大規模であったり，長期化する場合には，多くの加害要因が係わって災害が深刻化し，対象地域の危険度も広域化する傾向がある．したがって将来の火山活動による加害要因によって発生する可能性のある危険度を対象地域で予め評価しておくことは，効果的な防災体制を構築するためには有効な作業である．

　最近，米国地質調査所では米国内の活火山の今後の噴火防災体制構築のために，NVEWS（National Volcano Early Warning System）を提案した（Ewert *et al.*, 2005）．それぞれの活火山ごとのハザードファクター（hazard factor：人や財産に危険や破壊をもたらす火山現象の要素）とエクスポジャーファクター（exposure factor：人や財産が火山現象の脅威にさらされる要素）を評価し，その総和から脅威評価点（threat assessment score）を算出した（表4.2.3）．さらに空路脅威点（aviation threat score）も評価し，その両者から火山脅威ランク（overall volcanic threat ranking）を算出した．

表 4.2.3 NVEWS の火山脅威評価に用いられたファクターとその点数範囲（Ewert et al., 2005）

ハザードファクター	点数範囲
火山のタイプ	0 か 1
過去最大の火山爆発指数（VEI）	0 から 3
過去 500 年間の爆発性活動は？	0 か 1
過去 5000 年間の主要な爆発性活動は？	0 か 1
噴火の再起性	0 から 4
完新世での火砕流は？	0 か 1
完新世でのラハールは？	0 か 1
完新世での溶岩流は？	0 か 1
水蒸気爆発の可能性は？	0 か 1
完新世での津波は？	0 か 1
山体崩壊の可能性は？	0 か 1
ラハールの主要な発生源は？	0 か 1
地震活動の観測履歴	0 か 1
地殻変動の観測履歴	0 か 1
噴気性あるいはマグマ性ガス噴出の観測履歴	0 か 1
ハザードファクターの合計	
エクスポジャーファクター	
30 km 範囲での火山地域人口指数（VPI）の対数値	0 から 5.4
下流や下方地域での人口概数の対数値	0 から 5.1
歴史時代の犠牲者数は？	0 か 1
歴史時代の避難者数は？	0 か 1
地域航空路の露出度	0 から 2
地方航空路の露出度	0 から 5.15
電力関係の施設設備	0 か 1
運輸関係の施設設備	0 か 1
主要な開発地域または要注意地域	0 か 1
住民のいる島のかなりを火山が占有	0 か 1
エクスポジャーファクターの合計	
ハザードファクター評価点数の合計 × エクスポジャーファクター評価点数の合計＝相対脅威ランク	

　米国内のすべての 169 活火山地域に対してこの評価を実施して，現観測体制とのギャップを指摘した．評価項目の選択やその評価点数の範囲などの客観的精度の課題も残るが，対象火山ごとに評価結果が数値で算出されるために明快な手法である．

　わが国では人口密度が高く，土地の利用率が高く，自然環境資源としての火山に立脚した観光産業などで積極的に火山山麓を活用していることもあって，火山のすぐ近傍地域まで生活空間が及ぶことが多い．このため，対象地

域の持つ自然環境や社会環境によって評価が大きく影響を受けやすい．地域の持つ固有の社会環境（住居や公共施設，経済活動拠点，社会基盤インフラなどの高価値施設の配置など）から，どのような項目で評価すべきかをよく吟味することが必要となる．こうした対象火山の火山災害の危険度評価を地域で実施して火山危険度評価図（火山リスクマップ）を公開しておくことは，堅固な防災体制を持つ中・長期的な地域開発計画を進める上でも，さらに地域の関係機関や住民の防災意識の確立を促すためにも有効となる．

リアルタイムハザードマップ

　自然災害の防災分野で最近積極的に検討されつつあるのが，災害現象のリアルタイム型の観測モニターシステムと，それをふまえて想定される加害要因ごとのリアルタイムでのハザードマップの作成システムである．こうしたマップが実際に作成されて活用された例としては，まだ部分的ではあるが，スフリエールヒルズ火山1995-97年噴火やエトナ火山2002年噴火などがあって，世界的にも注目された．

　リアルタイムハザードマップが防災体制として効果的に活用されるためには，①各種観測装置によるリアルタイムモニター体制の整備，②活動の変化に即応した精度よい噴火予知情報（時期，場所，規模，様式，推移）とその迅速な伝達システムの構築，③伝達情報に対応したリアルタイムでのハザードマップ作成とそれに対応した防災体制の立ち上げ，④地域自治体の迅速な意思決定とその結果の住民避難への広報システム，の確立が必要とされる．

　このような次世代型といわれる実用性の高いリアルタイムでのマップ作成とシステム構築の実現のためには，基礎資料の整備が必須となる．主な基礎資料としては，①対象地域の自然環境と社会環境についての地理情報システム（GIS; Geographic Information System）のための数値情報，②対象地域の火山危険度評価，③対象火山の将来の火山活動についてのイベントツリーとそれをふまえての噴火シナリオ，④発生する可能性の高い火山現象ごとのシミュレーションシステム，などの整備である．

　わが国でのリアルタイム型ハザードマップの整備に向けての状況をみると，基礎情報となるGIS汎用データは国土空間データ基礎などのさまざまな情

報が最近急速に整備されている．ハザードマップの作成システムについても，さまざまな前提条件下での加害要因ごとの迅速なシミュレーション開発が進められつつある．また，将来の火山活動についてのイベントツリーと噴火シナリオなどを確率的に考慮したハザードマップ作成も着手されつつある．火山現象の発生経過が示されたイベントツリーと噴火シナリオは，分岐点ごとにその時点まで得られた観測情報に基づく予測判定が運用のポイントとなる．最近，国土交通省では「火山噴火緊急減災対策」として活動が活発な火山でのシステム導入を計画している．一方で，確率的予測を加味した火山防災体制はこれまでわが国では導入されておらず，活火山地域での実用性のあるリアルタイム型の火山ハザードマップが本格的に運用されるには，その前提の整備にしばらく時間が必要である．

火山ハザードマップを活用した火山防災体制

　火山災害では加害要因が基本的にはマグマ活動を起源としているので，加害現象の発生する地点がある程度制約されて，火山現象としての特質から災害発生地域も地形に依存することが多い（災害発生場の特定性）．また，一般的な成層火山の寿命は数十万年から百数十万年程度と見積られ，火山の一生の間に数十年から数千年程度の間隔で本格的な活動を繰り返すことが知られている（災害発生の周期性）．したがってほかの自然災害と比較すると，火山災害の防災体制ではハザードマップを作成して，それを効果的に活用する防災計画を立案することでより高い減災効果が得られると期待される．

　火山災害の持つ規模と発生頻度などを考慮するとき，防災施設を完璧に構築して災害抑止をすることは現実的でなく，加害現象が発生した際に軽減方策を迅速に実施することが効果的な減災対策となる．期待される火山防災対策としては先に紹介したように火山周辺地域での火山災害の危険度（脅威度）の評価と，可能性の高い噴火イベントツリーと噴火シナリオを予め検討しておいて，これらの情報をふまえたリアルタイム火山ハザードマップを整備し，ダイナミックな対応ができる地域防災計画を構築しておくことである．

　これらの防災体制は，地域の社会基盤などの発展などに応じて適宜改訂されることが必要で，そのためには防災訓練（実働，図上）を繰り返して，地

域の防災システムの実地検証をすることが，防災機関や地域住民の防災意識の高揚のために効果的となる．さらに，自治体の防災担当者，防災関係機関，専門家，住民などからなる防災体制検討の場を設置しておき，中・長期的な展望での防災を意識した社会基盤構築計画などを検討しておくことで，より堅固な地域防災体制が構築される．そうした検討の場によって関係者間での共通の認識基盤や信頼関係が確保されて，災害発生時の住民避難や救援活動，さらには噴火終了後の復旧・復興活動の際にも，有効に機能するであろう．

　火山防災体制の構築には，行政組織と科学者集団との連携が重要であることが指摘されている（Tilling, 1989 など）．災害軽減に向けた防災体制の最終的な意思決定や結果の社会的責任は行政関係者が担う．しかし，行政関係者がさまざまな意思決定をする際に，火山や防災の専門家による適切なアドバイスは有効で，そのために両者の信頼関係は必須である．その意味で，火山や防災の専門家の研究成果が，行政，住民，さらにメディアの関係者間で共有されて，より質の高い火山防災の体制構築へ十分に活用されることが重要である．このためには火山と噴火現象の科学的解明が前提で，今後のさらなる学術的研究と観測技術の推進が求められている．

4.3　予知と防災の情報戦略

小山真人・吉川肇子・中橋徹也
伊藤英之・林信太郎・前嶋美紀

(1)　火山危機評価・意思決定支援システム

　火山噴火の前兆期から噴火活動（噴火にまでいたらない場合にはマグマ活動）のクライマックスを経て終息にいたるまでの期間を「火山危機」と呼ぶことにしよう．この期間は，短くて数日から長くて数年以上にわたり，期間内の活動度にも消長がある．

　火山危機に関わる専門家には，限られた時間内にデータ収集・分析・議論・意思決定・広報という一連のプロセスをこなす厳しい対応が課せられる．

とくに，議論と意思決定のプロセスは，多くの専門家が一堂に会した上で時間が限られるため，その機会を最大限有効に利用するための工夫とサポートが与えられるべきである．

しかしながら，現状はそれにほど遠い．2000年8月の三宅島の火山活動評価と情報伝達上の問題点を考察した小山（2002）は，紙ベースの情報が委員の狭い机に山積みとなっている火山噴火予知連絡会での会議スタイルの非能率性を指摘し，効率的な議論と意思決定の実現をサポートするグループウェアの確立（全資料の電子ファイル化と整理，Webやメーリングリストなどによる資料の事前閲覧と議論，会議室設備の電子化，議事録の即時作成，外部サポートチームによる支援など）の必要性を訴えた．

筆者らは，上記グループウェアのコアとなるシステムとして，火山危機における情報伝達ならびに合議・意思決定を支援する火山危機管理専門家支援システム VCMS[*]（Volcanic Crisis Management System）の開発を進め，基本部分の構築を終えた（小山・前嶋，2005）．ここでは VCMS の全体構成と機能について紹介する．

VCMS はインターネット上に置かれたサーバマシンを基盤としたシステムであり，ユーザは各自のパソコン上から既存の Web ページブラウザを用いて，サーバ上に搭載されたすべての機能を遠隔地から利用できる．

サーバマシンのスペックは，CPU：Pentium 4（2.4 GHz），メモリ1 GB，ハードディスク160 GBで，BogoMIPS 4800程度の計算能力を有し，非常時のアクセス集中に耐えるよう同一のハードウェア／ソフトウェアを備えた5台のラックマウントサーバ機を配置して分散処理を行っている．それらをルータの下に配し，IPマスカレードとポートフィルタリングによって不正アクセス対策を施し，UPS による停電対策も施した．OS には Redhat Linux，Web サーバには Apache を用い，Perl/PHP/PostgreSQL/qMail サーバによって以下で述べるグループウェアを構築している．

火山危機の際に火山噴火予知連絡会で行われる情報交換・議論・広報を想定し，それらの作業をサポートするシステムが備えるべきグループウェア機

---

[*] http://sakuya.ed.shizuoka.ac.jp/a05kazan/vcms/

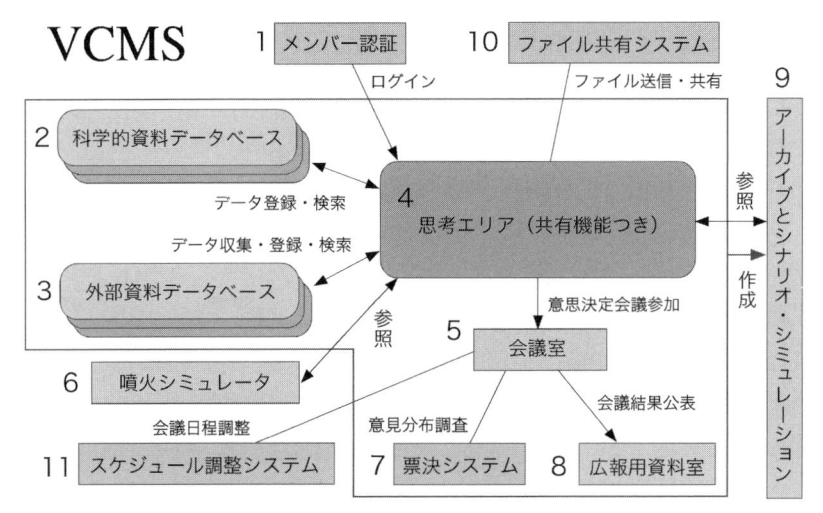

図 4.3.1 VCMS の全体構造
　　　各機能に付した番号は図 4.3.2 および本文のものと同一.

能として，以下の 11 項目を考えた．すなわち，①メンバー認証，②科学的資料データベース，③外部資料データベース，④思考エリア（共有機能付き），⑤会議室，⑥噴火シミュレータ，⑦票決システム，⑧広報用資料室，⑨アーカイブおよびシナリオシミュレーション機能，⑩ファイル共有システム，⑪スケジュール調整システム，である（図 4.3.1 および 4.3.2）．

メンバー認証（図 4.3.1 の 1）
　クローズした場であることの多い意思決定会議の現状を考えると，ユーザ ID とパスワードによるメンバー認証は必要な機能であり，サーバの負荷軽減やセキュリティ面からも欠かせない．

科学的資料データベース（図 4.3.1 および 4.3.2 の 2）
　各研究機関や委員個人が提出する大量のデータを整理・蓄積し，必要とされるデータをすばやく検索し表示する機能を備えたデータベースである．従来の意思決定会議において，机上に配布されていた分厚い紙資料の束に相当する部分である．扱い可能なデータ形式としては，テキストと画像をそのま

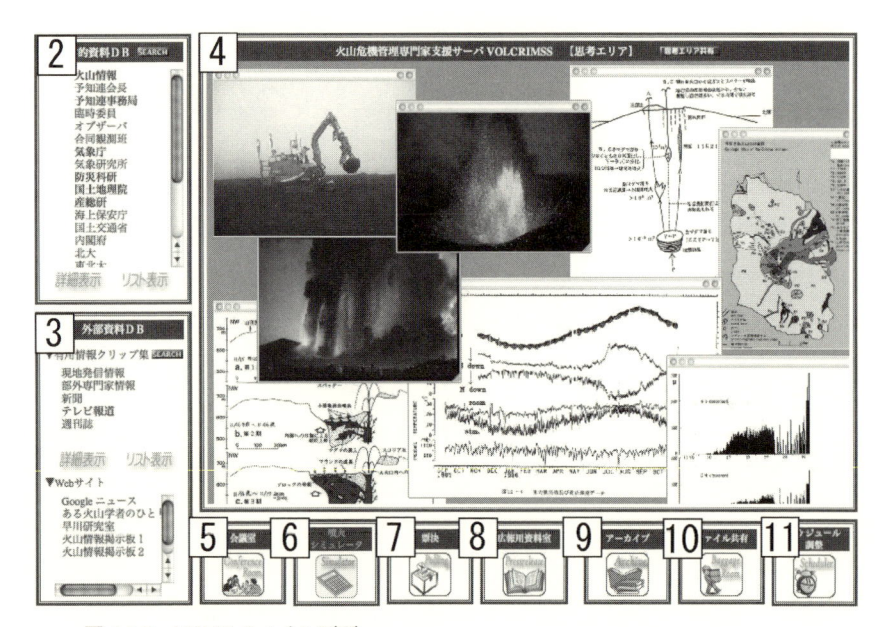

図 4.3.2 VCMS のメイン画面
　　各エリアおよびボタンに付した番号は，図 4.3.1 および本文に対応する．ただし，メンバー認証，アーカイブ機能，シナリオシミュレーション機能の画面は省略した．

ま表示できるほか，ムービー，各種ワープロや PDF などの文書ファイルの添付も可能である．VCMS のメイン画面上ではデータ提供者（組織あるいは個人）別の表示がなされており，提供者名をクリックすれば内容が画像掲示板方式（図 4.3.3 の電子会議室とほぼ同形式）あるいはリスト方式で表示されるほか，データ投稿・編集機能ならびに検索機能（データ番号・提供日時・提供者名・提供者メールアドレス・引用 URL・タイトルおよび本文中の語句・添付ファイル名・添付ファイル種別・データ種別・重要度による複合検索），後述する思考エリアへのデータ転載機能を搭載している．

外部資料データベース（図 4.3.1 および 4.3.2 の 3）
　有用情報クリップ集と Web サイト集からなる．有用情報クリップ集は，インターネット上のさまざまなサイトから収集した情報を格納したものであ

図 4.3.3　VCMS の会議室画面の例

る．また，意思決定会議のメンバー以外の専門家・ジャーナリスト・一般市民などから個別に寄せられた情報もここに格納される．データベースの構造と使用法は，科学的資料データベースと同一である．Web サイト集は，インターネット上の有用なサイトへの直リンク集である．

思考エリア（共有機能付き）（図 4.3.1 および 4.3.2 の 4）

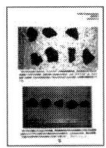

　個々のユーザが自身の思考を展開する場であり，仮想的なデスクトップとして位置付けられる．思考エリアには，前述した 2 つのデータベースならびに後述の会議室上から必要なデータを貼り付けた上で，PC デスクトップ上のウィンドウ操作と類似した移動・並べ替え・拡大・縮小・比較が可能となっている．また，自分の思考エリア上に並べたデータを，そのレイアウトごとメンバー間で共有する機能も備えている．この機能によって，メンバー全

員が同一のデータ群を参照しながら議論できる.

会議室（図 4.3.1 および 4.3.2 の 5）
　意思決定にかかわる電子会議を時系列に沿って行う仮想空間であり，提供者からデータベースへのデータ提出が一通りなされた後に，メンバー全員で議論を行う場として想定したものである．会議室の構造と使用法は 2 つのデータベースと同一であり（図 4.3.3），テキストや画像をそのまま貼り付けたり，ムービー・文書ファイルを添付することが可能である.

噴火シミュレータ（図 4.3.1 および 4.3.2 の 6）
　この機能はまだ有効になっていないが，将来的に高精度の噴火シミュレータ（中西ほか，2007）が完成したあかつきには，そこにリンクできるようにしてある．思考エリアに集めたデータをもとに条件を設定してさまざまな火山活動の数値シミュレーションを行い，議論と意思決定に資することを目的としている.

票決システム（図 4.3.1 および 4.3.2 の 7）
　メンバーの意見分布を知るためのアンケートや票決を電子的に行うシステムである．設問や選択肢の文章を自由に設定できるほか，回答方法もYES/NO/保留，2-10 個の選択肢，テキストによる回答のいずれかを選択できる．結果は自動的に集計され，グラフとして表示される.
　現在の火山噴火予知連絡会では，検討結果の公表の仕方として「統一見解」を採用しているが，意見統一のための票決や意見分布の調査・公開を行った例はない．しかしながら，日本以外では，たとえばカリブ海のモンセラート火山で 1995 年から継続している噴火の対応に際して，専門家の意見分布に基づく対応が実施された事例が知られている（Montserrat Volcano Observatory, 1997 ; Aspinall and Sparks, 2002 ; http://www.mvo.ms/risk_assessments.htm）．その際には，個々の専門家の業績や経験に応じた票の重み付けもなされたという．国内においても，たとえば最高裁判所の行政訴訟の判例に裁判官の意見分布が付されているように，意思決定会議において意見分布

の表示が重要視されている分野もある．

　火山噴火予知連絡会が採用する統一見解という手法の妥当性については疑問も提出されている（小山，2002；井田－早川往復メール[*]）．将来的には意見分布の表示を付す方法の検討や試験実施が望ましいと考え，あえて票決システムを実装した．

広報用資料室（図4.3.1および4.3.2の8）
　会議の検討結果についての広報資料を作成・公表するための場である．構成や機能については会議室と基本的に同一であるが，広報資料を確定した後，それらを外部からアクセス可能なWebページとして出力する機能を備えている．

アーカイブおよびシナリオシミュレーション機能（図4.3.1および図4.3.2の9）
　会議後にその全記録（会議室の議事録だけでなくデータベースや思考エリアを含む：図4.3.1の2-5ならびに7，8の内容）を保存する機能である．保存されたアーカイブは，後から画面上に復元して議論を続行したり，必要に応じて中身を編集することも可能である．さらに，保存したアーカイブを利用して，次節で述べる火山危機対応シナリオシミュレーションをWeb上で実行する機能も備えている．

ファイル共有システム（図4.3.1および4.3.2の10）
　メールに添付しにくい数MB以上の大容量ファイルをメンバー間で送付・共有するシステムである．メーラーを用いずに，差出人がいったんサーバ上にファイルをアップロードした後，受取人がサーバにアクセスして自分宛のファイルをダウンロードする仕組みである．

スケジュール調整システム（図4.3.1および4.3.2の11）
　会議や現地調査等の日程をメンバー間で調整するためのスケジューラであ

---

[*] http://www.edu.gunma-u.ac.jp/~hayakawa/news/2000/usu/res/0414/index.html

る．CSVファイル形式のデータの読み取りと書き出し機能によって，表計算ソフトや電子手帳との連携が可能である．

最後に，VCMSの活躍を描いた小説『昼は雲の柱』（石黒，2006）を紹介しておきたい．『昼は雲の柱』は近未来の富士山噴火を描いたクライシスノベルであり，筆者の一人（小山）が科学監修をつとめた．小説中には，噴火シミュレータを搭載済みのVCMSを用いた火山学者たちの大活躍が描かれている（p. 276 以後の数カ所）．現時点でのVCMSの実力は，小説中のものに比べれば初歩的であるが，小説を通してVCMSが何を目指して開発されたかを理解してもらえれば幸いである．

(2) 火山危機対応シナリオシミュレーション

前節で述べたVCMSのような優れたツールが用意されたとしても，実際に火山危機に直面するのはさまざまなバックグラウンドや個性を持つ人間の集まりである．そうした人々の力を有効に結集するためには，方法論的な検討と日常の訓練が必要である．筆者らは，最良の危機管理方策の検討ならびに危機管理担当者のスキルアップを目的としたシナリオシミュレーションの研究・開発に取り組んできたので，その現状を紹介する．

ここでいうシナリオシミュレーションとは，火山の状態とそれを取り巻く社会の状況，ならびにプレイヤーの職業・立場などの制約条件を設定した上で，新たな情報を次々と付加し，それらに対する状況判断と意思決定を行っていく個人あるいはグループの思考・行動シミュレーションのことである．

シナリオシミュレーションの実施者は，設定条件や与える情報の差によって参加者の判断にどのような差が生じるかを検討したり，どのような条件や情報があれば最良の判断を下すことができるかなどの検討ができる．つまり，火山危機への理想的な対応プログラムの検討が可能である．また，シナリオシミュレーションの参加者にとっては，さまざまな立場・組織の当事者（自分の本来の職業と異なる場合もある）となって火山危機を仮想体験し，異なる知識やスキルをもつ他人と議論することで，多様な考えや価値観を共有し，危機対応スキルを高める絶好の場となる．

図 4.3.4 シナリオシミュレーション実施時の会場の様子

富士山噴火シナリオシミュレーション

　筆者らは，上記の2つの効用を持つシナリオシミュレーションの内容・方法に関する基礎研究や，実用的な訓練パッケージの開発を進めてきた．具体的には樽前山，十勝岳，富士山，伊豆大島，九重山，霧ヶ峰などを題材とした研究開発を専門家内部で行ってきたが，試験実施の段階にいたったため，まず富士山東麓での降灰シナリオを主としたプログラムを，2006年2月1日の静岡・山梨・神奈川3県の合同防災訓練の際に，静岡県庁に集まった各県市町村の防災行政担当者107名を対象として実施した（吉川ほか，2006）．

　実施後に参加者に対して質問紙によるアンケート調査を行った結果，地方自治体職員の訓練素材としてのシナリオシミュレーションの有効性が示された反面，より効果的な訓練のためには，シナリオ進行時の議論を振り返るための総合討論の時間を十分にとることと，単純な時系列順の進行よりもセッションごとのテーマが明確になるようにシナリオを構成した方が有効であることがわかった．

　この結果をもとに，さらに本格的なプログラム（富士山南西麓での溶岩流出シナリオを主とするプログラム）を開発し，2006年11月21日に東京大学地震研究所を会場として試験実施を試みた（吉川ほか，2007）．実施対象としては火山専門家9名，行政担当者8名，ジャーナリスト8名の計25名を

図 4.3.5　シナリオシミュレーション中の状況判断と意思決定の課題を記したスライドの例

集めた混成チームを組織した.

実施にあたっては，まず参加者を 5-7 名からなる 4 チームに分け，各チームに火山専門家・行政担当者・ジャーナリストが各 1 名以上含まれるように配属した. 次に，富士山の火山としての特徴や火山防災の現状などについて，筆者の一人（小山）が参加者全員に 30 分間の講義を行った. 各チームの机上には「富士山火山防災マップ試作版」（富士山ハザードマップ検討委員会，2004 年 6 月）の富士宮市版，「日本活火山総覧第 3 版」（気象庁編，2005）の富士山ページ，「富士山火山広域防災対策基本方針」（中央防災会議，2006 年 2 月）のコピーを各 1 部用意した.

その後，参加者全員の立場として富士宮市の防災担当責任者を設定した後，シナリオシミュレーションを開始・進行させた（図 4.3.4 および 4.3.5）. 進行方法としては，進行役（小山）が，さまざまな情報や課題を書き込んだスライドを提示・説明した後，同じスライドを印刷したものを机上に順次配付した.

シナリオシミュレーションには，40-60 分間のセッションを 4 つ用意した. それぞれのセッションには異なるテーマが定められ，それらは①噴火不安が高まった時期のマスコミ対応，②最初の臨時火山情報発令時の状況判断と市

民への広報，③噴火開始初期の状況判断とさまざまな問い合わせへの対応，④噴火が小康状態となったときの状況判断，である．各セッションでは課題に対するチームとしての状況判断や意思決定が求められ，セッションの最後にチームごとにその結果を発表した．そして，最終セッションの終了後に全体を振り返る総合討論を1時間行った．

当日の時間制約により質問紙調査ができなかったが，後日電子メールによって参加者の感想を集めた．多く指摘された点は，多様なバックグラウンドを持つメンバーの混成チームであったため，議論をする上で視点の違いが勉強になったという点である．これは当初から期待していた効果の一つであり，主要な目的は達せられたと判断できた．

一方で，複数の指摘のあった問題点としては，富士山に土地勘がないことが議論に影響したことと，地図の縮尺の関係から細かな地形の読み取りが十分できなかったことである．これらの点については，冒頭の講義やセッション時の情報提供の方法を再考する必要があると思われる．

このほか，火山学者の一人から「防災判断のために火山学と異なる情報がしばしば要求され，火山学から答えられることは限られると感じた一方で，同チームの行政担当者から，火山専門家が近くにいたため幅広い判断要素があって良かったといわれて驚いた」との感想が寄せられた．この種の感想は，多様な参加者がこうしたシナリオシミュレーションを体験することの重要性を示していると考える．

さらに，当日の総合討論の際に行政担当者から「今回は参加者が対等の立場で議論したが，現実の人間関係は今回のように水平的ではないため，実際の火山危機に際してこれほど深い議論ができるかどうかが疑問である」との意見が出された．こうした人間関係の要素を盛り込むことも視野に入れながら，今後もよりよいシナリオシミュレーションを開発していきたいと考えている．

4.4 火山防災の方策

林　信太郎・伊藤英之

　火山防災は，噴火現象に対する社会の反応である（De La Cruz-Reyna et al., 2000）．もし，噴火に対して社会が反応しなければ，大きな災害が発生し，数万人の死傷者という甚大な被害がでることさえある．すべての国や自治体は住民の生命・財産を守る責務を負っているので，噴火に対応して危機管理を行わなければいけないことは自明であろう．

　この節では，火山防災のさまざまな側面のうち，行政における火山防災の体制と火山教育の2点について述べる．どちらも，災害による被害を防止あるいは減少させることに効果がある．

　ここで，火山防災体制がない場合や火山教育がほとんど行われていない場合のことを考えてみよう．

　行政の火山防災体制がない場合，噴火への対応は，住民が個々に，あるいはコミュニティ単位で行うことになる．住民は，逃げたり逃げなかったりそれぞれの判断を迫られることになる．有感地震など危機を実感できる前兆現象が発生しない場合，多くの住民は積極的には避難しないであろう．そのため，いざ噴火が発生した場合，多くの住民が逃げ遅れる可能性が高い．

　また，火山教育がまったく行われていない場合，市民はどこにどのような被害が生じるか，それがどの程度のインパクトを持つか，理解できていない可能性が高い．噴火で何が起きるか知らなければ，避難の動機も生じない．自主避難も期待できないし，避難させてもいつのまにか避難勧告地域に戻る市民が多数出てくるだろう．この場合も多くの人的被害が発生する可能性がある．

(1) 火山防災の体制

　わが国で気象庁による近代火山観測体制が整備され始めた1965年以降，毎年10-20程度の火山でなんらかの異常が観測され，そのうちいくつかの火山が噴火している．これらの火山は，常時観測火山やそれに準じる火山であ

ることが多く，通常は避難勧告や避難指示など，特段の防災体制が取られることは少ない．一方，ふだん静穏な火山で噴火にいたる可能性がある火山性異常が観測された場合，あるいは噴火活動が発生した場合には，被害が及ぶと予測される地域への立ち入り制限や避難誘導が行われる．

火山防災の体制は，災害対策基本法に基づいて整備されており，市町村・都道府県それぞれに地域防災計画の策定が義務付けられている（中央防災会議，1995）．被害が甚大な場合や国が総合的な応急対策を実施する必要がある場合には，防災担当大臣を長とする非常災害対策本部を立ち上げ対応にあたる．

ここでは，火山活動静穏期における火山防災体制と噴火危機時における体制について，実例を用いて述べる．

火山活動静穏期における火山防災体制

火山災害に限らず，わが国における自然災害対策の基本となる法律は，1961年に制定された「災害対策基本法」である．この法律では，国，都道府県，市町村それぞれに防災会議を設置し（第11条，第14条，第16条），それぞれ「地域防災計画」を策定することとなっている．ただし，市町村においては，協議により規約を定め，共同して市町村防災会議を設置した場合，あるいはその他の理由で市町村防災会議を設置することが不適当であったときは，市町村防災会議を設置しなくてもよい場合があるが（第16条第3項），この場合には都道府県知事と協議する必要がある（第16条第4項）．

従来の地域防災計画の構成は，1963年に中央防災会議で策定された防災基本計画に準じて策定される場合がほとんどであったが，1995年の阪神・淡路大震災を契機として，中央防災会議防災基本計画の自然災害対策に関する部分が全面的に改定され，国，都道府県，市町村の役割分担がより明確となった．

中央防災会議防災基本計画の火山災害対策編は4章で構成されており，災害予防，災害応急対策，災害復旧・復興，継続災害への対応方針からなる．このうち，災害予防としては，情報インフラの整備，ハザードマップの作成，避難施設の整備，建築物の安全化など，「災害に強い街づくり」に関する項

目について記述してある．

　都道府県地域防災計画および市町村地域防災計画も，中央防災会議防災基本計画に準じた内容構成となっているのがほとんどであるが，1998年の岩手山噴火危機や2000年有珠山噴火災害を踏まえ，近年ではシナリオ対応型の地域防災計画を策定している例（十勝岳，樽前山，有珠山，岩手山等）も増加する傾向にある．

活動期における火山防災体制

　火山活動が活発化した場合，都道府県または市町村は地域防災計画にのっとり，それぞれの長を本部長とする災害対策本部を設置する．また，災害対策基本法第17条による地方防災会議協議会が設置されている場合には，これを召集する．

　災害の規模が甚大で，国家的な立場から災害対応を推進しなければならないと判断された場合には，内閣総理大臣は防災担当大臣を本部長とする非常災害対策本部を設置することができる（災害対策基本法第24条）．さらに激甚な被害が予想される場合には，内閣総理大臣を本部長とする緊急災害対策本部が設置される（第28条第3項）．しかしながら，通常の火山噴火災害で緊急災害対策本部が設置される可能性は低く，一般的にこれが設置される災害としては，東京直下型地震や東海地震，あるいは首都機能が完全に停止するテロ災害など，金融モラトリアムが付随するような極端な災害であると考えられている．

　2000年有珠山噴火災害を例にとると，3月28日02時50分に発表された臨時火山情報第1号を受け，同日03時00分に北海道災害対策連絡本部が設置，同日09時30分までに市町村災害対策本部が設置され，情報収集活動にあたっている．また，10時15分には首相官邸に連絡室が設置された．

　3月29日11時10分には数日以内に噴火の可能性を示唆した緊急火山情報第1号が発表された．また，ほぼ同時刻に壮瞥町役場において北海道防災会議火山専門委員による記者会見が開かれ，一両日以内に噴火する可能性が最も高いことが示された．これを受け，内閣安全保障・危機管理室審議官（当時）を始めとする防衛庁，警察庁，北海道開発局など，災害関係省庁41

機関による現地連絡調整会議が18時45分に開催され，各省庁における災害対処方針等の連絡調整がなされ，それぞれ実行に移されている．

　3月31日13時08分に西山山麓で噴火が始まると，政府は国土庁長官を本部長とする非常災害対策本部を14時30分に設置するとともに，伊達市に現地対策本部（ミニ霞ヶ関）を18時35分に設置した（岡田ほか，2002）．

火山防災体制の問題点
(a) 自治体の火山に対する認識の充実
　わが国においては2007年3月現在，38の火山においてハザードマップが公表されており（4.2節参照），いくつかの火山ではそれにあわせて普及啓発活動も積極的に実施されている（たとえば，林ほか，2005a；伊藤ほか，2005）．一方，ハザードマップを公表しているにもかかわらず，火山噴火対策を念頭においた地域防災計画を持っていない自治体は決して少なくない．さらにハザードマップはおろか，自分が管轄する範囲内に活火山が存在していることさえ，認識していない場合がある．

　また，災害対策基本法第42条には，地域防災計画は毎年検討を加え，必要があるときはこれを修正するとあるが，現実的に毎年検討している自治体はほとんどない．土地利用は時間とともに変化していく．また，火山の噴火史も調査が進むにつれ更新される．常に最新の情報を地域防災計画に加味していく必要がある．

(b) 多くの活火山は県境に存在
　北海道の火山，東京都の伊豆諸島の火山，阿蘇，由布・鶴見岳，雲仙岳，桜島やトカラ列島など一部の火山を除き，日本列島の火山のほとんどは県境に位置している．また，噴火が始まれば火山噴出物は行政界に関係なく堆積し，大きな影響を与える．よって活火山を有する県境にある自治体は相互に連携しあう必要がある．かつては災害対策基本法第17条による火山防災連絡協議会が設立されている火山は，十勝岳，樽前山，有珠山，雌阿寒岳，北海道駒ケ岳，恵山，草津白根山，阿蘇山，桜島，雲仙岳程度であったが，近年いくつかの自治体において協議会の設置あるいは設置に向けた活動が行われつつある．複数の県境にまたがる火山では，火山防災連絡協議会の設立に

よる災害時の連絡・連携体制と「顔の見える関係」の確立が急務であろう．

(2) 火山の教育

　火山は静穏期と活動期を繰り返す．非噴火時あるいは静穏期は長く，災害緩和の戦略を立てたり，社会を災害に対して備えさせたりすることができる．噴火危機時にも，リスクコミュニケーションに焦点を絞った火山教育は必要である．しかし，ここでは，主に火山の静穏期における火山教育について述べる．初めに火山教育の意義について述べ，火山教育がカバーするべき分野を示し，さらに日本における火山教育の現状について概観する．その上で今後の火山教育の課題について述べたい．

火山教育の意義

　火山に関する知識がないままに噴火に遭遇すると，大きな被害が出ることがある．たとえば，雲仙火山で1991年6月3日に発生した火砕流では，43名もの方がなくなった．この火砕流が発生するまで，地元住民の間に火砕流の怖さに関する知識は広まっていない上に，マスコミ，島原市にも危機感が欠如していた（廣井，1997）．

　しかし，噴火は頻繁には起こらない．数十年から数千年の長い休止期間を経てから起こる場合がほとんどである．このため，噴火は体験学習による災害伝承が困難である．

　したがって，火山災害を減少させるために，静穏時における火山教育は効果がある．有珠火山2000年噴火の前には，三松正夫記念館の三松三朗氏や有珠火山観測所の岡田弘教授らの子供達への継続的な火山教育が，1983年から行われていた（三松，2000）．17年にわたる継続的な火山教育の結果，有珠火山では住民の積極的な避難行動を得ることに成功した．この事例は，火山災害を軽減するために，住民自身が防災行動を取るように教育することの重要性を示している．

多種多様な火山教育

　火山に関する教育がカバーする範囲はたいへん広い．火山教育の対象者，

教える場，教える主体，ツール，火山教育の内容について，その多様性を確認する．

火山教育の対象者としては，火山周辺に居住する市民および児童・生徒，および火山への訪問者，火山教育を行う主体である教師・ネイチャーガイド，住民とのリスクコミュニケーションを考える上で重要なマスコミ関係者，噴火危機時に市民の避難行動を援助する行政・NPO法人の職員，民間の会社員などがある．また，居住者・訪問者以外の一般市民も対象となる．

教える場としては，博物館，学校，野外，ワークショップ，キッズスクール，イベント，説明会，フォーラム，シナリオシミュレーション，マスコミがあり，教える主体としては，博物館の職員，火山学者，学校教師などがある．

また，教えるためのツールにもさまざまなものがある．ハザードマップ，地形図，立体模型，副読本，ガイドブック，しおり，パンフレット，実験，書籍，ビデオ映像，ゲーム，防災訓練，フィールドワークなどが主なものである．

また，火山教育の内容としては，火山噴火の仕組み，火山の歴史，多様な火山噴火の実例，過去の火山災害，火山の恩恵，あるいは火山の作り出す地域環境，火山噴火の不確実性，噴火危機時の対応方法などがある．

日本における火山教育

火山災害の減少あるいは緩和（mitigation）のために，日本でもさまざまな火山教育の取組が行われている．小山（2005）によるレビューの概要をいくつかの補足を行いながら引用する．

2004年に山梨県環境科学研究所が主催した「小中学校理科教員研修会―体験で学ぶ火山」は，山梨県教育委員会との協力のもとに実施された公式の教員研修プログラムであり，複数の火山専門家が講師・実験，巡検講師として関わった．教員を対象とした研修会は秋田県，千葉県などでも行われている．

日本火山学会による活動としては，日本火山学会公開講座，火山学会Q&A，地震火山こどもサマースクールなどがある．日本火山学会によって

2004-06年まで設置されていた火山教育ワーキンググループは，火山教育の方法などについて実践的な研究活動を行ってきた．

このほか，博物館，NPO法人，同好会による普及活動が活発に行われている．また，さまざまな個人による教育活動も近年きわめて活発である．くわしくは小山（2005）を参照されたい．

火山教育の課題

このように，日本では近年活発な火山教育活動が行われているが，今後の発展をはかるためにはいくつかの問題を克服する必要がある．

第一に，子供や住民の目線による火山教育が必要とされる点である．火山教育の主体は火山学者であることが多い．しかし，火山学者が子供や一般人に語りかけている様子を観察すると，多くの場合しばしば次のようなことが観察される．話の中に火山学者がふだん使い慣れている英語の単語が入る，特殊な専門用語を説明なしに使う，火山学者が基本的と思っている「火砕流」などの説明を省略する，などである．また，中学・高校生向けに書かれたとされている書籍でも，難解な専門用語が解説なしで使われている．災害は万人を襲う可能性があるので，どの学力レベルの生徒にも十分わかるような説明が求められる．今後，火山教育の対象者である子供や一般住民についての顧客研究を行う必要がある．

第二に，防災教育を前面に出さず，ほかの切り口から火山防災教育に入り込む道筋を考える必要があることである．火山や地球の営みを知ってもらう教育・文化活動を入り口とする方法（岡田・宇井，1997），環境教育の一環として火山の恩恵を強調する方法（小山，2005），お菓子を使ったキッチン実験を導入とする方法（林，2006）など，さまざまなものがある．防災教育を前面に出した場合，大人は「防災というと一歩引いてしまう」（林ほか，2005bに引用されている住民代表の発言）し，子供はそっぽを向く（ある学校教員の体験談）．

第三に火山災害のリスク情報に含まれる不確実性についての教育の方法を開発することである（吉川，1999，2000；Newhall，2000；小山，2005）．これについて，最近，林（2005）は火山防災ゲーム「リブラ」を開発した．今後，

図4.4.1 コーラを使った噴火実験の様子

不確実性を教育するためのさまざまなアイテムが開発されることが望まれる.

火山教育素材の具体例

では，ここで火山教育の2つの素材を具体的に紹介しよう．書籍『世界一おいしい火山の本』と，火山防災ゲーム「リブラ」である．

『世界一おいしい火山の本』（林，2006）は，小中学生向けの火山解説書である．この本は楽しみながら火山に親しめるように，「コーラを使った噴火実験」（図4.4.1）や「コンデンスミルクを使ったカルデラ実験」など10の火山実験（身近な食材を使うので「キッチン火山実験」と呼ばれる）が掲載され，火山噴火に関する解説も行われている．この本は青少年読書感想文全国コンクールの課題図書に指定された．受賞者たちの感想文には，中学校理科で習う火山の分野は実感に欠けると書かれている（その一例は青少年読書感想文全国コンクールの入賞作品の紹介のページに掲載されている[*]）．巨大な火山現象を縮小して，目の前で実験することは，実感を持った理解に効果があり，受賞者たちは実験を繰り返す中で噴火に関する理解を深めている．

また，火山の解説部分については，できるだけわかりやすく（しかし，科

---

[*] http://www.dokusyokansoubun.jp/text/53/tyu.html

学的に正しく）書き，巨大な火山現象のイメージがわくように工夫されている．後者についていえば，火山噴火の巨大さを実感させるために，人間と火山噴火の中間的な大きさの怪獣を登場させたりしている．

　火山防災ゲーム「リブラ」は，先に述べたように火山噴火の不確実性について学ぶためのゲーミングシミュレーション素材である．本ゲームは，ハザードマップ風のボード，避難民を表すコマ，そしてゲームを進めるためのサイコロとカードからなる．ゲームは，平穏だった火山が，火山性地震などの火山性異常を始めるところから始まる．ゲームの進行はサイコロの目とカードの選択で確率的に進行していく．多くの火山ではそのときの火山の状態は把握できても，火山活動の推移の予測は難しい．偶然に頼ってゲームを進めることでこの不確実性を表現した．

　ゲームを進めていくと，巨大噴火，大噴火，中噴火，小噴火，噴火なし，が，設定された確率樹にしたがって出現する（リブラ1はピナツボ火山，リブラ2は有珠火山をモデル火山としている）．この間，プレーヤーはコマの避難行動を行うが，避難にはコストが伴うようにゲームは設計されている．噴火を逃れようと大規模に避難するとコストやロスが発生するが，小規模にしか避難させないと危険極まりない，という現実同様のジレンマにプレーヤーはおかれることになる．

　プレーの過程で小噴火や噴火なしで終わるゲームが続くと，プレーヤーが油断して大被害にあってしまう現象（油断効果）や，隣のプレーヤーが大規模噴火で大きな犠牲を出した場合，突然プレーが慎重になる「ヒヤリハット効果」などの，現実の防災対応でも出現する行動が再現できて，興味深い．

　なお，本ゲームはインターネット版も開発され，http://vulcania.jp/arisu/ でプレー可能である．

　本節（1）は伊藤が，（2）は林が執筆を担当した．

第4章文献

荒牧重雄，2008，火山災害予測図（ハザードマップ）．火山の事典［第2版］（下鶴大輔・

荒牧重雄・井田喜明・中田節也編），朝倉書店，407-416.
Aspinall, W. P. and Sparks, R. S. J., 2002, Monserrat Volcano Observatory: volcanic risk estimation-evolution of models. MVO Open File Report, 02/1, http://www.mvo.ms/documents/volcanic%20risk%20estimation.doc
Aspinall, W. P., 2006, Structured elicitation of expert judgement for probabilistic hazard and risk assessment in volcanic eruptions. *In Statistics in Volcanology* (Mader, H. M., Coles, S. G., Connor, C. B. and Conner, L. J., eds.), Special Publications of IAVCEI, Geological Society, London, 15-30.
中央防災会議・国土庁防災局編，1995，防災基本計画，197pp.
De La Cruz-Reyna, A., Meli, P. R. and Quass, W. R., 2000, Volcano crisis management. In Encyclopedia of Volcanoes (Sigurdsson, H., Houghton, B., McNutt, S. R. and Stix, J., eds.), Academic Press, San Diego, 1185-1197.
Ewert, J. W., Guffanti, M. and Murray, T. L., 2005, An Assessment of Volcanic Threat and Monitoring Capabilities in the United States: Framework for a National Volcano Early Warning System. USGS Open-File Rep. 2005-1164, U. S. Geological Survey.
Guffanti, M., Brantley, S. R., Cervelli, P. F., Nye, C. J., Serafino, G. N., Siebert, L., Venezky, D. Y. and Wald, L., 2007, Technical-information products for a National Volcano Early Warning System. USGS Open-File Rep. 2007-1250, U. S. Geological Survey, 23pp.
林　信太郎，2005，火山防災ゲーム Libra の開発．文部科学省科学研究費特定領域研究「火山爆発のダイナミックス」平成16年度成果報告書，362-371.
林　信太郎・伊藤英之・鴨志田　毅，2005a，鳥海山の火山防災マップ—マップの作成と公表後の住民への普及活動．月刊地球，日本の火山ハザードマップ（上），**27**，313-316.
林　信太郎・伊藤　英之・シンポジウム「南九州の火山防災を考える」実行委員会，2005b，シンポジウム「南九州の火山防災を考える」に見る住民意見—火山防災の顧客研究（V075-002）（演旨）．
林　信太郎，2006，世界一おいしい火山の本．小峰書店，127pp.
廣井　脩，1997，火山情報の伝達と避難行動．火山噴火と災害（宇井忠英編），東京大学出版会，147-165.
井田喜明，1998，火山災害．岩波講座地球惑星科学14 社会地球科学，岩波書店，88-114.
石黒　耀，2006，昼は雲の柱，講談社，496pp.
伊藤英之・脇山勘治・三宅康幸・林　信太郎・古川治郎・井上昭二，2005，焼岳火山防災マップの作成とその公表後の住民意識調査の解析．火山，**50**，427-440.
吉川肇子，1999，リスク・コミュニケーション—相互理解とよりよい意思決定をめざして，福村出版，197pp.
吉川肇子，2000，リスクとつきあう—危険な時代のコミュニケーション，有斐閣選書，230pp.
吉川肇子・中橋徹也・伊藤英之・小山真人・林　信太郎・前嶋美紀，2006，危機管理シナリオ・シュミレーションの開発．文部科学省科学研究費特定領域研究「火山爆発のダイナミックス」平成17年度研究成果報告書，383-386.
吉川馨子・中橋徹也・伊藤英之・小山真人・林信太郎・前嶋美紀，2007，火山噴火シナリ

オシミュレーションの実施と評価．文部科学省科学研究費特定領域研究「火山爆発のダイナミックス」平成18年度研究成果報告書，382-385.
気象庁編，2005，日本活火山総覧（第3版）．635pp.
国土庁防災局，1992，火山噴火災害危険地域予測図作成指針．153pp.
小山真人，2002，2000年8月の三宅島に関する火山活動評価・情報伝達上の問題点．噴火予知連会報，78, 125-133.
小山真人，2005，火山に関する知識・情報の伝達と普及—減災の視点でみた現状と課題．火山，**50**, S289-S317.
小山真人・前嶋美紀，2005，火山危機に直面する専門家のための合議・意思決定支援システム．文部科学省科学研究費特定領域研究「火山爆発のダイナミックス」平成16年度研究成果報告書，407-416.
三松三朗，2000，有珠山における日頃の火山防災対策．砂防学会誌，**53**, 80-86.
Montserrat Volcano Observatory, 1997, Assessment of the Status of the Soufriere Hills Volcano, Montserrat and its Hazards.
http://www.geo.mtu.edu/volcanoes/west.indies/soufriere/govt/miscdocs/assess121897.html
森　済，2007，一等水準測量から推定した有珠山及び北海道駒ケ岳の深部マグマ溜まり．文部科学省科学研究費特定領域研究「火山爆発のダイナミックス」平成18年度研究成果報告書，349-354.
内閣府（防災担当），2008，平成20年版防災白書（CD-ROM添付）．268pp.
中川光弘・吉本充宏・宮坂瑞穂・松本亜希子・高橋　良・古川竜太，2007，西南北海道の活火山の中長期噴火予測．文部科学省科学研究費特定領域研究「火山爆発のダイナミックス」平成18年度研究成果報告書，376-381.
中村洋一，2005，データベースからみた日本の活火山ハザードマップ．月刊地球，日本の火山ハザードマップ（上），**27**, 253-258.
中村洋一・荒牧重雄・佐藤照子・堀田弥生・鵜川元雄，2006，日本の火山ハザードマップ集，防災科学技術研究所研究報告（DVD添付），292, 1-20.
Nakamura, Y., Fukushima, K., Jin, Z., Ukawa, M., Sato, T. and Hotta, Y., 2008, Mitigation Systems by Hazard Maps, Mitigation Plans, and Risk Analysis Regarding Volcanic Disasters in Japan. *J. Disaster Research*, 3, no. 4, 297-304.
中西無我・新村裕昭・小屋口剛博，2007，「噴火シミュレータに向けて」のデータベース．文部科学省科学研究費特定領域研究「火山爆発のダイナミックス」平成18年度研究成果報告書，257-259.
Newhall, C. G., 1984, Semiquantitative Assessment of Changing Volcanic Risk at Mount St. Helens, Washington. U. S. Geological Survey Open-File Report 84-272, U. S. Geological Survey.
Newhall, C.G., 2000, Volcano warnings. *In Encyclopedia of Volcanoes* (Sigurdsson, H., Houghton, B., McNutt, S. R. and Stix, J., eds.), Academic Press, San Diego, 1185-1197.
岡田　弘・宇井忠英，1997，噴火予知と防災・減災．火山噴火と災害（宇井忠英編），東京大学出版会，79-116.

岡田　弘・大島弘光・青山　裕・森　済・宇井忠英・勝井義雄，2002，2000年有珠山噴火の予測と減災情報・助言の活用―前兆地震発生から噴火開始まで．平成12年度科学研究費補助金「有珠山2000年噴火と火山防災に関する総合的研究」報告書，34-57．
下鶴大輔，2000，火山のはなし―災害軽減に向けて，朝倉書店，252pp．
Sigurdsson, H., Houghton, B., McNutt, S. R. and Stix, J., eds., 2000, *Encyclopedia of Volcanoes*, Academic Press, San Diego, 1417pp.
Tilling, R. I., 1989, Volcanic hazards and their mitigation: Progress and problems. *Rev. Geophys.*, **27** (2), 237-269.
宇井忠英，1997，火山災害予測図．火山噴火と災害（宇井忠英編），東京大学出版会，117-146．
UN Inter-Agency Secretariat of the International Strategy for Disaster Reduction (UN/ISDR), 2004, *Living with Risk: A global review of disaster reduction initiatives*, 2004 ver., The United Nations, 398pp.
山里　平，2008，日本の火山防災体制．火山の事典［第2版］（下鶴大輔・荒牧重雄・井田喜明・中田節也編），朝倉書店，417-424．

索引

ア
アア溶岩流　133
秋田駒ヶ岳　42
浅間山　9, 15, 19, 42, 111, 151
圧縮波　105, 151
圧密　86
圧力計測　34
圧力センサー　35
圧力波　109, 151
アナログ実験　55

イ
意見分布　202
意思決定　197
伊豆大島　9, 37, 46, 151
一次元定常噴煙柱モデル　143
イベントツリー　191, 195

ウ
有珠山　100, 180, 187, 210, 212
雲仙普賢岳　8, 29, 158, 188
運動方程式　125

エ
エネルギー量　103
遠隔無線操縦　31
円筒型収縮力源　46
エントレインメント仮説　143, 148
エントレインメント係数　143

オ
押し波　168, 172
オストワルドライプニング　84

カ
塊状溶岩流　133
カイネティック因子　69
開放系脱ガス　57
界面エネルギー　67
界面張力　56, 83
界面抵抗　170, 171
海嶺　2

核形成　57, 66
　　――波　76
拡散律速成長　68
火砕サージ　34
火砕流　116, 118, 142, 146, 161, 162, 169, 178, 212
　　――の到達距離　150
　　――の発生条件　145
傘型噴煙　144, 146, 149
火山学的マップ　186
火山ガス　6, 22
　　――蓄積量　27
火山危機　197, 204
　　――管理専門家支援システム　181, 198
火山危険度評価　193
火山教育　208, 212
　　――ワーキンググループ　214
火山災害　177, 183
　　――予測図　184
火山砕屑物　7, 177
火山情報　181, 206, 210
火山性蒸気爆発　58
　　平衡破綻型――　61
火山性津波　162, 173
火山探査移動観測ステーション　30
火山ハザードマップ　183
火山フロント　3
火山噴火予知連絡会　181, 198, 202
火山防災　158, 183, 208
　　――協議会　190, 211
　　――ゲーム　214, 216
　　――マップ　184
ガス圧装置　55
ガス推進域　144
ガス溜り　49
活火山法　185
活火山ランク　188

221

火道　13, 43, 76, 83
　　——壁　16, 83
過熱発泡　64
過飽和　57
　　——マグマ　50
ガラス包有物　80
カルデラ陥没　161, 162
干渉合成開口レーダー（干渉SAR）　18
干渉縞　20
観測　1, 10
　　——機器　29
　　——システム　33
緩和時間　90

キ
鬼界カルデラ　161, 167
危機管理　181, 208
　　——理担当者　204
　　——方策　204
偽塑性流体　137
キッチン火山実験　215
揮発性成分　21, 63, 77
気泡　6, 66, 91, 121
　　——サイズ分布　84
　　——数密度　71, 74
　　——の核形成　66, 70
　　——の成長　68, 71
　　——の体積分率　78
　　——の膨張　68, 71
　　——の連結　81
　　——流　8, 116, 123
キャピラリー数　84
教員研修プログラム　213
境界条件　127
境界層　155
行政資料型マップ　186
均質核形成　66

ク
空気振動　10, 16, 47, 104
空気中圧力波　105
空隙率　79, 81
空振　10, 151
クレーターの直径　99

ケ
傾斜観測　17, 25
結晶分化作用　6

減圧実験　56
減圧速度　70, 74
減圧発泡　63
　　——実験　56, 70, 82
減圧融解　4
減圧誘導型結晶化　66, 69, 73
玄武岩質マグマ　5, 9

コ
高温高圧実験　54
航空路火山灰情報センター　192
洪水玄武岩　4
剛性率　91
広帯域地震計　14
光波測距　17
広報資料　203
黒曜石　57, 79
　　火砕性——　83
混合過程　143
混相流　116, 122

サ
桜島　9, 25, 42, 47
三次元非定常噴煙モデル　149
サントリーニ火山　161, 167

シ
ジェットタイプ　102
紫外線相関スペクトロメーター　24
示強変数　54
次元解析　146
自己破砕条件　135
地震動　16
沈み込み帯　3
室内実験　54, 93, 107
室内爆発実験　108
シミュレーション　114, 181
　　シナリオ——　203, 204
周応力　88, 91
収縮震源　45
住民啓発型マップ　186
重力観測　17
重力流　146
蒸気爆発　58
衝撃波　105, 117, 151
　　——管　93, 156
　　——捕獲法　154
状態方程式　154

示量変数　54
人工粘性　162, 166
伸縮計　42
浸透性フォームモデル　78
浸透率　79, 81, 124, 130
浸透流　78, 123, 129
　　──脱ガス　58, 78, 83
シンプル流れ　133

ス
水管傾斜計　42
水準測量　17
水蒸気爆発　9, 53, 58
水中火砕流　173
水中爆発　104
　　──実験　104
数値シミュレーション　114, 181
スケール化距離　98
スケール化時間　98
スケール化深度　99, 106, 107
スケール則　97
スタガード蛙跳び法　165, 170
ストロンボリ式噴火　42, 107
砂の飛散　109
スプレードーム　105
スメル火山　26, 43
諏訪之瀬島火山　26, 42, 48

セ
セルラーオートマトン法　141
浅水理論　165, 168, 172
剪断応力　83, 84, 136
剪断変形　55, 85
前兆現象　179
セントヘレンズ火山　44, 58, 81
浅部脱ガス　81

ソ
ソニックブーム　152

タ
体積分率　124, 126
ダイラタント流体　137
対流域　144
多次元非定常噴煙モデル　148
立ち入り規制　182
脱ガス　54, 57, 77
　　──実験　57
　　──率　125

脱水　57
短周期地震計　14
単純化モデル　140
単力　45

チ
地域防災計画　185, 209
地形的拘束　140
中央海嶺　2
中央防災会議　185, 209
長周期地震計　14
長波近似　162, 165, 169
長波理論　162
地理情報システム　195

ツ
津波　161
　　──堆積物　173
　　──波形　167
　　──火山性──　162, 173

テ
抵抗係数　171
テフラ　7

ト
統一見解　202
投下型 GPS 観測システム　38
投下型火山観測システム　39
島弧　3
十勝岳　42, 46
取り込み率　144
ドリフト補正　28

ニ
二次災害　178
二層流モデル　168
二面角　86
ニュートン流体　137

ネ
熱交換の効率　146
熱水　12
熱的相互作用　59
熱モデル　138
熱力学因子　69
粘性　9
　　──率　5, 89, 130
　　──律速　70
粘弾性体　90

索引── 223

ハ

灰神楽　148, 149
爆発　7, 8, 25, 41
　──エネルギー量　98, 103
　──地震　15, 44
　──深度　98, 103
　──的噴火　8, 53, 75, 92, 121, 128
爆風　34, 151
パーコレーション理論　86
破砕　54, 87, 117, 121, 123
ハザードマップ　12, 179, 182, 183, 211
発泡　50, 54, 63, 121
　──実験　57
　──度　79
花火タイプ　102
パホイホイ溶岩流　133

ヒ

歪観測　17
歪ステップ　49
非線形長波理論　165
ピトー管　23
避難　182
比熱比　154
非爆発的噴火　8, 75, 77, 83, 123
ヒヤリハット効果　216
票決システム　202
表面現象　108
表面張力　54
ビンガム数　135
ビンガム流体　137

フ

ファイル共有システム　203
フェルシック　5
フォーム　80, 86
不均質核形成　57, 67
複合流れ　133
富士山　205
部分融解　4
ブラント・バイセラ振動数　147
プリニー式噴火　10, 76, 145
ブルカノ式噴火　10, 15, 41, 107
プルーム　105
　──ライズ法　24
プレートテクトニクス　2
噴煙　116, 118, 142
　──柱　142, 144, 149
　──柱高度　74
　──の形状　100
　──の到達高度　145
噴火　1
　──環境　108
　──警戒レベル　185
　──現象　115
　──シナリオ　192
　──シミュレータ　119, 120, 202
　──のタイプ　7, 131
　──様式　80, 144
　──予測　12, 179
　──予知　179
　──輪廻　80
噴出口径　108
噴出物　177
噴出率　128, 144
噴石　62, 101, 102, 117
噴霧流　116, 123

ヘ

平衡破綻型火山性蒸気爆発　61
閉鎖系脱ガス　57
ペネトレーター型観測機器　30

ホ

ポアズイユ流　125
ボイド率　88
防災基本計画　185, 209
防災教育　183, 214
防災拠点　189
膨張波　105, 151
ホットスポット　3

マ

マイクロライト　56, 75
　──数密度　73
　──システマティックス　74, 75
　──の結晶化　73
マグマ　1, 3, 4, 42
　──からの脱ガス　57, 77
　──混合　65
　──上昇流　123
　──水蒸気爆発　8, 10, 53, 58
　──溜り　6, 10, 42, 180
　──の蓄積　115
　──の粘性　9

──の発泡　63
　　──爆発　8, 10, 53
　　──噴火　54
マフィック　5
ミ
水あめ　94
水の析出速度　69, 75
密度中立レベル　146
密度流　168
三宅島　58, 187, 198
ム
無次元数　55
無人操縦　38
無線操縦システム　33
無線操縦ヘリコプター　41
メ
メルトフィルム　84, 86
ヤ
野外実験　62
野外爆発実験　62, 98
ユ
有限差分法　154
有限体積法　154
ヨ
溶解度　56, 78, 83, 126
溶岩　8, 10, 121, 128
　　──チューブ　133
　　──ドーム　10, 49, 58, 79, 131
　　──流　116, 118, 131, 178
ラ
乱流　143
　　──混合　117, 148
リ
リアルタイムハザードマップ　182, 195

陸弧　3
リスクアセスメント　193
流動モデル　135
臨界核　67
　　──半径　67
臨界空隙率　80
レ
冷却結晶化発泡　65
レイノルズ数　135
レオロジー　56, 89, 94
連結度　85
ロ
ロボット　30
アルファベット
BND　71
CCD分光器　24
COSPEC　24
DOAS　24
D相　47
FCI　59
foam collapse　80
2.4 GHz帯　32
GPS　18, 31, 38
　　──アンテナ　38
　　──受信機　38, 40
Lambのパルス　44
LP相　47
400 MHz帯　32
MOVE　31, 99
MPX10　31
OFDM映像無線機　32
P相　47
VAAC　192
VCMS　198, 204

編者・執筆者一覧

[編者]

井田喜明	東京大学 名誉教授
谷口宏充	東北大学 名誉教授

[執筆者・五十音順]

井口正人	京都大学防災研究所 准教授
市原美恵	東京大学地震研究所 助教
伊藤英之	(財)砂防・地すべり技術センター総合防災部 技術課長代理
今村文彦	東北大学大学院工学研究科 教授
亀田正治	東京農工大学大学院工学府 准教授
吉川肇子	慶應義塾大学商学部 准教授
後藤章夫	東北大学東北アジア研究センター 助教
小屋口剛博	東京大学地震研究所 教授
小山真人	静岡大学防災総合センター・教育学部 教授
齋藤　務	室蘭工業大学工学部 教授
鈴木雄治郎	海洋研究開発機構地球内部変動研究センター 研究員
田中良和	京都大学 名誉教授
寅丸敦志	九州大学大学院理学研究院 教授
中橋徹也	NPO法人東京いのちのポータルサイト 研究員
中村美千彦	東北大学大学院理学研究科 准教授
中村洋一	宇都宮大学教育学部 教授
西村太志	東北大学大学院理学研究科 准教授
林信太郎	秋田大学教育文化学部 教授
平林順一	東京工業大学 名誉教授
前嶋美紀	まえちゃんねっと エンジニア
前野　深	東京大学地震研究所 助教
宮本英昭	東京大学総合研究博物館 准教授
山田功夫	中部大学全学共通教育室 教授

編者略歴

井田喜明（いだ・よしあき）
- 1941年　東京都に生まれる
- 1965年　東京大学理学部卒業
- 1970年　東京大学大学院理学系研究科地球物理博士課程修了
  東京大学物性研究所助手，東京大学海洋研究所助教授などを経て
- 1986年　東京大学地震研究所教授
- 2002年　姫路工業大学（兵庫県立大学）理学研究科教授
- 現　在　東京大学名誉教授，兵庫県立大学名誉教授，理学博士
- 主要著書　『図説地球科学』（共編，1988年），岩波書店
  『火山とマグマ』（共編，1997年），東京大学出版会
  『火山の事典』（共編，2007年），朝倉書店

谷口宏充（たにぐち・ひろみつ）
- 1945年　群馬県に生まれる
- 1968年　東北大学理学部卒業
- 1974年　東北大学大学院理学研究科博士課程修了
  大阪府教育委員会大阪府科学教育センター主任研究員を経て
- 1997年　東北大学東北アジア研究センター教授
- 現　在　東北大学名誉教授，理学博士
- 主要著書　『マグマ科学への招待』（2001年），裳華房

火山爆発に迫る―噴火メカニズムの解明と火山災害の軽減

2009年2月20日　初版発行

［検印廃止］

編　者　井田喜明・谷口宏充

発行所　財団法人　東京大学出版会

代表者　岡本和夫

113-8654　東京都文京区本郷 7-3-1
電話 03-3811-8814　FAX 03-3812-6958
振替 00160-6-59964

印刷所　株式会社平文社
製本所　矢嶋製本株式会社

Ⓒ 2009 Yoshiaki Ida, Hiromitsu Taniguchi et al.
ISBN 978-4-13-060753-7　Printed in Japan

Ⓡ〈日本複写権センター委託出版物〉
本書の全部または一部を無断で複写複製（コピー）することは，著作権法上での例外を除き，禁じられています．本書からの複写を希望される場合は，日本複写権センター（03-3401-2382）にご連絡ください．

兼岡一郎・井田喜明編
火山とマグマ A5判 256 頁 / 4000 円

小屋口剛博著
火山現象のモデリング A5判 664 頁 / 8600 円

宇井忠英編
火山噴火と災害 A5判 232 頁 / 3800 円

水谷武司著
自然災害と防災の科学 A5判 224 頁 / 3200 円

巽　好幸著
沈み込み帯のマグマ学
　　—全マントルダイナミクスに向けて　　A5判 200 頁 / 3200 円

高橋正樹著
島弧・マグマ・テクトニクス A5判 328 頁 / 4600 円

町田　洋・新井房夫著
新編　火山灰アトラス
　　—日本列島とその周辺　　B5判 336 頁 / 7400 円

ここに表示された価格は本体価格です．ご購入の
際には消費税が加算されますのでご諒承ください．